怀化学院精品教材资助出版项目

智能变电站原理与技术

Principles and Technologies for Smart Substation

主　编　贺达江　杨　威
副主编　朱旭凯　崔运海　张　星
编　委　李劲松　王化鹏　刘筱萍　张金虎
　　　　冯　可　张海燕　陈雷平　杨文平
　　　　舒　薇　陈心灿　蔡　娟　牛红军
　　　　宋宏彪　李亚蕾　李文琢　姜佳宁

西南交通大学出版社
·成　都·

图书在版编目（CIP）数据

智能变电站原理与技术 / 贺达江，杨威主编. —成都：西南交通大学出版社，2020.8（2024.7 重印）
ISBN 978-7-5643-7566-9

Ⅰ. ①智… Ⅱ. ①贺… ②杨… Ⅲ. ①智能系统 – 变电所 Ⅳ. ①TM63

中国版本图书馆 CIP 数据核字（2020）第 158051 号

Zhineng Biandianzhan Yuanli yu Jishu
智能变电站原理与技术

主编　贺达江　杨威

责任编辑	梁志敏
封面设计	何东琳设计工作室
出版发行	西南交通大学出版社 （四川省成都市金牛区二环路北一段 111 号 西南交通大学创新大厦 21 楼）
邮政编码	610031
发行部电话	028-87600564　028-87600533
网址	http://www.xnjdcbs.com
印刷	成都勤德印务有限公司
成品尺寸	185 mm×260 mm
印张	11.5
字数	287 千
版次	2020 年 8 月第 1 版
印次	2024 年 7 月第 2 次
定价	36.00 元
书号	ISBN 978-7-5643-7566-9

课件咨询电话：028-81435775
图书如有印装质量问题　本社负责退换
版权所有　盗版必究　举报电话：028-87600562

前言

随着国家电网提出坚强智能电网的概念,智能变电站的研究和建设进入一个全面、高速发展的阶段。智能变电站作为智能电网的变电环节,是智能电网的最重要、最关键的"终端",将统一和简化变电站数据,形成基于同一断面的唯一性、一致性基础信息,以统一的标准方式实现变电站内、外信息交互和共享,形成纵向贯通、横向互通的智能电网信息支撑平台,为智能电网提供多种业务服务。

变电站进入智能化阶段,与传统综合自动化站相比,从设计、生产、建设、调试到运行、维护,都有了很大变化,对相关领域的专业人员和高校电气专业的教学都提出了新的要求。本书针对智能变电站领域的新技术,结合当前国内智能变电站研发、设计和运维的经验,对智能变电站原理、技术和典型应用做了系统、全面的介绍。

全书共8章,第1章介绍智能变电站的基本概念,第2~7章,分别从智能变电站标准、结构、设备、时间同步、检测技术等方面进行了详细阐述,第8章结合当前国内智能变电站的实际案例,对智能站的技术应用进行分析。

本书在编写的过程中,得到中国电力科学研究院系统所专家给予的大量技术方面的指导和支持,在此表示衷心的感谢。

由于作者水平有限,书中难免存在疏漏之处,恳请读者批评指正。

编 者
2020年6月

目 录

1 智能变电站概述 ·· 1
   1.1 智能变电站的背景 ·· 1
   1.2 智能变电站简介 ·· 5
   1.3 智能变电站主要技术 ·· 8
   1.4 智能变电站常用名词及术语 ·· 9

2 IEC61850 协议体系 ·· 10
   2.1 概　述 ·· 10
   2.2 IEC61850 的构成 ·· 11
   2.3 变电站配置语言（SCL） ··· 12
   2.4 逻辑设备（LD） ·· 13
   2.5 逻辑结点（LN） ·· 13
   2.6 制造报文规范（MMS） ·· 14
   2.7 面向通用对象的事件模型（GOOSE） ······················ 16
   2.8 采样值服务（SV） ·· 18

3 过程层原理与技术 ·· 20
   3.1 过程层特点 ·· 20
   3.2 网络架构 ·· 20
   3.3 智能终端 ·· 22
   3.4 合并单元 ·· 23
   3.5 智能一次设备 ·· 24

4 间隔层原理与技术 ·· 29
   4.1 间隔层特点 ·· 29
   4.2 网络架构 ·· 30
   4.3 间隔层设备 ·· 32
   4.4 典型配置特点 ·· 53

5 站控层原理与技术 ·· 57
   5.1 站控层架构 ·· 57

  5.2 典型配置及原则 ………………………………………………………… 63
  5.3 关键功能及技术 ………………………………………………………… 67

6 智能变电站对时原理与技术 …………………………………………………… 87
  6.1 概　述 …………………………………………………………………… 87
  6.2 时间同步技术 …………………………………………………………… 88
  6.3 时间同步监测技术 ……………………………………………………… 105
  6.4 时间同步及监测研究方向 ……………………………………………… 112

7 智能变电站测试技术 …………………………………………………………… 116
  7.1 智能变电站检测概述 …………………………………………………… 116
  7.2 智能变电站监控系统检测概述 ………………………………………… 118
  7.3 智能变电站设备检测概述 ……………………………………………… 124
  7.4 智能变电站通信规约检测概述 ………………………………………… 130
  7.5 智能变电站时间同步检测 ……………………………………………… 133

8 典型二次系统设备举例 ………………………………………………………… 136
  8.1 变电站二次系统体系结构 ……………………………………………… 136
  8.2 智能变电站监控系统 …………………………………………………… 136
  8.3 测控装置 ………………………………………………………………… 141
  8.4 继电保护装置 …………………………………………………………… 144
  8.5 PMU 同步相量测量装置 ……………………………………………… 155
  8.6 合并单元 ………………………………………………………………… 156
  8.7 智能终端 ………………………………………………………………… 161
  8.8 计量设备 ………………………………………………………………… 169
  8.9 典型变电站二次设备配置举例 ………………………………………… 170

参考文献 ……………………………………………………………………………… 177

1 智能变电站概述

发展是人类进步的永恒主题。电网建设就是一个谋求进步、发展的探索过程。随着世界经济的发展，能源需求增长、环境保护、能源结构优化等问题日益突显，追求可持续发展成为普遍关注的焦点。我国从 2009 年提出"坚强智能电网"的概念以来，作为坚强智能电网基础环节的智能变电站进入高速发展期，智能变电站技术不断取得突破，智能变电站也步入大规模建设阶段。

1.1 智能变电站的背景

1.1.1 气候环境变化

能源是经济社会发展的重要物质基础。自工业化以来的近三百年间，世界能源飞速发展，有力支撑了全球经济与社会发展。在这个过程中，传统化石能源的大量开发与使用导致资源紧张、环境污染、气候变化等问题日益突出。化石能源燃烧产生的二氧化碳已经成为导致全球气候变暖、冰川消融、海平面上升的重要因素，严重威胁人类生存和可持续发展。随着全球经济增长和世界人口增加，能源需求持续增长，建立在化石能源基础上的传统能源发展方式已难以为继，风能、太阳能等新能源的大规模开发和利用将成为世界主要国家的共同选择。

1.1.2 新能源的利用

新能源主要包括水能、风能、太阳能、核能、海洋能、生物质能等，其资源丰富、开发潜力巨大，分布地域广阔。在地球赤道附近，由于太阳直射的缘故，使得太阳能资源极其丰富，非洲及中东地区建设了一批光伏电站。在北极附近的国家和地区，全年平均风速较高，风电得到了较快发展，多个风电场正在建设之中，急需将发电站（场）与电力系统并网，建立能接入多种形式电源、平衡不同区域电能交换的智能电网。在我国，水能以及风电、太阳能等新能源主要分布在中西部，而负荷中心主要集中在东部沿海地区，存在资源中心与负荷中心的不平衡。因此，从全球和我国能源生产消费的实际情况看，都需要加强坚强智能电网建设，全面推广智能化先进技术，建设新能源接入平台，将风能、太阳能等新能源转换为电能，接入电网并转移至负荷中心，发挥新能源的价值。

1.1.3 计算机通信技术高速发展

计算机技术、通信技术的高速发展，使智能电网的实现成为可能。近年来，计算机出现了多核处理器、嵌入式处理器，其处理能力不断提高，因特网及工业以太网技术迅速发展，大容量存储技术和云计算技术有了实质性的应用成果，还有超远距离的时间同步技术的发展等，为智能电网的技术实现提供了技术保障。在标准方面，国际电工委员会（IEC）制定了电力企业信息交换系列标准 IEC61850，该标准定义了变电站的 IED 的数据模型，使得不同厂商不同型号的设备之间能够实现良好的互操作，IEC61850 已经成为智能电网的核心标准之一。

1.1.4 智能变电站的演变

变电站是电力网络的重要节点，它连接线路，输送电能，担负着变换电压等级、汇集电流、分配电能、控制电能、调整电压等功能。变电站经历了传统变电站、综合自动化变电站、数字化变电站、智能变电站四个发展阶段，变电站的智能化是实现智能电网的重要环节之一。

1. 传统变电站

20 世纪 80 年代以前，变电站保护设备以晶体管和集成电路为主，二次设备均按照传统方式布置，各部分独立运行。随着微处理器和通信技术的发展，远动装置的性能得到较大提高，传统变电站逐步增加了"遥测""遥信""遥控""遥调"的四遥功能。

2. 综合自动化变电站

20 世纪 90 年代，随着微机保护技术的广泛应用，以及计算机、网络、通信技术的发展，变电站自动化取得实质性进展。利用计算机技术、现代电子技术、通信技术和信息处理技术，对变电站二次设备的功能进行重新组合、优化设计，建成了变电站综合自动化系统，实现了对变电站设备运行情况的监视、测量、控制和协调等功能。综合自动化系统先后经历了集中式、分散式、分散分层式等不同结构的发展，使得变电站设计更合理，运行更可靠，更利于变电站无人值守的管理。

3. 数字化变电站

近年来，随着数字化技术的不断进步和 IEC61850 标准在国内的推广应用，国内已经出现了基于 IEC61850 的数字化变电站。数字化变电站具有全站信息数字化、通信平台网络化、信息共享标准化、高级应用互动化四个重要特征。数字化变电站体现在过程层设备的数字化、整个变电站内信息的网络化、断路器设备的智能化，以及设备检修工作逐步由定期检修过渡到以状态检修为主的管理模式。

4. 智能变电站

数字化变电站从技术上来说，其突出成就是实现了变电站信息的数字采集和网络化信息交互，但这对于智能电网的需求来说，还是远远不够的。国家电网有限公司（以下简称国家电网）在建设统一坚强智能电网的变电环节中，提出建设智能变电站的目标。智能变电站以数字化变电站为依托，通过先进的传感器、电子、信息、通信、控制、智能分析软件等技术，建立全站所有信息采集、传输、分析、处理的数字化统一应用平台，实现变电站一体化五防、顺序控制、智能告警、智能分析决策等高级应用功能，提高管理和运行水平。

1.1.5 智能变电站对智能电网建设的意义

智能电网的概念最早源于美国，主要指建立在集成的、高速双向通信网络的基础上，通过先进的传感和测量技术、先进的设备技术、先进的控制方法以及先进的决策支持系统技术的应用，实现电网的可靠、安全、经济、高效、环境友好和使用安全。我国将智能电网定义为：以物理电网为基础，将现代先进的传感测量技术、通信技术、信息技术、计算机技术和控制技术与物理电网高度集成而形成的新型电网；它以充分满足用户对电力的需求和优化资源配置、确保电力供应的安全性、可靠性和经济性，满足环保约束、保证电能质量、适应电力市场化发展为目的，实现对用户可靠、经济、清洁、互动的电力供应和增值服务。智能电网是电网技术发展的必然趋势，也是社会经济发展的必然选择，如图1-1和1-2所示。

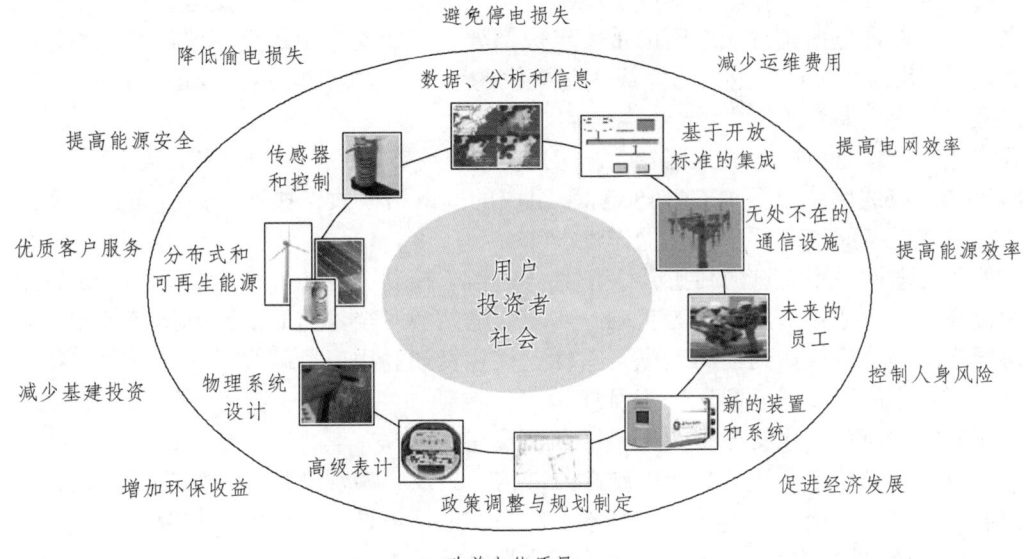

图 1-1　智能电网发展目标

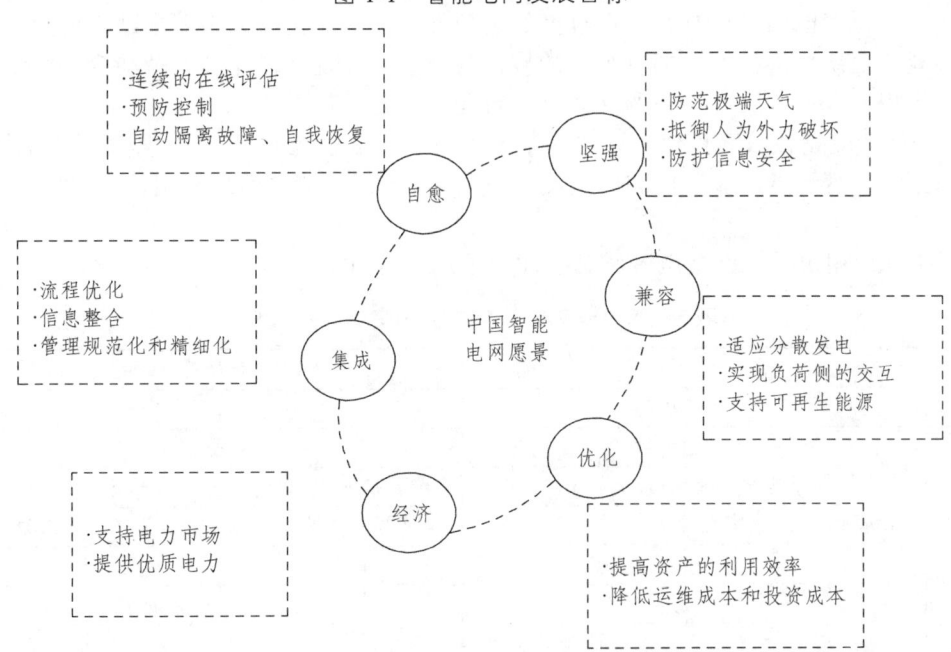

图 1-2　智能电网发展目标

国家电网对智能电网建设提出了三个阶段的发展建设战略框架：

（1）规划试点阶段：2009—2010，重点开展电网智能化发展规划工作，制定技术标准和管理标准，开展关键技术研发和设备研制，开展各环节的试点工作。

（2）全面建设阶段：2011—2015，加快特高压电网和城乡配电网建设，初步形成智能电网运行控制和互动服务体系，关键技术和装备实现重大突破和广泛应用。

（3）引领提升阶段：2016—2020，全面建成统一坚强智能电网，使电网的资源配置能力、安全水平、运行效率以及电网与电源、用户之间的互动性显著提高。

智能电网包含发电、输电、变电、配电、用电、调度六大环节，变电是电力生产的重要环节之一，智能变电站是智能电网的重要组成部分，智能变电站的全面建设将有力推动智能电网的发展。我国数字化变电站已完成一定规模的建设，智能变电站建设也在各地陆续开展，但仍以数字化变电站为主。

数字化变电站是由电子式互感器、智能化终端、数字化保护测控设备、数字化计量仪表、光纤网络和双绞线网络以及 IEC61850 标准组成的变电站模式，按照分层分布式来实现变电站内智能电气设备间信息共享和互操作性。

智能化变电站采用先进的传感器、信息、通信、控制、智能等技术，以一次设备参量数字化和标准化、规范化信息平台为基础，实现变电站实时全景监测、自动运行控制、与站外系统协同互动等功能，达到提高变电可靠性、优化资产利用率、减少人工干预、支撑电网安全运行，可再生能源"即插即退"等目标。

智能变电站与数字化变电站的主要区别体现在：

（1）数字变电站主要从满足变电站自身的需求出发，实现站内一、二次设备的数字化通信和控制，侧重于在统一通信平台的基础上提高变电站内设备与系统间的互操作性；智能变电站从满足智能电网运行要求出发，比数字化变电站更加注重变电站之间、变电站与调度中心间的信息的统一与功能的层次化，以在全网范围内提高系统的整体运行水平为目标。

（2）数字化变电站已经具有一定程度的设备集成和功能化概念，要求站内应用的所有智能电子装置满足统一的标准，拥有统一的接口与规约，实现互操作性；智能变电站设备集成化更高，可以实现一、二次设备的一体化、智能化整合的集成。

（3）智能变电站在数字化变电站的基础上实现了两个技术上的跨越：监测设备的智能化，重点是对开关、变压器等设备的状态监测；故障信息综合分析决策，变电站和调度进行信息的双向交流。

表 1-1 详细列出了智能变电站和数字化变电站的区别。

表 1-1　智能变电站与数字化变电站的区别

区别点	数字化变电站	智能变电站
出发点	基于电站内	基于电网
涵盖面	对电站运行	对全部环节
设　备	电力电子等电网控制设备广泛应用	智能化一、二次设备具有信息就地处理能力
采　集	数据的全面数字化采集、传输和共享	全网覆盖的智能传感器根据分析要求进行采集
通　信	高速可靠的数字化通信	多种通信介质实现集成的、双向的通信
信息流	范围小、数据量少	双向互动、数据量更大
决　策	根据系统实时状态给出准确的处置方案	实时评估、快速判断，并自动生成控制策略
控　制	根据辅助决策结果进行人工控制	智能控制系统对人工的替代，实现电网自愈

数字化变电站主要从满足变电站自身的需求出发，实现站内一、二次设备的数字化通信和控制，建立全站统一的数据通信平台，侧重于在统一通信平台的基础上提高变电站内设备与系统间的互操作性。而智能化变电站则从满足智能电网运行要求出发，比数字化变电站更加注重变电站之间、变电站与调度中心之间的信息的统一与功能的层次化，需要建立全网统一的标准化信息平台作为该平台的重要节点，提高其硬件与软件的标准化程度，以在全网范围内提高系统的整体运行水平为目标。

国家电网对智能变电站也提出了相应的三个阶段的建设目标：

（1）规划试点阶段：2009—2011年，制定规范、标准、试点完成2~3座330 kV及以上智能变电站建设或改造，100座左右66~220 kV变电站建设或改造。

（2）全面建设阶段：2012—2015年，实现新建变电站智能化率30%~50%，原有重要变电站智能化改造率达到10%，1 000~1 500座变电站完成智能化改造。

（3）引领提升阶段：2016—2020年，实现新建重要变电站智能化率100%，原有重要变电站智能化改造率达到30%~50%，改造原有变电站5 000座左右。

1.2 智能变电站简介

1.2.1 智能变电站定义

国家电网《智能变电站技术导则》将智能变电站定义为：采用先进、可靠、集成和环保的智能设备，以全站信息数字化、通信平台网络化、信息共享标准化为基本要求，自动完成信息采集、测量、控制、保护、计量和检测等基本功能，具备支持电网实时自动控制、智能调节、在线分析决策和协同互动等高级功能的变电站。

与传统变电站相比，智能变电站具有以下主要变化：

（1）间隔层和站控层设备的通信接口和模型全面支持IEC61850标准，协议、标准开放，可实现网络化二次功能。

（2）过程层由传统的电流、电压互感器逐步改变为电子式互感器，通过合并单元接入装置，并需进行同步。

（3）支持与开关的智能化接口。

（4）一次设备向智能化发展。

（5）一次与二次设备之间的电缆连接变为光纤连接。

（6）采用多种过程层组网技术，支持与互感器的IEC61850-9-1点对点、IEC61850-9-2总线和GOOSE模式数据传输，可单独组网，也可与站控网、过程网共同组网。

（7）站控层实现了顺序控制、一体化五防、智能告警等自动化、智能化的高级应用功能。

（8）可以进行变电站间、变电站与新能源及大用户等的协同互动。

1.2.2 智能变电站主要特点

1. 全站信息数字化

智能变电站的一个突出特点是变电站的数字化采集、网络化交互和一体化信息平台。智能一次设备集成自动完成采集、测量、控制、保护、计量和监测等功能的智能组件，大幅提升设备的智能化水平，为实现由传统变电站装置冗余向信息冗余转变，以及信息集成化应用提供了基础。充油式互感器等测量单元被电子式互感器等数字化测量单元取代，这样能将微弱的模拟信号就地数字化，大大节省了全站信号和控制电缆，实现了一、二次系统在电气上的有效隔离，减少了环境、电磁干扰对设备的影响，简化了电缆布线。互感器、断路器、电力变压器、避雷器等各类电子设备中集成了低功耗、高集成度的数字化状态检测传感器，实时在线监测设备的运行状态，实现了变电站内全景化监测。以全站信息数字化为基础，构建一体化数字信息平台，实现变电站自动化监测控制、深化信息综合分析、智能告警等高级应用功能，可以解决目前存在的系统功能分散、集成度低、维护工作量大等问题，提升变电站监控系统的集成化和智能水平。

2. 通信平台网络化

对智能变电站内设备进行全站信息数字化，变电站内设备之间以 IEC61850 标准为基础，通过高速信息传输网络进行信息交互，二次设备不再出现功能重复的 I/O 接口，常规的功能装置变成了逻辑的功能模块，通过以太网真正实现数据及资源共享。网络化通信主要包括：过程层与间隔层之间的信息交换，即过程层的各种智能传感器和执行器可以自由地与间隔层的装置交换信息；间隔层内部的信息交换；间隔层之间的通信；间隔层与站控层的通信；站控层不同设备之间的通信；站控层与远方控制之间的通信。通信平台网络化使变电站能根据实际需要灵活选择网络拓扑结构，易于利用冗余技术提高系统可靠性，网络拓扑结构的改变不会影响变电站功能的实现；传感器的采样数据可以利用多播技术同时发送至测控、保护、故障录波等单元，进而实现数据共享；利用网线代替导线大大减少了变电站内二次回路的连接数量，从而提高系统的可靠性。

3. 数据共享标准化

我国制定了一系列标准规范，对智能变电站智能化建设改造、高压设备智能化、电子式互感器、智能变电站智能控制柜、智能变电站网络交换机、智能变电站智能终端、智能变电站测控单元、智能变电站合并单元、智能变电站自动化系统等进行了规范，以 IEC61850 标准为通信基础，不同厂家不同型号的智能电子设备（IED）采用统一的通信规约和信息交互模型，避免了规约转换器等额外硬件，变电站系统层次更加清晰。变电站系统及其智能化设备依据统一的标准实现不同厂家、不同型号、不同类型的设备之间互联、互通和互换，实现设备间数据高度共享和互操作，消除变电站内的信息孤岛，向各信息子系统平台提供数据来源，实现了变电站内及变电站与系统平台之间无缝连接，为变电站的智能化打下了良好的信息基础，为智能电网的分析、决策系统提供信息保障。

4. 系统功能集成化

传统变电站的监视、控制、保护、故障录波、量测与计量等装置几乎都是功能单一，相互独立的系统，这些系统往往存在硬件配置重复、信息不共享及投资大等缺点。而智能变电站对原来分散的二次系统装置进行了信息集成和功能优化，利用统一接入、存储、处理的数字化数据处理平台，建立变电站内系统功能集成化的数据采集与监视控制（SCADA）子系统、故障录波子系统、电能量子系统、在线监测子系统、视频安防子系统等，实现了保护、测控、通信、计量、故障录波、在线监测、直流电源、环境监测、视频、安防及其他辅助系统的统一管理，为各种高级应用以及实现变电站与主站的交互提供统一的基础支撑。

5. 结构设计紧凑化

智能变电站设备采用一体化组件，将传感单元、执行单元等部件进行了一体化集成设计，以完成特定的采集、监测或控制任务。结构设计紧凑化主要体现在：在智能组件中，将相关测量、控制、计量、监测、保护进行一体化融合设计，实现一、二次设备的融合；在变压器、断路器、避雷器等设备中嵌入状态监测传感器实时监视设备状态，使状态监测传感器和设备融为一体；将互感器与变压器、断路器等高压设备进行一体化设计，减少变电站占地面积；利用数字化数据共享，减少采集传感单元的重复建设，构建一体化信心平台，提高系统集成度和减少占地面积。

6. 高压设备智能化

智能一次设备由一次设备和智能组件组成。智能组件是灵活配置的物理设备，可包含测量单元、控制单元、保护单元、计量单元、状态监测单元中的一个或几个。一次设备是电网的基本单元，一次设备智能化是智能变电站的重要组成部分，也是区别传统变电站的主要标志之一。智能一次设备将测量单元、控制单元等单元集成在一次设备内部，使其可以自动完成测量、控制等任务；同时在一次设备中安装状态监测传感器，利用传感器对关键设备的运行状态进行实时监控，专家系统通过对状态数据的监测和分析，为检修策略提供依据，提前预警设备故障，对设备故障进行定位诊断，实现智能变电站设备的可观测、可控制和自动化。高压设备智能化的技术特征如图1-3所示。

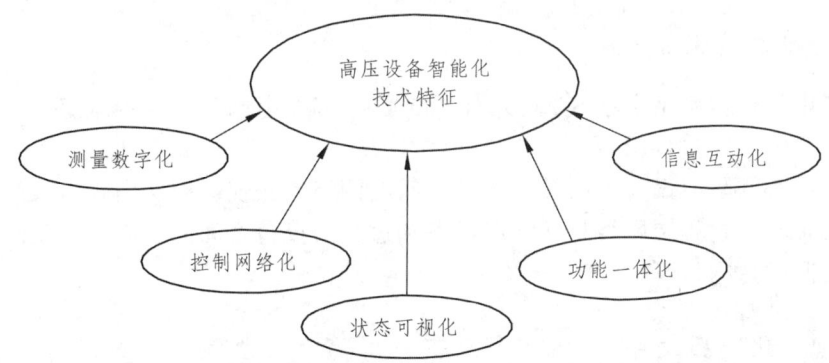

图1-3 高压设备智能化技术特征

7. 运行状态可视化

智能变电站通过全站信息数字化、数据共享标准化和通信平台网络等，使变电站内各个设备的测控数据及监测数据统一接入一体化信息平台，从而使信息平台对变电站内各个设备采集的测控数据和运行工况一目了然，提高了信息平台交互性。其特点主要体现在：

（1）各个设备采集的数据通过信息平台各个子系统的处理和展示，使值班人员可以随时了解变电站运行情况。

（2）在变电站内装有监测设备和监测传感器，对设备进行全景化监测，如在变压器、断路器、避雷器等设备中嵌入监测传感器，对变压器的油色谱、油温、铁芯接地、局部放电、套管介质损耗，断路器的 SF_6 气体、绝缘、触头动作速度和行程，避雷器的泄漏电流等工况进行在线监测，使值班人员可以实时全面监测各个设备的运行状态，对各个设备状态进行综合分析，提前预警设备异常状态，指导安排设备检修，减少设备故障的发生。

（3）事故信息可视化。基于全站设备状态监测，专家分析诊断系统通过对故障告警信息和设备状态进行分类过滤和综合分析诊断，给出事故发生原因和初步的事故处理建议，展示可视化事故信息，使运行人员对整个事故信息一目了然，快速定位故障，及时进行故障隔离和恢复。

（4）其他辅助系统的可视化。通过安装门禁、电子围栏、温湿度传感器、烟雾传感器、视频摄像头等设备实现安全防护、环境监控、火警监控、现场图像的可视化。

1.3 智能变电站主要技术

1.3.1 IEC 61850 标准

IEC61850 是国际电工委员会（IEC）TC57 工作组制定的《变电站通信网络和系统》系列标准，是基于网络通信平台的变电站自动化系统唯一的国际标准。IEC61850 规范了数据的命名、数据定义、设备行为、设备的自描述特征和通用配置语言，使不同智能电气设备间的信息共享和互操作成为可能。

IEC61850 和以前使用的标准不同之处在于对象模型，它以服务器模型、逻辑设备模型、逻辑节点模型和数据对象模型建立了变电站自动化系统中常用设备的统一数据模型，满足互操作性要求。

1.3.2 三层两网体系结构

根据《变电站通信网络和系统》（DL/T 860），智能变电站系统结构从逻辑上可划分为三层：站控层、间隔层、过程层。

站控层网络是间隔层设备和站控层设备之间的网络，实现站控层内部以及站控层和间隔层之间的数据传输；过程层网络是间隔层设备和过程层设备之间的网络，实现间隔层设备和过程层设备之间的数据传输。

1.3.3 智能化高压设备

智能化高压设备是智能变电站的重要组成部分，它在传统一次设备的基础上内嵌具有测量、控制、保护、计量、状态监测等功能的智能组件，包括智能断路器、智能变压器、电子式互感器等，其突出特点主要体现在：

（1）将测控保护、状态监测、信息通信等技术融于一体，自动完成测量、控制、保护、计量、状态监测等功能，提供标准的信息接口，为智能变电站实现全站信息数字化、通信平台网络化、信息共享标准化、状态检修、智能告警等提供重要支撑。

（2）在设备中嵌入状态监测传感器，进行自我监测和自我诊断，为在线监测系统和专家诊断系统提供基础数据，通过先进的状态监测手段和可靠的诊断评估，科学地判断一次设备的运行状态、识别故障的早期症状，并根据分析诊断结果为设备运行管理部门合理安排检修、调整运行方式提供辅助决策参考,实现设备状态监测诊断智能化和设备实时在线状态化检修。

1.3.4 时间同步技术

为保证全网设备和系统的时间一致性,以及智能变电站的正常运行,根据《智能变电站技术导则》规定,智能站站用时间同步系统应能接收北斗和 GPS 授时信号（优先北斗）对全站智能电子设备 IED 和系统进行授时,应支持 IRIG-B、SNTP、GB/T 25931 等对时方式中一种或多种。

1.3.5 智能站检测技术

变电站检测包含设备检测和系统检测。检测工作对于变电站设备及整个智能站自动化系统正常运行具有重要意义。随着智能变电站技术的发展,与其相应的检测技术也在跟进,包括设备检测、通信规约检测、同步检测、监控系统检测等。

1.4 智能变电站常用名词及术语

智能高压设备（smart high voltage equipment）：具有测量数字化、控制网络化、状态可视化、功能一体化和信息互动化等技术特征的高压设备,由高压设备本体、集成于高压设备本体的传感器和智能组件组成。

智能电子设备（Intelligent Electronic Device，IED）：由一个或多个处理器协调工作的设备,它具有对一个外部源接收和发送数据及控制信息的能力,如智能测控装置、电子式多功能表计等。

面向通用对象的变电站事件（Generic Object Oriented Substation Event，GOOSE）：它是一种通信服务机制。主要用于在 IED 之间传递事件信息,相当于传统保护的开入开出信号。

采样值（Sampled Value，SV）：基于发布/订阅机制的采样数据交换服务。相当于传统变电站的交流采样。

智能终端（intelligent terminal）：相当于传统变电站操作箱。实现高压开关设备的监视、遥控、保护跳闸等功能。智能终端与一次设备采用电缆连接,与保护、测控等二次设备采用光纤连接。

合并单元（Merging Unit，MU）：将多个互感器采集的数据进行同步合并处理,为二次系统提供时间同步的电流、电压数据。它是电子式互感器和二次系统的接口环节。

2　IEC61850 协议体系

IEC 61850 是国际电工委员会（IEC）TC57 为变电站自动化系统通信网络制定的一个重要标准，其目的是解决目前在厂站自动化系统中多种通信协议并存，不同通信协议的产品间难以实现互操作的问题，最终建立电力远动通信系统的无缝通信体系结构。与传统的规约标准相比，IEC61850 不仅仅是一个单纯的通信规约，也是智能变电站自动化系统的标准，指导了变电站自动化的设计、开发、工程、维护等各个环节。该标准通过对变电站自动化系统中的对象统一建模，采用面向对象技术和独立于网络结构的抽象通信服务接口，增强了设备之间的互操作性，可以在不同厂家的设备之间实现无缝连接，从而大大提高变电站自动化技术水平和安全稳定运行水平，实现完全互操作。

2.1　概　述

电力系统原有的 IEC870-5-101、IEC870-5-103、DNP3.0 等标准规约被广泛使用。这些规约主要面向以串口为通信介质的微机装置时代，存在着规约的应用功能比较有限、各厂家对应用功能自行扩充无法互操作、规约数据表达能力限制应用功能的发展和不支持装置间的通信功能等问题。

IEC 61850 是 IEC TC57 技术委员会提出的关于建立变电站内 IED 设备间无缝通信的一个全球范围标准，代表了变电站自动化系统通信体系结构的最新发展方向，该标准共包括 10 个章节，14 部分，涉及变电站自动化系统的集成、互联、生命期管理等方面。该标准自 2004 年颁布以来，就受到设备制造厂家、系统集成商、电力企业的极大关注，对电力系统自动化的发展起到了极大的推动作用。本章将从 IEC 61850 的起源、制定目标、特点、优势及 IEC 61850 的核心内容和技术特征进行详细的分析和研究。

IEC 61850 标准的目的既不是对变电站运行的功能进行标准化，也不是对变电站自动化系统的映射分配进行标准化，而是尽最大可能地去使用现有的标准和被广泛接受的通信原理，通过对变电站运行功能进行识别和描述，分析运行功能对通信协议要求的影响（被交换的数据总量、交换时间约束等），将应用功能和通信分开，对应用功能和通信之间的中性接口进行标准化，允许在变电站自动化系统的组件之间进行兼容的数据交换。

IEC 61850 提供了 13 组约 90 种兼容逻辑节点类、450 多种数据类，几乎涵盖了变电站现有的所有功能和数据对象，并提供了扩展新的逻辑节点的方法，规定了数据对象代码的组成方法，还定义了面向对象的服务。这三部分有机地结合在一起，解决了面向对象自我描述的问题。采用面向对象自我描述的方法，可以满足不同用户和制造商传输不同信息对象和应用功能发展的要求，是保证实现功能设备间互操作性的必要前提。

2.2 IEC61850 的构成

2.2.1 IEC 61850 的标准组成

IEC 61850 通信标准于 2004 年由 IEC TC57 正式发布，成为全球唯一的变电站自动化设备互操作的通信标准，该标准共分为 10 个章节，14 部分，如表 2-1 所示。国内等同标准为 DL/T860。

表 2-1 IEC 61850 的构成

国际标准序号	英文名称	国内等同标准序号	中文名称
IEC 61850-1	Introduction and overview	DL/T 860.1	介绍和概述
IEC 61850-2	Glossary	DL/T 860.2	术语
IEC 61850-3	General requirements	DL/T 860.3	总体要求
IEC 61850-4	System and project management	DL/T 860.4	系统和工程管理
IEC 61850-5	Communication requirements for functions and device models	DL/T 860.5	功能和设备模型的通信要求
IEC 61850-6	Configuration description language for communication in electrical substations related to IEDs	DL/T 860.6	变电站自动化系统配置描述语言变电站自动化系统结构语言
IEC 61850-7-1	Basic communication structure for substation and feeder equipment – Principles and models	DL/T 860.71	变电站和线路（馈线）设备的基本通信结构－原理和模型
IEC 61850-7-2	Basic communication structure for substation and feeder equipment – Abstract communication service interface （ACSI）	DL/T 860.72	变电站和线路（馈线）设备的基本通信结构－抽象通信服务接口（ACSI）
IEC 61850-7-3	Basic communication structure for substation and feeder equipment – Common data classes	DL/T 860.73	变电站和线路（馈线）设备基本通信结构－公用公共数据类
IEC 61850-7-4	Basic communication structure for substation and feeder equipment – Compatible logical node classes and data classes	DL/T 860.74	变电站和线路（馈线）设备的基本通信结构－兼容的逻辑节点类和数据类
IEC 61850-8-1	Specific communication service mapping （SCSM） – Mappings to MMS （ISO/IEC 9506-1 and ISO/IEC 9506-2） and to ISO/IEC 8802-3	DL/T 860.81	特定通信服务映射（SCSM）映射到 MMS（ISO/IEC9506 第 1 部分和第 2 部分）和 ISO/IEC 8802-3
IEC 61850-9-1	Specific communication service mapping （SCSM） – Sampled values over serial unidirectional multidrop point to point link	DL/T 860.91	特定通信服务映射（SCSM）-通过单向多路点对点串行通信链路的采样值
IEC 61850-9-2	Specific communication service mapping （SCSM） – Sampled values over ISO/IEC 8802-3	DL/T 860.92	特定通信服务映射（SCSM）-通过 ISO/IEC 8802-3GB/T 15629.3 的采样值
IEC 61850-10	Conformance testing	DL/T 860.10	一致性测试

由表 2-1 部分内容可见，IEC 61850 与以往 SCADA 通信协议不同的是，除了定义变电站自动化系统的通信要求和数据交换外，还对整个系统的通信网络结构、对象模型、项目管理

控制（组织、配置、文档和安全运行）、测试方法等进行了全面详尽的描述和规范。

2.2.2 IEC 61850 的通信协议栈

IEC 61850 使用 ISO 的 A-Profile 和 T-Profile 来描述不同的通信栈，这里的 T-Profile 实际上是 UCA 中 L-profile 和 T-profile 的组合，如图 2-1 所示。

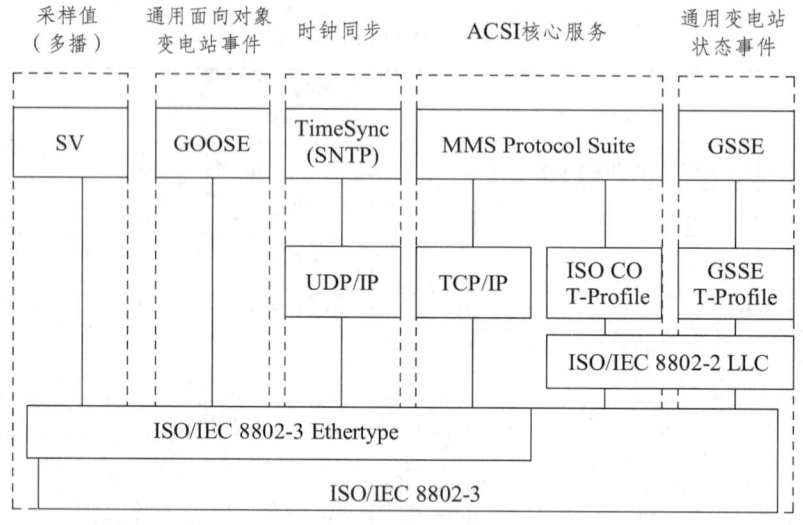

图 2-1 功能和轮廓总貌

2.3 变电站配置语言（SCL）

IEC 61850-6 定义了变电站配置描述语言（Substation Configuration description Language，SCL），该语言可描述按照 IEC 61850 标准建立的变电站对象模型，形成变电站配置描述文档。无论是旧变电站的升级改造，还是符合 IEC 61850 标准的新变电站的建设，在工程中都需要依据 IEC61850-6 标准配置大量的智能电子装置 IEDs（Intelligent Electronic Devices）的 SCL 文档，因此开发一款简单易用的 SCL 文档配置工具具有重大的实用价值。

在 IEC 61850-6 中定义了变电站配置描述语言，该语言以 XML1.0 为基础，用来描述与通信相关的智能电子装置的结构、参数、通信系统结构、开关间隔结构以及它们之间的关系。由于 XML 信息独立于平台，从而使文件中的数据可以通过某种兼容的方式在不同厂商的智能电子设备间进行交换。

可扩展标记语言 XML（eXtensilbe Markup Language）是电力系统新型远动通信系统中理想的数据交换通用格式和标准。XML 在变电站自动化系统中的应用主要包括两个方面：

（1）作为变电站配置描述语言的基础用于系统的静态配置，用来编写变电站自动化系统的静态配置文档，并作为信息交换格式实现各种设备间的互操作。

（2）用于通过 Web 进行的非实时数据通信，XML 与 HTTP 配合使用以实现 Web 上变电站自动化系统非实时数据通信。IEC 61850-6 部分的变电站描述配置语言是基于 XML1.0 的，因此以该标准为基础的新型远动系统可以充分利用 XML 的描述能力及其成熟的相关技术来实现调度中心与 IEDs 的信息交换及设备管理。

SCL 文档主要定义了以下内容：

（1）一次电力系统的结构。主要包括使用了哪些一次设备，以及一次设备之间的拓扑连接等。

（2）通信系统。主要包括智能电子装置的通信访问点，以及与子网或网络的连接方式。

（3）应用层通信。主要包括数据帧的分组、打包、发送。以及智能电子装置的启动方式、服务类型，需要从其他智能电子装置处取得哪些数据。

（4）智能电子装置。包括配置在智能电子装置上的逻辑设备、每个逻辑设备的类型等。

（5）定义可实例化的逻辑节点类型。包括定义逻辑节点的强制、可选、用户自定义的数据及可选服务等。

从系统建模角度看，SCL 定义了三个基本对象模型，包括变电站部分、产品部分、通信部分。变电站部分和产品部分完全按照分层结构来组织，并能依据 IEC 61346 规约映射到功能和产品结构。通信部分仅包括智能电子装置与子网之间的通信连接关系、子网间借助于智能电子装置内部路由器的连接关系，以及用于时间同步的主时钟在子网中的位置。

另外，逻辑节点类型部分允许以面向类型（如可重复使用）的方式规定在 IED 中实际存在哪些数据和属性。逻辑节点类型是逻辑节点数据的实例样板。

2.4 逻辑设备（LD）

逻辑设备（Logical Device，LD）是指一组具有共同特征的逻辑节点及其共用服务组成。共同特征包括：通常一起投、退或处于测试模式。

IEC 61850-7-2 逻辑设备类的实例用 MMS 域对象描述。IEC 61850-7-2 服务器对象应包含一个或多个 MMS 域对象。一个 MMS 域代表与专用名相关的信息集合。一个域对象既给它的下一级对象提供明确的名称空间（下一级对象名只要求在该域的范围内唯一）。在 MMS 的映射中，域用作代表构成一个逻辑设备对象和服务的集合。除了域名（因而要求逻辑设备名）在服务器范围内要求唯一外，域的命名是任意的。

一个物理设备应有一个域代表 MMS 虚拟制造设备（MMS VMD）的物理资源。这个域应至少包含一个 LLN0 和 LPHD 逻辑节点。

IEC61850-7-1 给出了一个物理设备代理其他物理设备的例子。这个例子能够扩展到包含多个 CPU 插槽的单装置。每个 CPU 及相关逻辑设备都有自己的 LPHD 信息，整个装置需要一个独立的 LPHD 和 LLN0。

2.5 逻辑结点（LN）

逻辑节点（Logical Node，LN）是指物理装置内部交换数据的最小功能部分，如差动保护功能、距离保护功能、断路器等，由数据和方法组成的对象。

2.6 制造报文规范（MMS）

核心 ACSI 服务映射到 MMS 协议栈，其协议栈如表 2-2 所示。

表 2-2 基于 TCP/IP 的 MMS 通信协议栈

	OSI 模型层	规范		
		名 称	服 务	协 议
A-Profile	应用层	制造报文规范	ISO 9506-1:2000	ISO 9506-2:2000
		关联控制服务元素	ISO/IEC 8649:1996	ISO/IEC 8650:1996
	表示层	面向连接的表示	ISO/IEC 8822:1994	ISO/IEC 8823-1:1994
		抽象语法描述	ISO/IEC 8824-1:1998	ISO/IEC 8825:1998
	会话层	面向连接的会话	ISO/IEC 8326：1996	ISO/IEC 8327-1:1996
T-Profile	传输层	TCP 之上的 ISO 传输层	RFC 1006	
		Internet 控制报文协议（ICMP）	RFC 792	
		传输控制协议（TCP）	RFC 793	
	网络层	Internet 协议	RFC 791	
		网络地址转换协议	RFC 826（Address Resolution Protocol:ARP）	
	数据链路层	通过 ISO/IEC 802-3 网络传输 IP 数据报标准	RFC 894	
		载波监听多路访问冲突检测（CSMA/CD）	ISO/IEC 8802-3:2000	
	物理层	Interface Connector and contact assignments for ISDN Basic Access Interface	ISO/IEC 8877:1992	
		Basic Optical Fiber Connector.	IEC 60874-10	

客户/服务器模型的 A-Profile 的应用层采用 MMS 和 ACSE（关联控制服务元素），其所使用的表示层和会话层均是面向连接的，是隐含的、强制性的。

客户/服务器模型的 T-Profile 有两种选择：TCP/IP 和 ISO T-Profile。由于 TCP/IP 协议集的广泛应用，在此只列出了基于 TCP/IP 的 T-Profile，基于 ISO 的 T-Profile 请参考 IEC 61850-8-1 的标准文本。表 2-2 中的 TCP/IP 是指 TCP 和 IP 这两个具体的协议，而不是表示 Internet 所使用的体系结构或整个 TCP/IP 协议组。TCP/IP 再映射到 ISO/IEC 8802-3 Ethertype。

在 ISO 体系结构中，数据链路层又细分为逻辑链路控制子层（LLC）和媒体访问控制子层（MAC）。顾名思义，MAC 子层位于物理层的上面，负责在物理层的基础上进行无差错通信(包括实现和维护 MAC 协议、比特差错检测和寻址)。数据链路层中与媒体接入无关的部分都集中在 LLC 子层,其功能包括:建立和释放数据链路层的逻辑连接、提供与高层的接口、差错控制和给帧加上序号。因此,ISO CO T-Profile 要经 ISO/IEC8802-2 LLC 子层通信协议才映射到以太网上。显然,两种 T-profile 都是面向连接的。

  MMS 是一个应用层标准,用来支持在计算机综合制造环境中的设备间的消息通信。MMS 定义了低层通信系统所提供的一系列抽象服务,以及在 MMS 环境中对等的应用实体之间传输数据和控制信息的单个协议的步骤、选择服务的方式和相应 MMS 协议数据单元的结构。

  IEC 61850 中 ACSI 服务器类的实例被映射到一个 MMS 的虚拟制造设备对象(VMD)。MMS 的 VMD 是实际设备的虚拟映像。每个 VMD 被赋予一个或多个通信地址,地址创建服务访问点,用其来实现 MMS 服务的交换。在这里的 MMS 映射中,一个 VMD 代表了 ACSI 服务器所提供的性能。

  逻辑设备类的实例由 MMS 的域对象来代表。域对象代表了组成一个逻辑设备的对象和服务的集合。域(逻辑设备)的名字是任意的,但在服务器环境下是唯一的。每个物理设备至少包含一个代表了 MMS VMD 物理资源的域,这个域至少包含一个 LLN0 和 LPHD 逻辑节点。如果在一个功能实现中有多个逻辑设备,那么将增加一个包含物理设备信息的附加域,这个域的名字为 LD0。

  IEC 61850 逻辑节点类的实例映射到一个 MMS 命名变量。MMS 命名变量有一个分层的 MMS 类型描述。MMS 类型描述的一般分层结构包括多个层次的组件。IEC 61850 规定了类型描述的创建法则。这种法则和映射就生成一个 MMS 命名变量,通过使用一个代表访问类型的 MMS 命名规范可以访问其组件。

  IEC 61850 中的对象模型映射到 MMS 的对象模型,如表 2-3 所示。

表 2-3 IEC 61850 的对象模型映射到 MMS 的对象模型

IEC 61850 中的对象	MMS 中的对象
服务器(Server)	虚拟制造设备(VMD)
逻辑设备(LD)	域(Domain)
逻辑节点(LN)	命名变量(NamedVarable)
数据(DATA)	命名变量(NamedVarable)
数据属性(DataAttribute)	命名变量(NamedVarable)
数据集(DATA-SET)	命名变量列表 NameVarableList
控制块(Control Block)	命名变量(NamedVarable)
日志(Log)	日志(Journal)
文件(File)	文件(File)

  IEC 61850 中的服务模型映射到 MMS 的服务模型,如表 2-4 所示。

表 2-4　IEC 61850 的服务模型映射到 MMS 的服务模型

IEC 61850 中的模型	IEC 61850 中的 ACSI	映射到 MMS 中的服务
服务器（Server）	GetServerDirectory	GetNamedList
关联（Association）	Associate	initiate
	Abort	abort
	Release	conclude
逻辑设备（LD）	GetLogicalDeviceDirectory	GetNamedList
逻辑节点（LN）	GetLogicalNodeDirectory	GetNamedList
	GetAllDataValues	read
数据（DATA）	GetDataValues	read
	SetDataValues	Write
	GetDataDirectory	GetVariableAccessAttributes
	GetDataDefinition	GetVariableAccessAttributes
数据集（DATA-SET）	GetDataSetValues	read
	SetDataSetValues	Write
	CreateDataSet	DefineNamedVariableList
	DeleteDataSet	DeleteNamedVariableList
	GetDataSetDirectory	GetNamedVariableList
报告 Report	Report	information report
	GetBRCBValues、GetURCBValues	Read
	SetBRCBValues、SetURCBValues	Write
日志（Log）	GetLCBValues	Read
	SetLCBValues	Write
	GetLogStatusValues	Read
	QueryLogbyTime	ReadJournal
	QueryLogAfter	ReadJournal
文件（File）	GetFile	FileOpen、FileRead、FileClose
	SetFile	ObtainFile
	DeleteFile	FileDelete
	GetFileAttributeValues	GetFileAttributeValues

2.7　面向通用对象的事件模型（GOOSE）

IEC61850 标准中定义的面向通用对象的变电站事件（GOOSE） 以快速的以太网多播报文传输为基础，代替了传统的智能电子设备（IED）之间硬接线的通信方式，为逻辑节点间的通信提供了快速且高效可靠的方法。

GOOSE 服务支持由数据集组成的公共数据的交换，主要用于保护跳闸、断路器位置，联锁信息等实时性要求高的数据传输。GOOSE 服务的信息交换基于发布/订阅机制基础上，同一 GOOSE 网中的任一 IED 设备既可以作为订阅端接收数据，也可以作为发布端为其他 IED 设备提供数据。这样可以使 IED 设备之间通信数据的增加或更改变得更加容易实现。

IEC61850 所支持的互操作性是指自动化功能模块之间的互操作性，与常规的自动化装置之间的互操作性存在差别。功能模块之间的互操作性是一种更高要求的互操作性，包括装置之间的互操作性。实现自动化功能之间的互操作性将成为产品应用 IEC61850 的最大价值。

IEC61850 的一个基本方法是将各种应用分解为最小的单元，然后利用单元间的通信协调完成整个应用。GOOSE 的出发点是功能的分布式实现，它以高速 P2P（Peer-to-Peer）通信为基础，替代了传统智能电子设备（IED）之间硬接线的通信方式，为逻辑节点之间的通信提供了快速且高效可靠的方法。任一 IED 与其他 IED 通过以太网相联，可为订阅方接收数据，也可为发布方向其他 IED 提供数据。

GOOSE 是一种实时应用，主要传送间隔闭锁信号和实时跳闸信号。根据 IEC61850 标准的规定，GOOSE 信号的通信延迟应小于 4 ms。在保证 GOOSE 正确可靠的前提下，应在发送端、交换机、接收端尽可能地提高实时性。GOOSE 服务用于快速、可靠地传输保护、控制等信息的目的，其应用层是 GOOSE 协议。T-Profile 的传输层和网络层是空的，应用层服务直接映射到 ISO/IEC8802-3 的媒介访问子层上的 Ethertype 协议数据单元。这种映射方式下，必须为 GOOSE 消息的传输配置 ISO/IEC8802-3 多播/广播目的地址，且必须使用唯一的 ISO/IEC8802-3 源地址。

Ethertype PDU 的标识为 2 个字节（已被 IEEE 授权注册使用），它与 AppID 结合使用可以区分多达 16 000 多种 GOOSE/采样值消息。GOOSE 模型使用的数据链路层还包含了优先级标志和虚拟专用网的支持。为了保证 GOOSE 服务的实时性和可靠性，GOOSE 报文采用与基本编码规则（BER）相关的 ASN.1 语法编码后，可不经过 TCP/IP 协议，直接在以太网链路层上传输，并采用特殊的收发机制。

GOOSE 报文发送采用心跳报文和变位报文快速重发相结合的机制。在 GOOSE 数据集中的数据没有变化的情况下，发送时间间隔为 T0 的心跳报文，报文中的状态号（stnum）不变，顺序号（sqnum）递增。在 GOOSE 数据集中的数据发生变化情况下，发送一帧变位报文后，以时间间隔 T1、T1、T2、T3 进行变位报文快速重发。数据变位后的报文中状态号（stnum）增加，顺序号（sqnum）从零开始。GOOSE 接收可以根据 GOOSE 报文中的允许生存时间（Time Allow to Live，TATL）来检测链路中断。

GOOSE 对收发过程中产生的异常情况进行报警，主要分为：GOOSE A 网/B 网断链报警，GOOSE 配置不一致报警，GOOSE A 网/B 网网络风暴报警。

（1）GOOSE A 网/B 网断链报警：在两倍的报文允许生存时间（TATL）内没有收到正确的 GOOSE 报文，就产生 GOOSE A 网/B 网断链报警。

（2）GOOSE 配置不一致报警：GOOSE 发布方和订阅方中 GOOSE 控制块的配置版本号等属性必须一致，否则产生 GOOSE 配置不一致报警。

（3）GOOSE A 网/B 网网络风暴报警：当 GOOSE 网络中产生网络风暴，网络端口流量超过正常范围，出现异常报文时，会产生 GOOSE A 网/B 网网络风暴报警。

当装置的检修状态置 1 时，装置发送的 GOOSE 报文中带有测试（test）标志，接收端就可以通过报文的 test 标志获得发送端的检修状态。当发送端和接收端的检修状态一致时，装置对接收到的 GOOSE 数据进行正常处理。当发送端和接收端的检修状态不一致时，装置可以对接收到的 GOOSE 数据做相应处理，以保证检修的装置不会影响到正常运行状态的装置，提高了 GOOSE 检修的灵活性和可靠性。

2.8 采样值服务（SV）

采样值 SMV 有 2 种不同的映射方式可以选择：
（1）IEC 61850-9-1：通过单向多路点对点串行通信链路的采样值的特定通信服务映射。
（2）IEC 61850-9-2：通过 ISO/IEC8802-3 采样值的特定通信服务映射。
二者之间的区别如下：

IEC 61850-9-1 遵循了 IEC60044-7/8 标准对合并单元的设定：输入通道为 12 路，采用专用数据集，帧格式固定，不允许改变，采用广播或组播的方法；只支持"SendMSVMessage"服务，不支持"GetMSvCBValues/SetMSvCBvues"等控制服务，也不支持对数据对象的直接访问等服务。IEC 61850-9-1 的映射方法相对固定、简单，但对 ASCI 模型的支持不够完备。

IEC 61850-9-2 除了支持直接映射到数据链路层的"SendMSVMessage"服务外，还支持向 MMS 的映射：通过"GerMSVCBVlaues/SetMSVCBVlaues"等控制服务可重新设定输入通道数、采样频率等参数，支持对数据集的更改和对数据对象的直接访问；帧格式可灵活定义，并支持单播方式。因此 IEC 61850-9-2 的映射方法更为灵活，对 ASCI 模型的支持也更加完备。

由于 IEC 61850-9-2 还要支持面向 MMS 协议栈的映射，在实现时相对复杂，目前国内的厂家还都采用相对简单的 IEC 61850-9-1 模式来传输采样值，但是国外厂家如西门子、ABB 等都已实现了基于 IEC 61950-9-2 的采样值传输，西门子更是在自己倡导并支持的实时以太网 ProfiNet 上实现了对采样值的传输。采样值 SMV 的传输协议栈如表 2-5 和表 2-6 所示。

表 2-5 基于 IEC 61850-9-2 的采样值的通信协议栈

类型	OSI 模型层	规范		
		名 称	服 务	协 议
A-Profile	应用层	9-2SMV 服务		
	表示层	抽象语法描述	ISO/IEC 8824-1:1998	ISO/IEC 8825:1998
	会话层	无		
T-Profile	传输层	无		
	网络层	无		
	数据链路层	优先级标记/虚拟局域网	IEEE802.1Q	
		载波监听多路访问冲突检测（CSMA/CD）	ISO/IEC 8802-3:2000	
	物理层	100Base-FX 光纤传输系统	ISO/IEC 8802-3:2000	
		基本光纤连接器	IEC 60874-10	

表 2-6　基于 IEC 61850-9-1 的采样值的通信协议栈

类型	OSI 模型层	规范		
		名　称	服　务	协　议
A-Profile	应用层	9-1 的 ASDU 定义		
	表示层			
	会话层	无		
T-Profile	传输层	无		
	网络层	无		
	数据链路层	MAC 子层 ISO/IEC8802-3 和按照 IEEE802.1Q 的优先权标记和虚拟局域网 VLAN		
	物理层	IEEE802.3 的 100Base-FX	IEEE802.3 的 10Base-FL	IEEE802.3 的 10BaseT

3 过程层原理与技术

在传统变电站、电厂里,对于整个系统的控制目前主要分为站控层和间隔层,在数字化变电站出现后,出现了新的一层——过程层。过程层是指数字化变电站中的智能一次设备,如发电机、变压器、母线、断路器、隔离开关、电流/电压互感器、合并单元、智能终端等。过程层完成电力系统运行实时的电气量检测、运行设备的状态参数检测、操作控制执行与驱动,也就是常说的模拟量/开关量采集、控制命令的执行。只有数字化变电站和智能变电站才有过程层。

3.1 过程层特点

过程层数字化直接改变了变电站的信号采集方式,也是变电站具备智能化特征的基础条件。智能变电站过程层为其基础层,该层为与一次设备直接交互的功能层。过程层设备主要由智能终端、合并单元组成。作为一次设备与二次设备的接触面,过程层可以说起到了一次设备与二次设备有机结合的作用,因为它具备以下几类功能:

(1)实时模拟量采集功能。即通过合并单元与电子式互感器接口对电流、电压等实时电气量进行瞬时值的采集。

(2)运行设备的状态参数在线采集功能。可对变电站的变压器、避雷器、断路器、母线等设备的温度、压力、湿度、绝缘强度、机械特性及其他表征设备工作状态的数据进行实时采集。

(3)操作控制功能。过程层设备应能执行来自间隔层、站控层设备的控制命令,进行断路器的驱动。

同时过程层数字化具有下列优点:

(1)采用数字化信号传输,抗干扰能力强。

(2)线缆较少,接线清晰易于现场维护。

(3)过程层信息均为标准的数字化信息,便于信息共享。

3.2 网络架构

过程层网络连接过程层和间隔层设备,按照智能化变电站要求,其内部传输电流电压信息、四遥信号报文(遥控、遥测、遥信、遥调)等,所有信息以 SV 和 GOOSE 报文的形式传输。SV 信息代表了电流电压采样值,由合并单元提供信息报文。GOOSE 信息代表了一些开关量、状态量,由智能终端提供信息报文,它由面向通用对象的变电站事件组成。

现有智能化站一般均采用了三层两网的形式,过程层组网一般采用保护直采直跳,SV 和 GOOSE 报文共网传输。三层二网的网络拓扑结构及接入设备如图 3-1 所示。

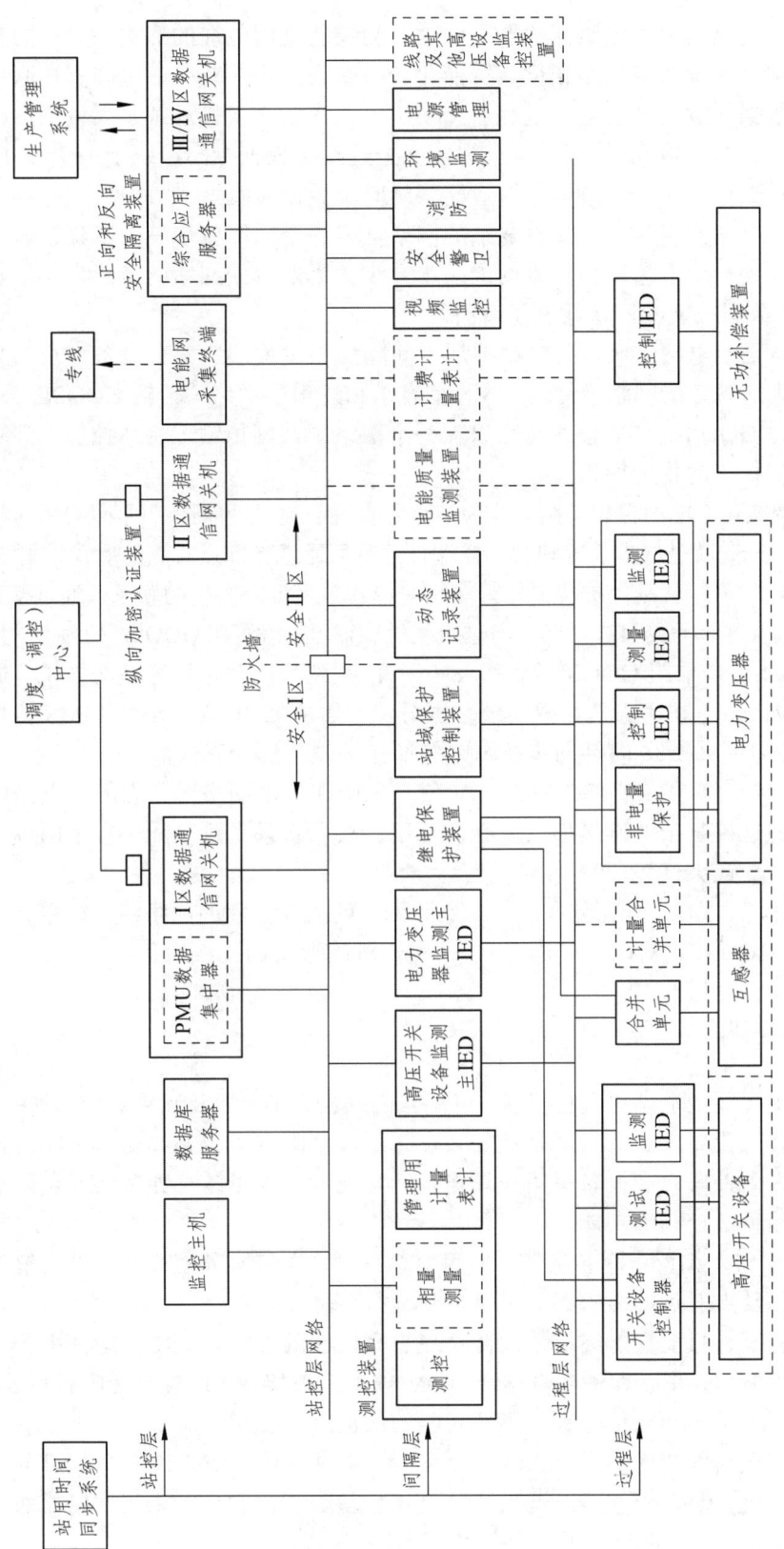

图 3-1 三层二网网络拓扑结构

以往常规综自变电站采用电流互感器与保护、测控装置用电缆的形式一对一的直采、直接操作，与常规综自系统的变电站相比，智能化变电站去掉了一对一的电缆直接联系，全站各个电流电压的数据通过光纤传输至过程层交换机，过程层交换机承载了大量的数据，很容易造成网络延时和丢帧的情况。因此，现有智能站把过程层数据专门组织了一个独立的网络，防止站控层的大量数据报文进入过程层造成网络延时、数据失真。

现有智能化变电站网络是一个比较复杂的网络，多一个网络就多一个步骤，但是随着交换机技术的不断发展，变电站监控技术的进一步升级，早期数据拥堵的情形有了改观，站内 GOOSE/SV/MMS 数据报文共网传输有了可行性。

"三层一网"就是变电站二次设备分站控层、间隔层、过程层三部分设备，全站采用一个网络，将以往常规的站控层网络（传输 MMS 信息）和过程层网络（传输 GOOSE、SV 信息）融为一体，MMS、GOOSE、SV 信息均可以在一个网络中共网传输，将站控层、间隔层、过程层设备接入全站统一的物理网络。

目前常用的智能化变电站保护跳闸方式为"直采直跳""直采网跳""网采网跳"的形式。

（1）所谓的"直"就是保护装置和智能终端合并单元通过光纤点对点的形式采集 SV 信号，传输 GOOSE 信号。"网"就是保护装置和智能终端合并单元没有直接的联系，通过交换机将保护装置和智能终端合并单元连接在一起，通过交换机传输 SV 信号和 GOOSE 信号。

（2）"网采网跳"是采用 GOOSE 网跳，SV 采样。"网采网跳"最考验交换机。通过交换机虚拟局域网（VLAN）技术筛选数据实现数据分流，解决 GOOSE、SV、MMS 信息共享的问题。另外，通过 IEC 61588 时钟同步技术来保证保护设备的可靠性。

（3）"三层一网"将 MMS、GOOSE、SV 信号集中在一个网络里，它的特点是网络很简单，因此点对点的这种复杂的网络形式不会被采用，故"直采直跳"和"直采网跳"就无法利用"三层一网"的最大优势。

（4）"网采网跳"的形式可充分利用"三层一网"的概念，它的网络结构简单，一个网络即可实现 MMS、GOOSE、对时"三网合一"，实现跳闸形式的接线简化。

3.3 智能终端

智能终端属于智能变电站过程层设备，可配合断路器、变压器及互感器等传统一次设备，实现其数字化及智能化要求。装置可就地安装于一次设备附近。智能终端与一次设备采用电缆连接，与保护、测控等二次设备采用光纤连接，实现对一次设备（如断路器、隔离开关、主变压器等）的测量、控制等功能。

智能终端根据 IEC 61850 标准建模，采用 IEC 9-2 采样值服务模型，可灵活解决智能变电站的过程层组网及点对点的需求，可适应户外运行条件。

随着科技的进步，目前智能终端采用低功耗、高性能的 CPU、FPGA 硬件平台结构，具有强大的数据处理能力，并可具备多路光纤 100M 以太网口接口，通过灵活配置可兼容组网、点对点连接方式，满足不同电压等级、不同间隔的通信接口要求。

装置采用背插式模块结构，具有强弱电分离、功能独立等优点。装置总体可分 MCU 功能模块、指示灯模块、GOOSE 开入模块、DO 开出模块、直流和电阻采集回路模块、操作回路等模块组成。图 3-2 为智能终端的硬件模块示意图。

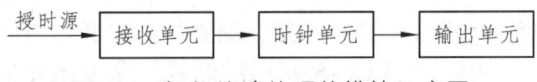

图 3-2 智能终端的硬件模块示意图

数据接入应满足下列要求：

（1）应具有开关量（DI）和模拟量（AI）采集功能；模拟量输入应能接收 4～20 mA 电流量和 0～5 V 电压量。

（2）装置开关量外部输入信号宜选用 DC 220/110 V，进入装置内部时应进行光电隔离，隔离电压不小于 2000 V。

数据输出应满足下列要求：

（1）应具有开关量（DO）输出功能。

（2）应具有信息转换和通信功能，支持以 GOOSE 方式上传一次设备的状态信息，能够接收 GOOSE 控制命令。

（3）应具备 GOOSE 命令记录功能，记录收到 GOOSE 命令时刻、GOOSE 命令来源及出口动作时刻等内容，并能提供便捷的查询方法。

3.4 合并单元

合并单元（Merging Unit，见图 3-3）是针对与数字化输出的电子式互感器连接而在 IEC 60044-8 中首次定义的，其主要功能是同步采集多路（最多 12 路）ECT/EVT 输出的数字信号后并按照规定的格式发送给保护、测控设备。

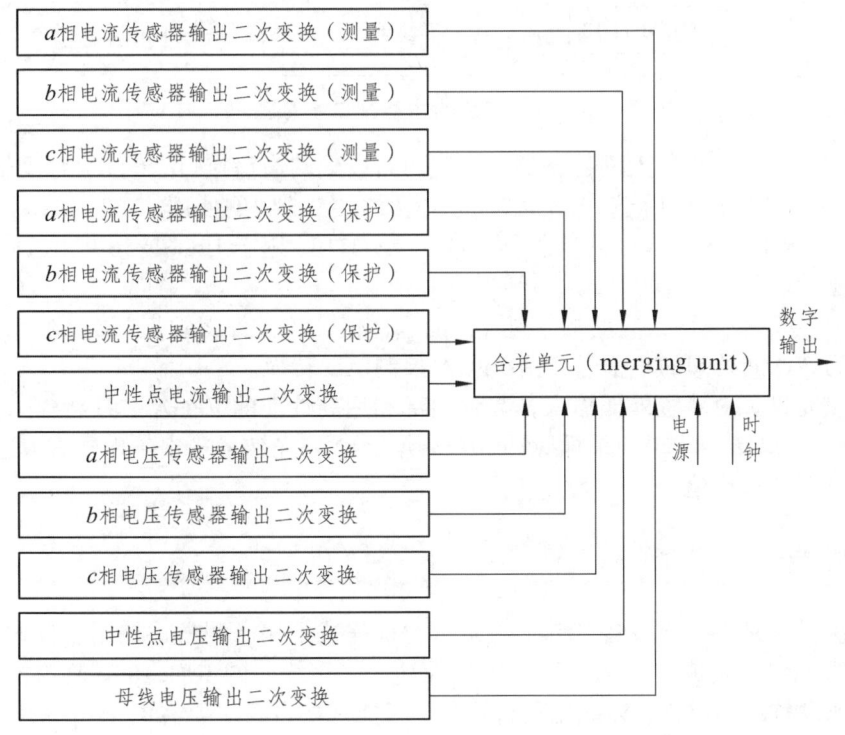

图 3-3 合并单元

合并单元是电子式电流、电压互感器的接口装置。合并单元在一定程度上实现了过程层数据的共享和数字化，它作为遵循 IEC61850 标准的数字化变电站间隔层、站控层设备的数据来源，作用十分重要。随着数字化变电站自动化技术的推广和工程建设，对合并单元的功能和性能要求越来越高。

根据合并单元型号规格的不同，各类型合并单元适用于各电压等级智能变电站，配合传统电流、电压互感器，实现二次输出模拟量的数字采样及同步，并通过 DL/T 860.92（IEC 61850-9-2）规定的标准规约格式，向站内保护、测控、录波、PMU 等智能电子设备输出采样值。

合并单元一般由高性能嵌入式处理器 PowerPC、MCU、FPGA、以太网控制器及其他外设组成，实现整个装置的功能。功能接口如图 3-4 所示。

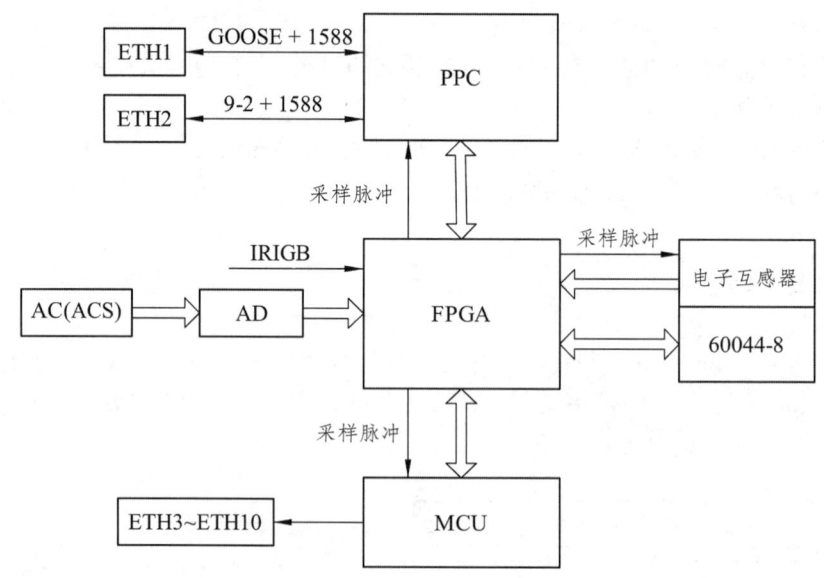

图 3-4 装置的功能接口示意图

PPC 处理器配置两个以太网控制器，实现两路以太网通信接口，ETH1 可用于 1588 对时和 GOOSE 组网，ETH2 可用于 1588 对时和 IEC61850-9-2 组网使用。

MCU 处理器配置 8 个以太网控制器 ETH3～ETH10，用于 IEC61850-9-2 通信，适用于点对点和组网通信。

ACP（ACSP）采集两条线路的常规 PT 的采样值，该模块将常规二次 PT 信号或者模拟小信号转换为 AD 能处理的小信号，由 FPGA 控制 AD 转换。

秒脉冲（光口）由装置外部输入，装置内部利用高性能的 FPGA 芯片将输入的秒脉冲转换为 5 kHz 或 10 kHz（可选）的采样脉冲，并转换为 12 路光信号输出给电子式互感器。FPGA 接收电子互感器的采样值。

3.5 智能一次设备

智能一次设备是在一次设备基础上将具有自动完成采集、测量、控制、保护、计量和监测等功能的智能组件集成在一起进行一体化设计，采用统一的 IEC61850 通信规约和信息交互模型，实现设备的集成化、标准化和智能化。智能一次设备主要有电子互感器、智能开关、智能变压器、智能终端、智能避雷器等设备。

3.5.1 电子互感器

电子式互感器在一次平台上完成模拟量的数值采样,利用光纤传输将数字信号传送到二次的保护、测控和计量系统。电子式电流互感器利用电磁感应等原理感应被测信号,分为利用空芯线圈和低功率线圈(LPCT)传感被测一次电流。

空芯线圈是一种密绕于非磁性骨架上的螺旋管,如图3-5所示,空芯线圈不含铁芯,具有很好的线性度。低功率线圈的工作原理与常规CT的原理相同,只是LPCT的输出功率要求很小,因而其铁芯截面积就较小。其关键技术包括电源供电技术、远端电子模块的可靠性和采集单元的可维护性等。

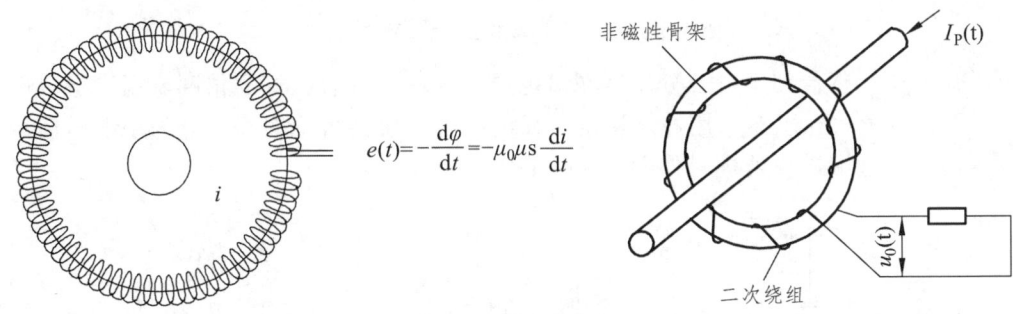

图3-5 空芯线圈互感器

光学电子式电流互感器利用法拉第磁光效应感应被测信号,分为磁光玻璃式和全光纤式两种方式,如图3-6所示。光子电子式互感器传感头部分不需要复杂的供电装置,整个系统的线性度比较好。光学电子式电流互感器的关键技术包括光学传感材料的稳定性、传感头的组装技术、微弱信号的调制解调器、温度对精度的影响、振动对精度的影响、长期运行的稳定性等。与传统电磁感应式电流互感器相比,电子式互感器具有以下优点:

(1)高、低压完全隔离,具有优良的绝缘性能。
(2)不含铁芯,消除了磁饱和及铁磁谐振等问题。
(3)动态范围大,频率范围宽,测量精度高。
(4)抗电磁干扰性能好,低压侧无开路和短路危险。
(5)互感器无油,可以避免火灾和爆炸等危险,体积小,质量小。
(6)经济性好,电压等级越高效益越明显。

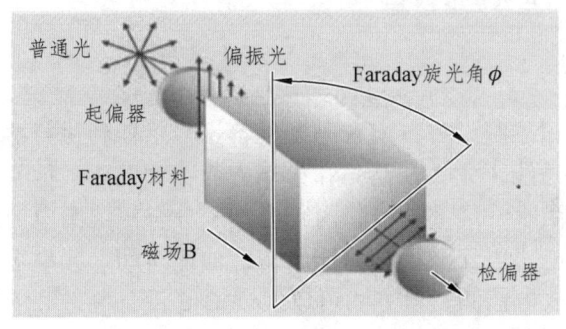
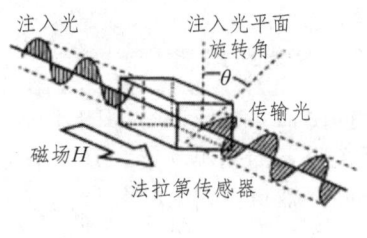

(a)磁光效应(电流互感器)

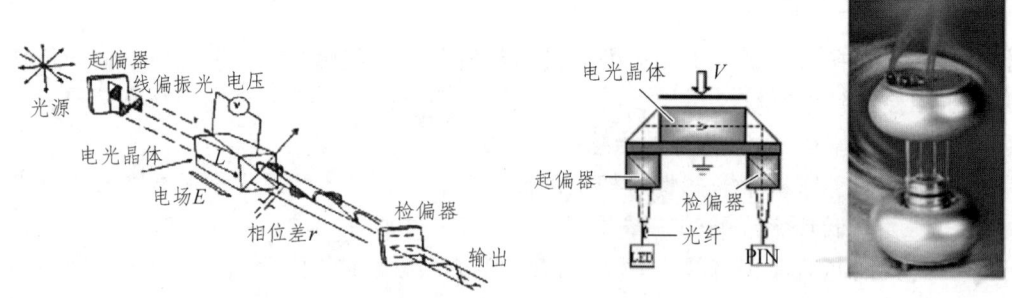

（b）电光效应（电压互感器）

图 3-6　磁光玻璃式和全光纤式互感器

电子式电压互感器利用电容分压器测量电压，要求其具有较好的精度、温度稳定性及暂态特性。AIS 电子式互感器采用性能稳定可靠的电容分压器将一次高压分为小电压信号，经隔离变压器后送远端模块处理，如图 3-7 所示。

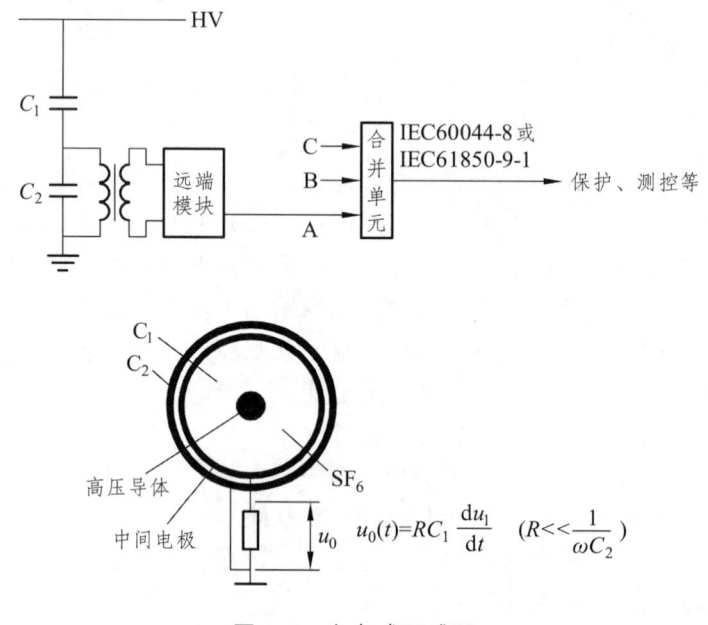

图 3-7　电容式互感器

3.5.2　智能断路器

智能断路器具有较高性能的开关设备和控制设备，配有电子设备、传感器和执行器，不仅具有开关设备的基本功能，还具有附加功能，尤其在监测和诊断方面，如图 3-8 所示。

智能断路器可以对 SF_6 气体的密度、微水、局部放电、内部温度、分合闸线圈电流的波形状态、断路器的特征分合闸速度、储能电机电流波形、储能状态、储能时间、频率等参量进行在线监测。目前最有效的方法是局部放电监测，该方法可以发现 GIS 设备制造和安装及维修时引入的导电微粒及其他杂物，电极表面产生的毛刺、刮伤等损伤，导电或接地接触不良，绝缘内部的气隙等缺陷。多点监测可以实现故障定位。

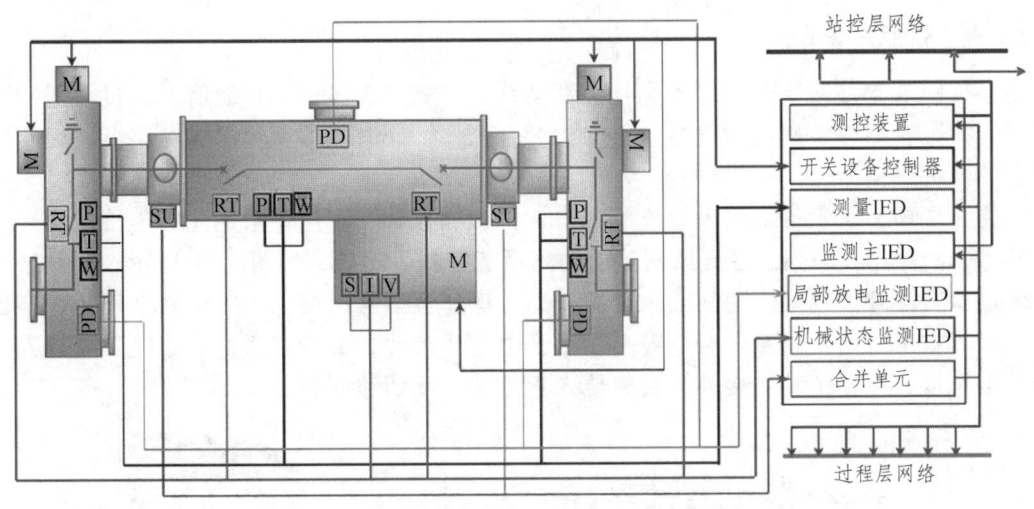

图 3-8 智能断路器状态监测

智能断路器可以实现最佳开断、定相位合闸、定相位分闸和顺序控制的智能控制功能，可提供位置信息、状态信息、分合闸命令的数字化接口。

3.5.3 智能变压器

智能变压器是在传统变压器中安装状态监测传感器，对油中溶解气体、油中微水、油色谱、套管绝缘、局部放电、温度负荷进行在线监测，实现对变压器所有主要部件进行监控，如图 3-9 所示。目前，变压器智能化的核心专家诊断系统还需要积累大量运行数据，挖掘设备运行特性、研究诊断方法、开发分析系统，从而实现设备状态诊断智能化。

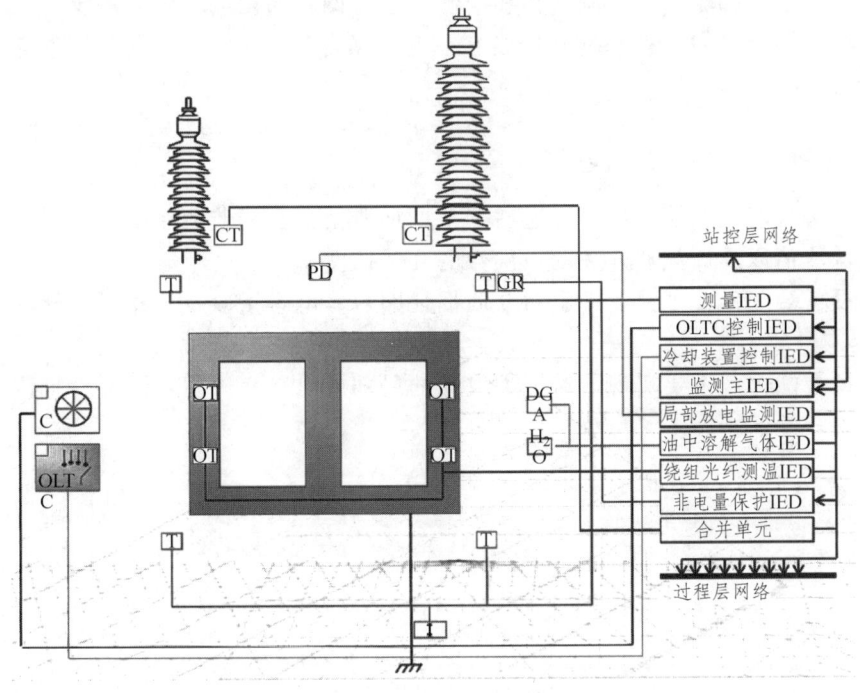

图 3-9 智能变压器状态监测

3.5.4 智能终端

用于智能变电站一次开关设备操作的智能终端支持实时 GOOSE 通信，通过与保护和测控等装置相配合能够实现对断路器、刀闸的分合操作，同时能够就地采集断路器、刀闸等一次设备的开关量信号。

智能终端与一次设备采用电缆连接，与保护、测控等二次设备采用光纤连接，实现对一次设备（如断路器、刀闸、主变压器等）的测量、控制等功能，如图 3-10 所示。采用智能终端并就地安装在开关场地实现间隔内开关闸刀等操作及信号反馈，由于全面采用 GOOSE 技术，大大节省了全站控制及信号电缆，缩小了电缆沟尺寸，节约了土地，减轻了现场安装调试维护工作量，减少了直流接地、交流传入直流等二次回路问题。

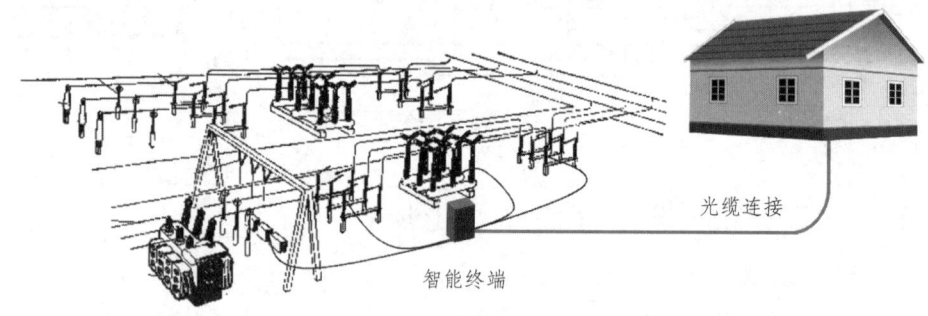

图 3-10 智能终端

对于全封闭式组合电器，智能化 GIS 汇控箱通过先进的计算机技术实现对 GIS 设备的位置信号采集和监视、模拟量信号采集与显示、远方/就地控制、信号与操作事件记录与上传、谐波分析、储能电机的驱动与控制、在线监测、基于网络通信的软件联锁等一系列功能。将传统的二次测控功能与 GIS 监控有机结合在一起，联合组屏设计、优化控制回路，构成智能的控制功能。

3.5.5 其他智能化一次设备

避雷器设备智能化，就是在传统避雷器上增加避雷器在线监测系统，实现了避雷器的全电流、泄漏电流值以及计数器开关动作次数的在线监测。

电容器设备智能化，主要实现了对介质损耗因数、电容量以及三相不平衡的监测，掌握其绝缘特性。

电缆设备智能化，主要实现了对电力电缆的局部放电、介质损耗因数、直流分量等参量的监测，掌握其绝缘特性。

4 间隔层原理与技术

间隔层是电力系统自动化结构中的重要组成部分。一般在常规变电站,把将继电保护、故障录波、故障测距等功能综合在一起的装置称为保护单元,而把测量、控制及信号采集功能综合在一起的装置称为控制单元,两者统称为间隔层。间隔层作为智能变电站"三层两网"结构中的中间层,不但要实现自身保护控制功能,还担负着承上启下的通信作用。

4.1 间隔层特点

常规变电站通常把继电保护、故障录波、故障测距等功能综合在一起的装置称为保护装置,而把测量、控制及信号采集功能综合在一起的装置称为测控装置,两者统称为间隔层。

保护装置和测控装置在电网运行中所履行的职能是不同的,保护装置在电网中承担事故时快速切除和隔离故障,恢复系统正常运行的功能。因此,保护装置要求对故障时各种电气量等信号有正确响应。而对于测控装置而言,它主要反应的是正常运行工况下电气量信号,一般均在额定电流之下或在轻负荷情况下。因此,这两种装置对应的工作范围及角度要求是不一样的。常规站上设备受其特性的限制,难以做到在如此宽泛的工作范围内同时满足保护和测控单元的精度要求,因而一般分为保护级与计量级等不同等级,测控装置、计量装置和保护装置分别取自不同等级的电流互感器。

4.1.1 数据采集

传统变电站自动化系统间隔层应用的特点是间隔层设备采用单元间隔的布置形式,装置之间相互独立,缺乏整体的协调和功能优化,输入信息不能共享,接线烦琐、系统扩展比较复杂等,其中比较突出的是信息难以共享的问题。

变电站自动化系统接入的信息大致有电流、电压、设备运行状态信息和异常信号、电网事故信息等。由于信息采集部分来自不同的互感器,变电站自动化系统主要环节的间隔层设备(测控、保护、故障录波器等系统)信息的应用、处理分属于不同的专业管理部门,不同的设备以功能划分,独立运行。

变电站自动化系统的信息就地提供给变电站运行值班人员,并经远动系统为电网调度提供电网运行状态信息,构成调度自动化系统的基础应用。另外,一般还会有其他信息独立组成各自的应用系统,由相应的技术管理部门负责运行和管理,如故障录波器系统、数字式保护联网系统、故障信息系统等。实际运行中,来自不同信息采集单元的设备信息无法共享,形成了各种"信息孤岛"现象。

基于设备智能化、通信网络化、模型和通信协议统一化、运行管理自动化的智能变电站的出现则能有效解决以上问题。同时为减少设备重复投资，提高电力系统运行和管理效率，对智能变电站间隔层的各种信息对象进行统一建模，把属于不同技术管理部门、各自相对独立发展的其他一些技术集成到变电站自动化系统中，使得变电站的各种信息在相应的运行和管理部门之间得到充分共享利用。

4.1.2 智能电子设备

基于 DL/T 860 标准的智能变电站确立了电力系统的建模标准，采用面向对象建模技术、软件复用技术、高速以太网技术、嵌入式系统技术和嵌入式实时操作系统技术等，体现了"软件总线"的概念，实现软件领域的即插即用，满足电力系统实时性、可靠性要求，有效地解决了异构系统间的信息互通、数据内容与显示分离、自定义性和可扩展性等问题，使得变电站分层分布式方案的实施具备了可靠的技术基础。

智能变电站中间隔层设备一般指继电保护装置、测控装置等其他设备，实现使用一个间隔的数据并且作用于该间隔一次设备的功能，即各种远方输入、输出与传感器和控制器之间的通信。间隔层一般按断路器间隔划分，保护装置负责该间隔线路、变压器等设备的保护、故障记录等，测控装置负责该间隔的测量、监视、断路器的操作控制和联闭锁，以及时间顺序记录等。因此，间隔层由各种不同间隔的装置组成，这些装置直接通过局域网或者串行总线与站控层联系，也可设置数据管理机或保护管理机，分别管理各测量、监视元件和各保护元件，然后集中由数据管理机和保护管理机与站控层通信，并且在站控层及站控层网络失效的情况下，仍能独立完成。

间隔层设备在其交换的信息主要为向站控层主动上送报告记录、故障启动/动作、变位、模拟信号、录波数据等报文，同时接收站控层发出的各种控制块的参数设置，操作开关或断路器开断的控制指令、查询记录、对时等操作请求。向同间隔单元或不同间隔单元的 IED 发出互锁、报警、故障等信号，进行分布式服务功能调用。向下接收过程层合并单元传来的周期性实时采样数据，将站控层发出的控制操作断路器、开关的命令下传给智能开关操作箱，对合并单元的采样值控制块设置采样值周期、传输方式等。间隔层设备的功能模型如图 4-1 所示。

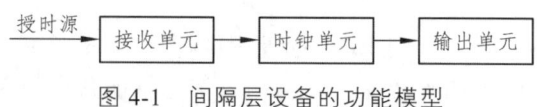

图 4-1 间隔层设备的功能模型

4.2 网络架构

4.2.1 基于 IED 的通信结构

目前，国内的变电站综合自动化系统结构主要采用分散分布式与集中式结合的结构，通信协议也有许多种，如 CDT、POLLING 等。但是对变电站自动化系统互操作性、可扩展性和高可靠性的要求迫切需要更新、更有效的变电站通信方案的提出。随着光电传感器的应用，全分散式综合自动化系统将会全面推广。其优越性主要表现为：

（1）简化了变电站的二次部分的配置，缩小了控制室的面积。
（2）减少了设备安装的工程量。
（3）简化了变电站二次设备之间的互连线。

（4）结构可靠性高、组态灵活、检修方便。

由于分散分布式结构的可扩充性特点，智能变电站内各层的 IED 设备都可以采用分布式功能配置的方式来集成，各层之间通过局域网或者现场总线来连接，提高了抗干扰能力和通信的可靠性。

基于 IEC 61850 协议数据共享、设备互操作性的原则，智能变电站间隔层与其他网络层之间的通信网络结构如图 4-2 所示。

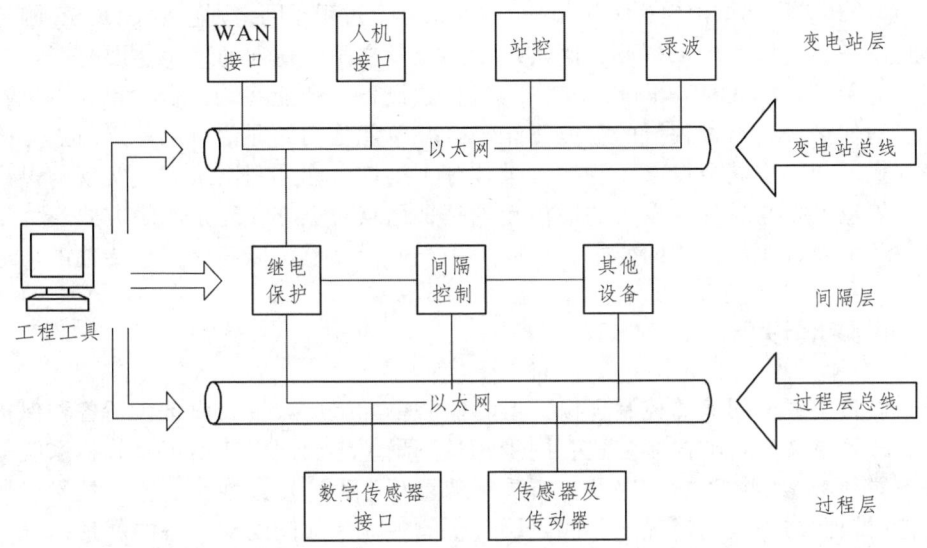

图 4-2　间隔层与其他网络层之间的通信网络结构

可以看出，变电站层与间隔层主要通过变电站总线连接，间隔层与过程层通过过层总线连接。在变电站通信中，IED 内部为并行通信方式，IED 之间主要的通信方式是串行通信，在 OSI（开放系统互联）参考模型的规范下，大多数厂家制造的 IED 都是以 RS-232 或者 RS-485 为接口标准。网络类型主要有局域网和现场总线两种，由于局域网的开放性特点，实现 IED 的互操作以及系统的升级都比现场总线容易。因此，采用局域网实现变电站内部串行通信成为发展趋势。

随着嵌入式以太网技术在工业领域的大量应用，各 IED 生产厂家开始将嵌入式以太网芯片加到 IED 当中，使 IED 满足以太网标准，其 I/O 设备能够作为以太网的一个节点来传输数据。通过嵌入式以太网，过程环境下负责采集数据的 IED 分别在网上运行，站内综合自动化系统通过站控与各 IED 进行通信，从而控制 IED 的各种操作。

变电站通信的局域网类型选用以太网，它的特点是：信道带宽高（传输速率可达1000 Mb/s），误码率很低，具有高度的扩充灵活性和互联性，建设成本低、见效快。

从图 4-2 中可以看到，变电站总线和过程层总线都采用以太网连接各种嵌入了以太网芯片的 IED，与以前用现场总线相比，这种方式的传输速度和可靠性大大增强，间隔层的所有IED 在变电站总线上都可以作为以太网的一个节点，独立地挂网运行，实现全部的数据共享。

由于间隔层与过程层之间数据量大，实时性要求高，以太网的带宽问题成为实现全开放式数字化变电站的瓶颈，对此的解决方法主要有：

（1）在变电站的各层之间通信，使用双以太网结构增加冗余度，从而保证通信的可靠性。

（2）将间隔中元与过程层 IED 一一对应，将间隔单元与 IED 用独立的通信电缆连接起来，然后以组的形式接入过层总线，从而缓解总线上数据流量过大的压力。

（3）选用光纤作为过程层总线的传输介质，提高传输速率。

4.2.2 间隔层网络特点

依据 DL/T 860 标准，智能变电站一般采用三层设备、两层网络的架构模式。智能变电站的自动化系统通信网络在功能逻辑上分为两层：站控层网络和过程层网络，两层网络物理上相互独立。目前一般将站控层网络构建为全站统一的 MMS 网，过程层网络则包括 GOOSE 网与 SV 网。

间隔层设备通过过程层 GOOSE 网实现本层设备之间的横向通信（主要是联闭锁、保护之间的配合等）、通过 GOOSE 网和 SV 网与过程层设备（智能终端、合并单元）进行纵向通信。间隔层的保护设备与过程层的智能终端、合并单元之间的通信可以是点对点方式，也可以是网络方式。间隔层其余设备（测控、录波等）则均考虑采用网络方式实现与过程层设备的通信。间隔层设备与过程层设备的通信无论是采用点对点方式还是网络方式，为适应开关设备的电磁环境及远距离传输的要求，均应采用光通信介质，以确保信息传输的可靠性。

4.3 间隔层设备

间隔层设备由每个间隔的控制、保护或者监测单元组成。主要设备包括各种保护装置、测控装置、故障录波、自动控制装置、同步相量测量装置、网络通信记录分析系统等。今后间隔层设备必须考虑增加智能告警及分析决策装置（或系统）、柔性交流输电技术应用的设备等。在站控层及网络失效的情况下，间隔层应仍能独立完成间隔层设备的就地监控功能，间隔层设备应具备的主要功能包括以下几点：

（1）汇总各间隔过程层的实时数据信息。
（2）实施对一次设备保护、逻辑控制功能的运算、判别、发令。
（3）完成各个间隔及全站操作及闭锁功能。
（4）完成同期功能的并执行操作及其他控制功能。
（5）执行数据具有优先级别的承上启下的通信传输功能，同时高速完成过程层及站控层的网络通信功能。

4.3.1 保护装置

1. 智能变电站继电保护装置的技术要求

（1）保护装置采样值采用点对点接入方式，采样同步应由保护装置实现，支持 GB/T20840.8（IEC60044-8）或 DL/T 860.92（IEC61850-9-2）协议。

（2）保护装置应同时支持 GOOSE 点对点和网络方式传输，传输协议遵循 DL/T 860.81（IEC61850-8-1）。跳闸采用直接电缆跳闸或 GOOSE 点对点跳闸方式。

（3）保护装置采样值接口和 GOOSE 接口数量应满足工程的需要，母线保护、变压器保护在接口数量较多时可采用分布式方案。

（4）保护装置内部 MMS 接口、GOOSE 接口、sv 接口应采用相互独立的数据接口控制器接入网络。

（5）保护装置应具备 MMS 接口与站控层设备通信。保护装置的交流电流、交流电压及保护设备参数的显示、打印、整定应能支持一次值，上送信息应采用一次值。

（6）采用电子式互感器时，保护装置应针对电子式互感器的特点优化相关保护算法，提高保护性能。

（7）保护装置应自动补偿电子式互感器的采样响应延时，当响应延时发生变化时，应闭锁采自不同 MU 且有采样同步要求的保护。保护装置的采样输入接口数据的采样频率宜为 4000 Hz。

（8）保护装置应处理 MU 上送的数据品质位（无效、检修等），及时准确提供告警信息。在异常状态下，利用 MU 的信息合理地进行保护功能的退出和投入，瞬时闭锁可能误动的保护，延时告警，并在数据恢复正常之后尽快恢复被闭锁的保护功能，不闭锁与该异常采样数据无关的保护功能。接入两个及以上 MU 的保护装置应按 MU 设置"MU 投入"软压板。

（9）保护装置应采取措施，防止输入的双 A/D 数据之一异常时误动。

（10）除检修压板可采用硬压板外，保护装置应采用软压板，满足远方操作的要求。检修压板投入时，上送带品质位的信息，保护装置应有明显显示（面板指示灯和界面显示）。参数、配置文件仅在检修压板投入时才可下装，下装时应闭锁保护。

（11）保护装置应具备通信中断、异常等状态的检测和告警功能。

（12）保护装置的交流量信息应具备自描述功能，传输协议应符合《智能变电站继电保护技术规范》(Q/GDW 441—2010)附录 A《支持通道可配置的扩展 IEC60044-8 协议帧格式》。

（13）线路纵联保护、母线差动保护、变压器差动保护应适应常规互感器和电子式互感器混合使用的情况。

2. 线路保护

220 kV 及以上电压等级 3/2 断路器接线的输电线路，每线路配置 2 套包含有完整的主、后备保护功能的线路保护装置，线路保护中包含过电压保护和远跳就地判别功能。线路间隔 MU、智能终端均按双重化配置。一般配置方式见图 4-3 所示：

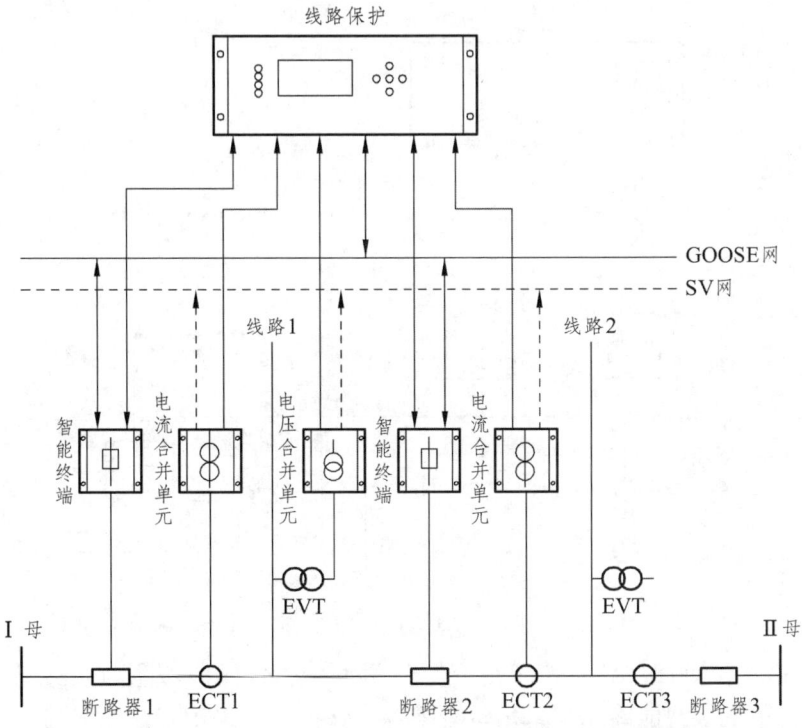

图 4-3　220 kV 及以上电压等级 3/2 接线的线路保护配置（单套）

（1）按照断路器配置的电流 MU 采用点对点方式接入各自对应的保护装置。

（2）出线配置的电压传感器对应两套双重化的线路电压 MU，线路电压 MU 单独接入线路保护装置。

（3）线路间隔内线路保护装置与合并单元之间采用点对点采样值传输方式，每套线路保护装置应能同时接入线路保护电压 MU、边断路器电流 MU、中断路器电流 MU 的输出，即至少三路 MU 接口。

（4）智能终端双重化配置，分别对应两个跳闸线圈，具有分相跳闸功能，其合闸命令输出则并接至合闸线圈。

（5）线路间隔内，线路保护装置与智能终端之间采用点对点直接跳闸方式，由于 3/2 接线的每个线路保护对应两个断路器，每套保护装置应至少提供两路接口，分别接至两个断路器的智能终端。

（6）线路保护启动断路器失灵与重合闸采用 GOOSE 网络传输方式。合并单元提供给测控、录波器等设备的采样数据采用 SV 网络传输方式，SV 采样值网络与 GOOSE 网络应完全独立。

220 kV 及以上电压等级双母线接线的输电线路，每回线路应配置 2 套包含有完整的主、后备保护功能的线路保护装置。合并单元、智能终端均应采用双套配置，保护一般采用安装在线路上的 ECVT 获得电流、电压。用于检同期的母线电压由母线合并单元点对点通过间隔合并单元转接给各间隔保护装置。线路间隔内应采用保护装置与智能终端之间的点对点直接跳闸方式。保护应直接采样。跨间隔信息（启动母差失灵功能和母差保护动作远跳功能等）采用 GOOSE 网络传输方式。单套技术实施方案如图 4-4 所示。

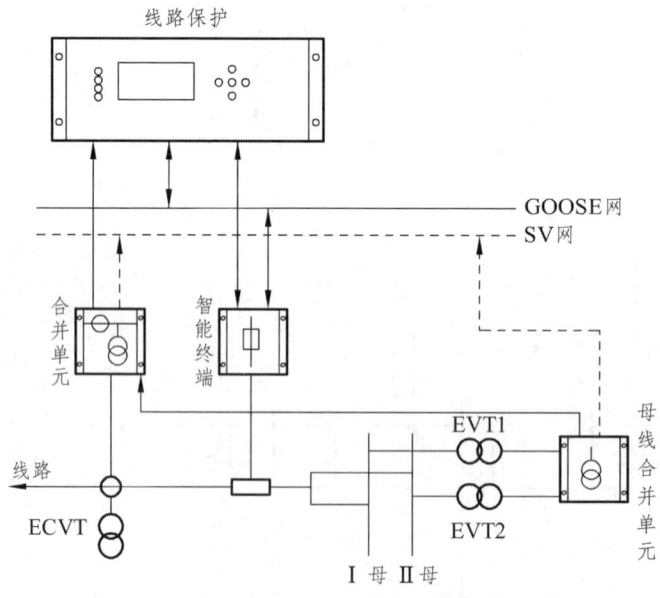

图 4-4　220 kV 及以上电压等级双母线接线的线路保护配置（单套）

110 kV 线路保护每回线路宜配置单套完整的主、后备保护功能的线路保护装置，如图 4-5 所示。合并单元、智能终端均采用单套配置。保护一般采用安装在线路上的 ECVT 获得电流、电压。

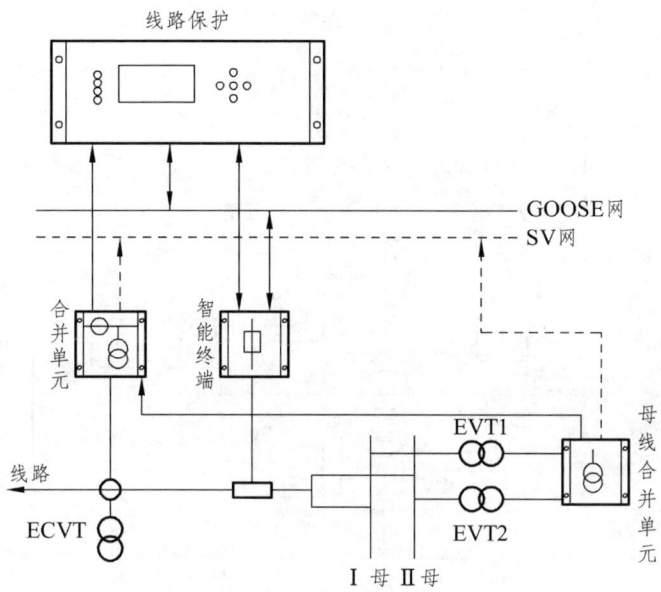

图 4-5　110 kV 线路保护配置（单母接线方式）

3. 变压器保护

220 kV 及以上变压器电量保护按双重化配置，每套保护包含完整的主、后备保护功能；变压器各侧及公共绕组的 MU 均按双重化配置，中性点电流、间隙电流并入相应侧 MU。110 kV 变压器电量保护宜按双套配置，双套配置时应采用主、后备保护一体化配置；若主、后备保护分开配置，后备保护宜与测控装置一体化。变压器各侧 MU 按双套配置，中性点电流、间隙电流并入相应侧 MU。

变压器保护直接采样，直接跳各侧断路器；变压器保护跳母联、分段断路器及闭锁备用电源自动投入、启动失灵等可采用 GOOSE 网络传输。变压器保护可通过 GOOSE 网络接收失灵保护跳闸命令，并实现失灵跳变压器各侧断路器。

变压器非电量保护采用就地直接电缆跳闸，信息通过本体智能终端上送过程层 GOOSE 网。

变压器保护可采用分布式保护。分布式保护由主单元和若干个子单元组成，子单元不应跨电压等级。

以高压侧 3/2 接线、中压侧双母线、低压侧单母线接线的 500 kV 变压器为例，保护合并单元、智能终端配置和变压器保护配置方案一般采用如下两种方案，如图 4-6 和图 4-7 所示。

每台主变压器配置 2 套含有完整主、后备保护功能的变压器电量保护装置。非电量保护就地布置，采用直接电缆跳闸方式，动作信息通过本体智能终端上 GOOSE 网，用于测控及故障录波。

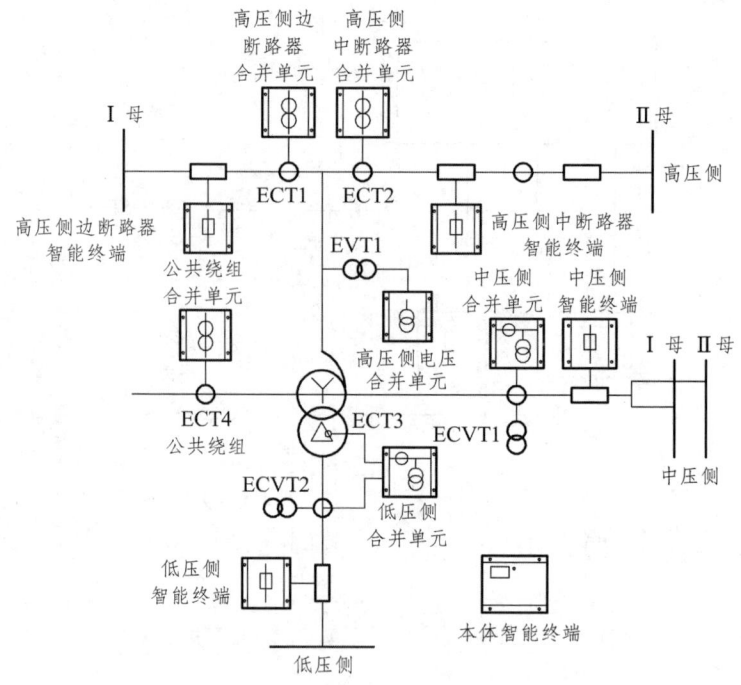

图 4-6　500 kV 变压器保护配置方案示例 1（单套）

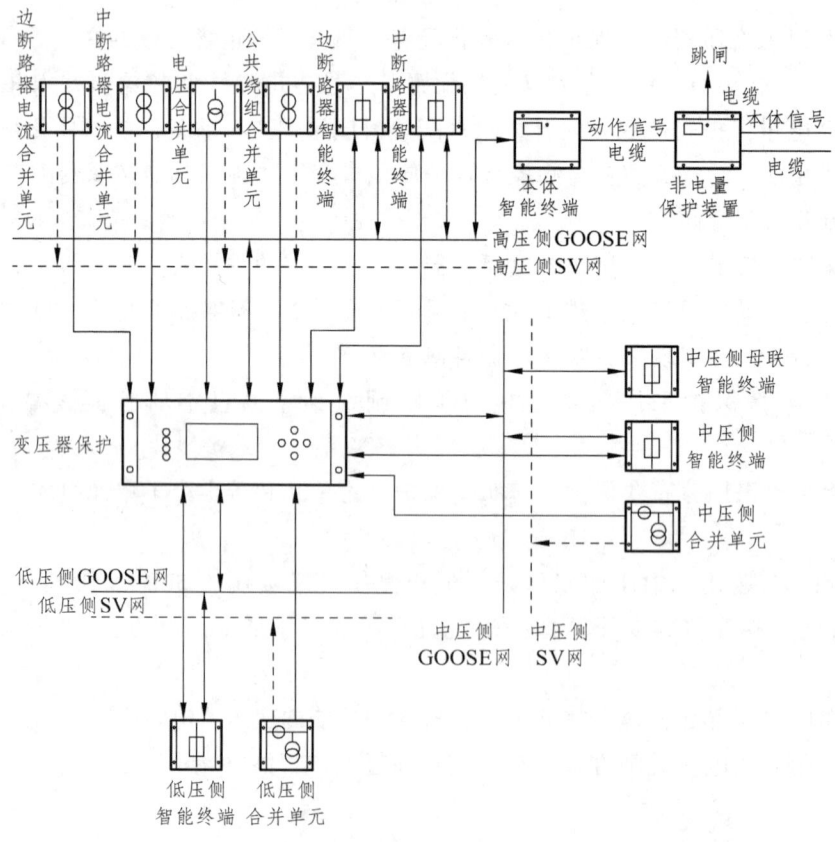

图 4-7　500 kV 变压器保护配置方案示例 2（单套）

按照断路器配置的电流 MU 按照点对点方式接入对应的保护装置，3/2 接线侧的电流由两个电流 MU 分别接入保护装置；3/2 接线侧配置的电压传感器对应双重化的主变压器电压 MU，主变压器电压 MU 单独接入保护装置；双母线接线侧的电压、电流按照双母线接线形式继电保护实施方案考虑；单母线接线侧的电压和电流合并接入 MU，点对点接入保护装置；主变压器保护装置与主变压器各侧智能终端之间采用点对点直接跳闸方式；断路器失灵启动、解复压闭锁、启动变压器保护联跳各侧及变压器保护跳母联（分段）信号采用 GOOSE 网络传输。

对 110 kV 变压器，当保护采用双套配置时，各侧合并单元和智能终端宜采用双套配置。变压器非电量保护应就地直接电缆跳闸，有关非电量保护延时均就地实现，现场配置本体智能终端上传非电量动作报文和调挡及接地开关控制信息。图 4-8 为 110 kV 变压器保护采用双套主后一体化配置的方案。

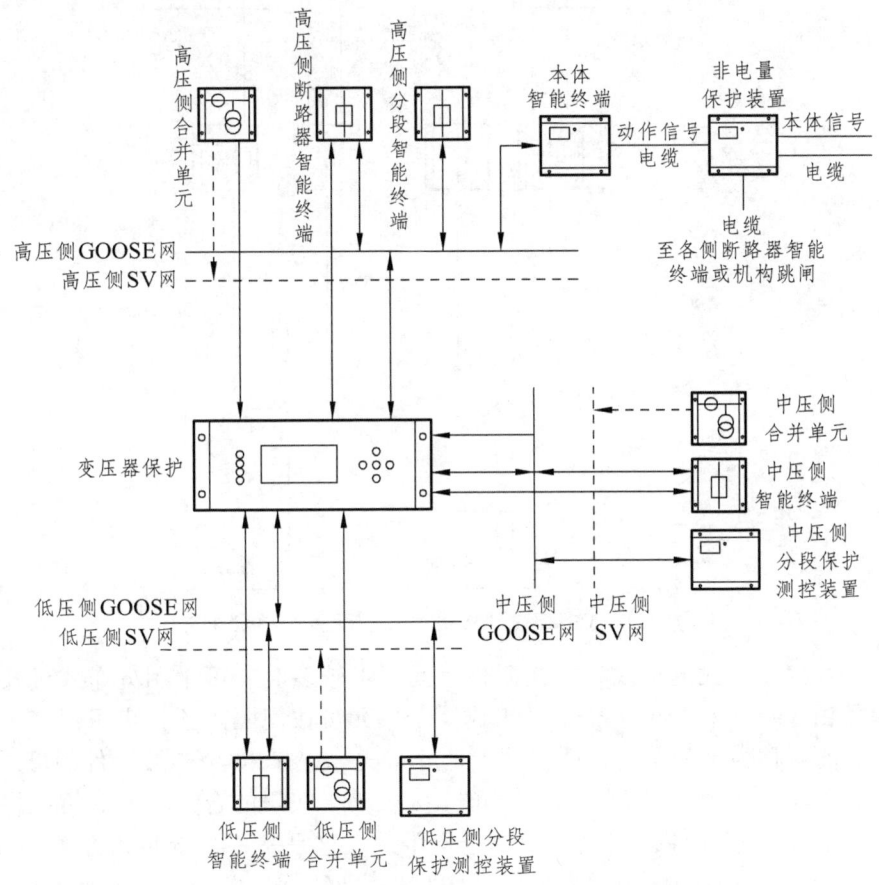

图 4-8 110 kV 变压器保护双套主后一体化配置方案（单套）

4. 母线保护

220 kV 及以上电压等级母线按双重化配置母线保护；110 kV 及以下电压等级母线配置单套母线保护。母线保护直接采样、直接跳闸，当接入组件数较多时，可采用分布式母线保护。

分布式母线保护由主单元和若干个子单元组成，主单元实现保护功能，子单元执行采样、跳闸功能。各间隔合并单元、智能终端以点对点方式接入对应子单元。母线保护与其他保护之间的联闭锁信号［失灵启动、母联（分段）保护启动失灵、主变保护动作解除电压闭锁等］采用 GOOSE 网络传输。

3/2 接线形式母线一般采用集中式母线保护装置，配置如图 4-9 所示。边断路器失灵经 GOOSE 网络传输，启动母差失灵功能。

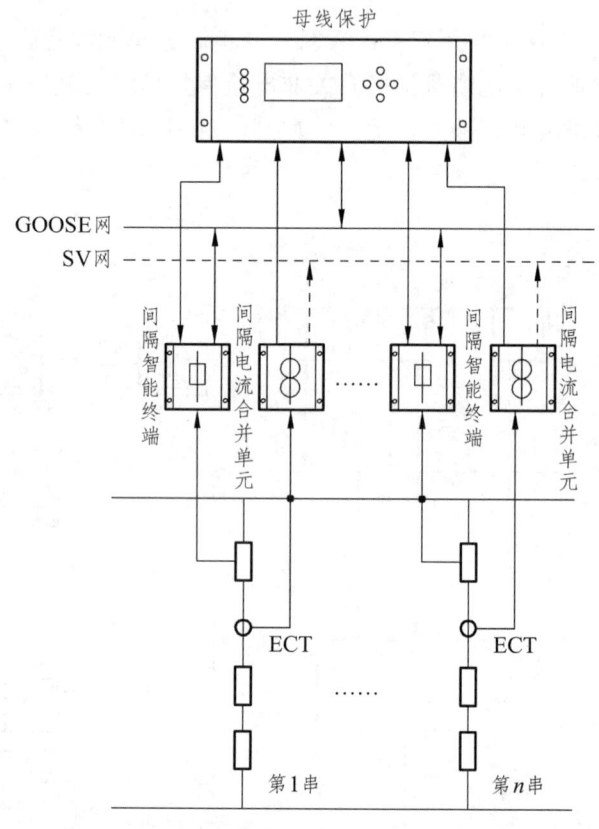

图 4-9　3/2 接线形式母线保护配置（单套）

单、双母线接线形式的母线，连接元件（间隔）较多时，可采用分布式母线保护。分布式母线保护由主单元和若干个子单元组成。子单元可按间隔配置，也可以多个间隔共用一个子单元，前者称为全分布式，后者称为半分布式。对有 24 个连接元件的母线，若采用全分布式保护方案，需要子单元，每个子单元接入 1 个间隔的合并单元和智能终端；若每个子单元接入 8 个连接元件，则只需要 3 个子单元，这是一种半分布式方案，可称为 8×3 方案。全分布式方案各间隔独立性好，系统扩展方便，但主单元接口数量仍然较多，装置数量多，成本也较高。半分布式方案大大减少了对主单元接口数量的要求，装置总数量少，成本相对较低。但各间隔独立性稍差，单个子单元成本较高，系统扩展少量间隔时可能需要增加 1 个子单元，造成一定的资源浪费。图 4-10 为一个全分布式母线保护的配置示例。

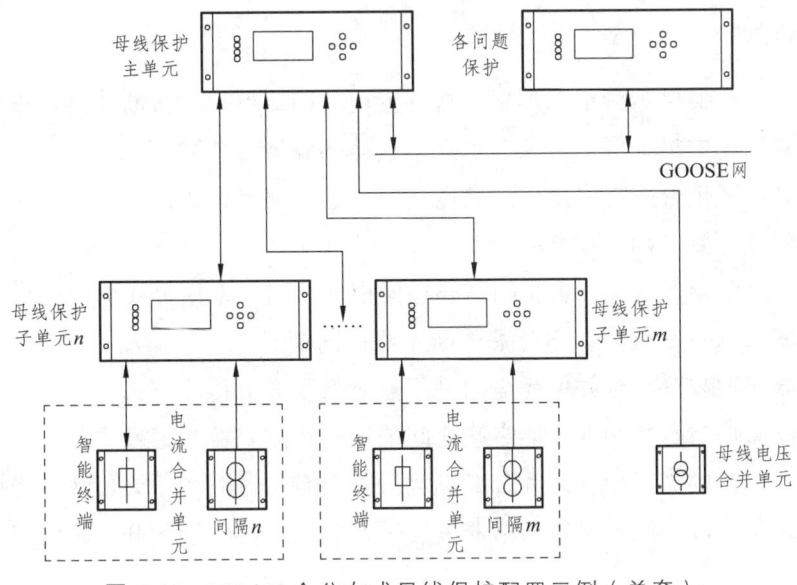

图 4-10　220 kV 全分布式母线保护配置示例（单套）

5. 高压并联电抗器保护

高压并联电抗器的电流采样采用独立的电子式电流互感器和 MU，跳闸需要断路器智能终端预留一个 GOOSE 接口。电抗器首、末端电流合并接入电流 MU，电流 MU 按照点对点方式接入保护装置；保护装置电压采用线路电压 MU 点对点接入方式；高压并联电抗器保护装置与智能终端之间采用点对点直接跳闸方式。高压并联电抗器保护启动断路器失灵、启动远跳信号采用 GOOSE 网络传输。

高压并联电抗器非电量保护就地布置采用直接跳闸方式，动作信息通过本体智能终端上 GOOSE 网，用于测控及故障录波。非电量保护动作信号通过相应断路器的两套智能终端发送 GOOSE 报文，实现远跳。配置示例如图 4-11 所示。

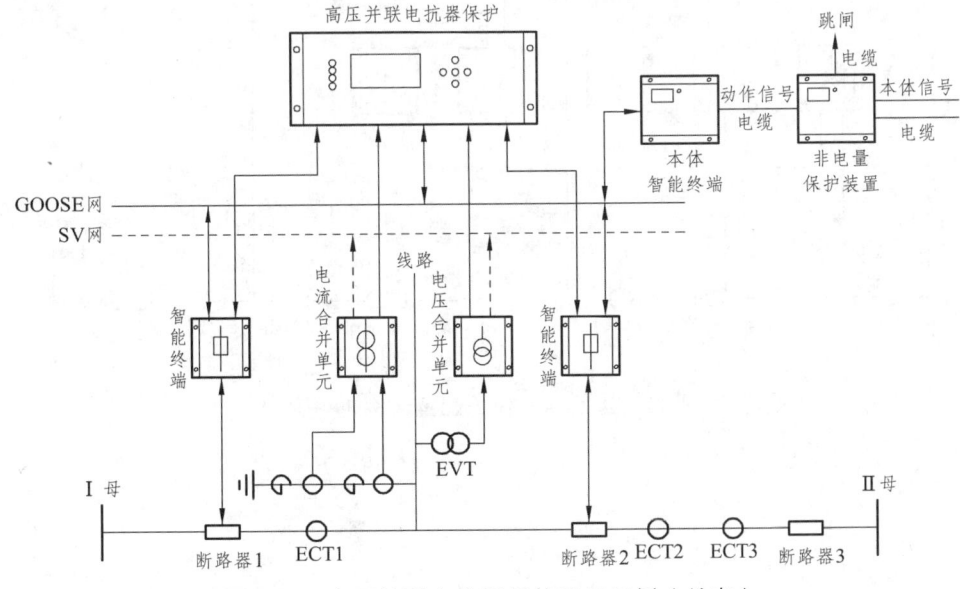

图 4-11　高压并联电抗器保护配置示例（单套）

6. 断路器保护

传统变电站断路器保护为单套配置。智能变电站断路器保护按断路器双重化配置，主要目的在于保证双重化的过程层网络相互独立。具体的配置方式如下：

（1）当失灵或者重合闸需要用到线路电压时，边断路器保护需要接入线路 EVT 的 MU，中断路器保护任选一侧 EVT 的 MU。

（2）对于边断路器保护，当重合闸需要检同期功能时，采用母线电压 MU 接入相应间隔电压 MU 的方式接入母线电压，不考虑中断路器检同期。

（3）断路器保护装置与合并单元之间采用点对点采样值传输方式。

（4）断路器保护与本断路器智能终端之间采用点对点直接跳闸方式。

（5）断路器保护的失灵动作跳相邻断路器及远跳信号通过 GOOSE 网络传输，通过相邻断路器的智能终端、母线保护（边断路器失灵）及主变压器保护跳开关联的断路器，通过线路保护启动远跳。

边断路器保护配置示例如图 4-12 所示，中断路器保护配置示例如图 4-13 所示。

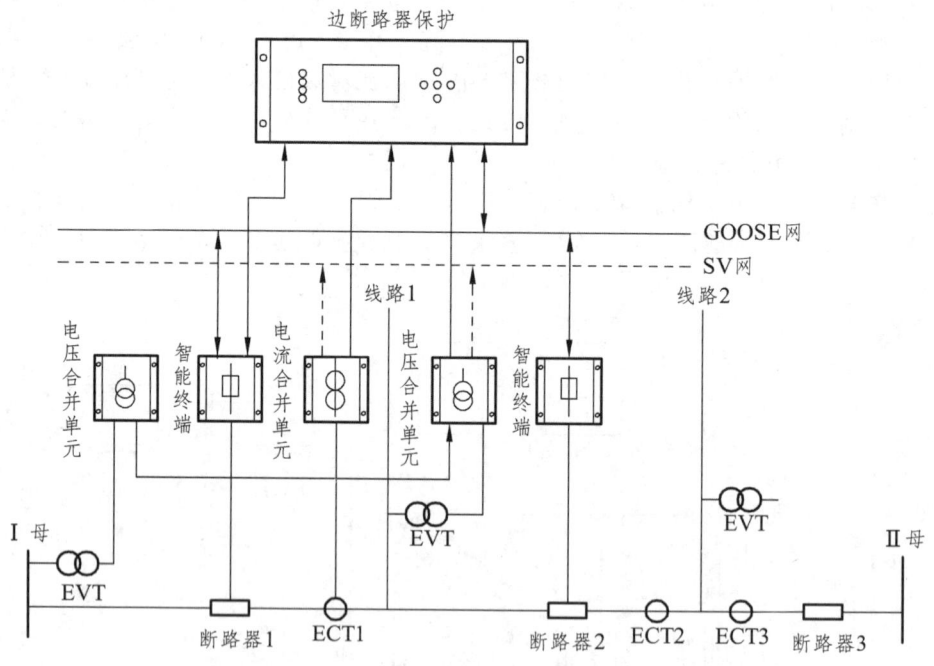

图 4-12　边断路器保护配置示例（单套）

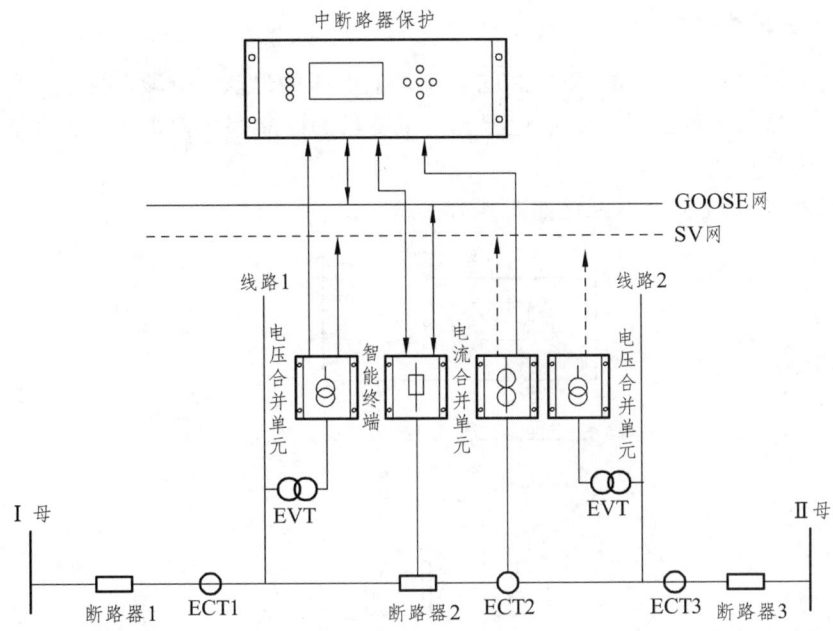

图 4-13 中断路器保护配置示例（以接入线路 1 电压合并单元为例，单套）

7. 短引线保护

出线有隔离开关的 3/2 断路器主接线，其短引线保护功能可集成在边断路器保护装置中，也可单独配置。实际工程中短引线保护基本上还是单独配置。短引线保护配置示例如图 4-14 所示，图中边断路器电流 MU、中断路器电流 MU 均需要接入短引线保护，隔离开关位置经由边断路器智能终端传给短引线保护装置。

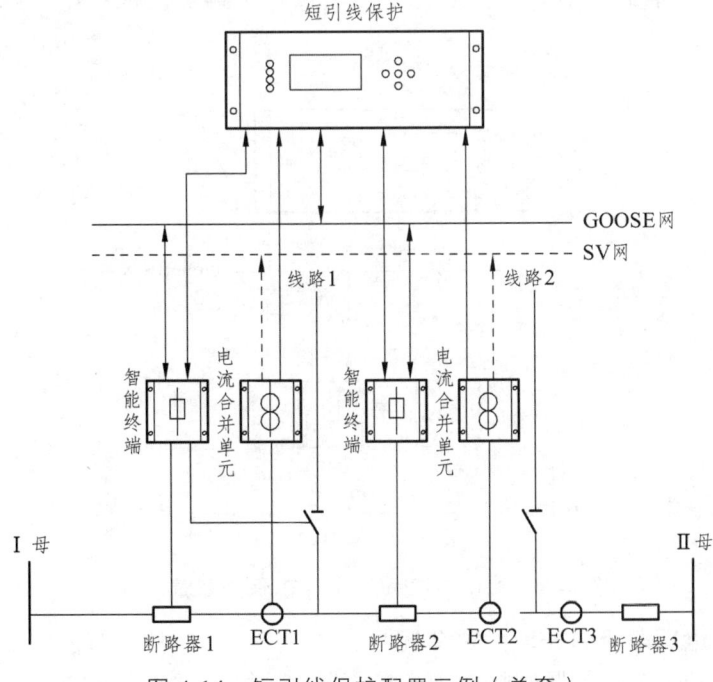

图 4-14 短引线保护配置示例（单套）

8. 母联（分段）保护

传统变电站按"六统一"要求，220 kV 及以上电压的母联（分段）保护为单套配置。智能变电站母联（分段）保护采用双重化配置，主要目的同断路器保护一样，在于保证双重化的过程层网络相互独立。

220 kV 母联（分段）保护配置如图 4-15 所示。

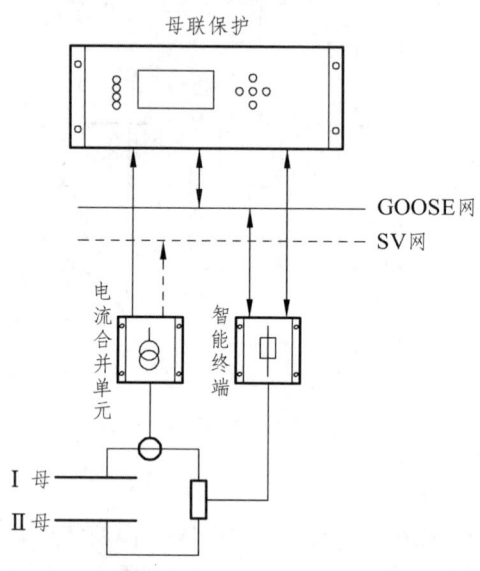

图 4-15　220 kV 母联（分段）保护配置示例（单套）

110 kV 分段保护按单套配置，宜采用保护、测控一体化。如图 4-16 所示，110 kV 分段保护跳闸采用点对点直跳，其他保护（主变压器保护）跳分段推荐点对点直跳，也可采用 GOOSE 网络方式。

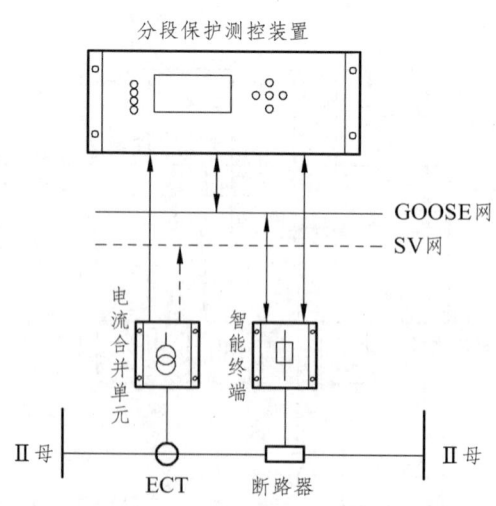

图 4-16　110 kV 母联（分段）保护配置示例

35 kV 及以下电压等级的分段保护宜就地安装，保护、测控、智能终端、合并单元一体化，装置应提供 GOOSE 保护跳闸接口（主变压器跳分段），接入 110 kV 过程层网络。

9. **中低压间隔保护**

66 kV、35 kV 及以下电压等级间隔保护采用保护测控一体化设备，按间隔单套配置。当采用开关柜方式时，保护装置安装于开关柜内，不宜使用电子式互感器，宜使用常规互感器，电缆直接跳闸；当确有必要或已经使用电子式互感器时，每个间隔的保护、测控、智能终端、合并单元功能宜按间隔合并实现。跨间隔开关量信息交换可采用过程层 GOOSE 网络传输。

4.3.2 网络通信记录分析及故障录波装置

智能变电站中，以光纤为主要通信介质的网络取代传统的电缆硬接线简化了二次接线以提高施工效率，但同时也给变电站二次回路调试、试验、故障排查提出新的要求。二次回路调试、试验、故障排查利用传统电工仪表及工具已不能完成作业。网络通信记录分析及故障录波装置可监视、记录全站的网络报文，实现通信报文的在线分析和记录文件离线分析，为站内调试、运行和维护提供有力的辅助手段。

故障录波器用于系统发生故障时，自动准确地记录故障前后过程的各种电气量变化情况，通过对记录下的电气量进行分析和比较，判断保护是否正确动作，辅助分析事故原因，同时采集电力系统的暂态特性和有关参数。

网络报文记录分析及故障录波合一的装置也称为网络报文记录分析系统或变电站通信在线监视系统。该系统用一套装置同时实现网络报文记录和暂态录波功能，两种记录信息共享统一的数据源和时标，不仅可以节省变电站的设备、屏柜，还能更方便地实现原始报文数据和暂态录波数据的对比组合分析。报文记录子系统对每一条异常报文均记录日志，通过日志条目可以直接快速地提取报文数据，这样就可以方便地为暂态录波数据和原始报文数据建立索引关系，实现对比组合分析功能。

网络报文记录分析系统一般由若干通信监听装置（记录单元）和一台通信监视分析终端（分析管理单元）组成。记录单元和分析管理单元单独组网，共同完成变电站通信系统的记录、分析和在线监视功能。

1. **网络状态诊断**

1）网络端口通信中断报警

当报文采集单元的某个有流量的网络端口在指定时间内没有收到任何流量，则给出网络端口通信中断的告警。

2）网络流量统计和流量异常报警

该报警可以实现网络端口流量统计和报文分类流量统计。当某类恒定流量的报文（如采样值）流量变化超过一定比例（增加或减少）时，系统会报告该分类流量的突增或突减告警。

3）网络流量分类

变电站网络报文主要分为三类，即采样值报文、GOOSE 报文和 MMS 报文。记录分析仪按照报文类别分别对报文进行流量统计。

2. 网络报文记录

装置可以记录流经报文采集单元网络端口的所有原始报文，对特定的有逻辑关系的报文（如采样值报文、GOOSE 报文、IEEE1588 报文等）进行实时解码诊断。

GOOSE 报文每发送一次，报文顺序号依次增加，此时将 GOOSE 报文按照发送顺序号进行依次记录。

采样值报文发送时，每帧报文都带有一个顺序号，记录时按照采样值报文的帧序号进行依次记录。

GOOSE 报文或采样值报文帧格式错误等异常报文按照事件顺序进行记录。对于异常报文，在存储时即打上异常类型标记，如报文帧错误、报文错序、报文重复、报文超时等。检索时可以按照异常类型进行快速检索。

3. 网络报文检查

1) 过程层 GOOSE 报文序列异常检查

GOOSE 报文异常主要包括：

（1）GOOSE 报文超时。如超过 2 倍 GOOSE 报文心跳时间，则说明该 GOOSE 报文异常，需要进行记录。

（2）GOOSE 报文丢帧。通过 GOOSE 报文帧序号的连续性可以检查 GOOSE 报文是否丢帧，如果丢帧，则帧序号是不连续的。

（3）GOOSE 报文错序，指由于网络传输时延影响，后发的 GOOSE 报文比先发的 GOOSE 报文要先到达装置，此时也需要进行记录，说明 GOOSE 网络有异常。

（4）GOOSE 报文重复，指连续发送两帧序号相同的 GOOSE 报文，说明 GOOSE 报文重复。

通过对 GOOSE 报文以上异常情况进行检查，将异常的 GOOSE 报文进行记录，可以分析网络的一些异常情况。

2) 过程层 GOOSE 报文内容异常检查

GOOSE 报文内容异常检查是指检查 GOOSE 报文的 APDU 和 ASDU 格式是否符合标准。GOOSE 报文中 confNo、goRef、datSet、entriesNum 等参数在装置的 CID 文件中已经进行描述，发送 GOOSE 报文的 confNo、goRef、datSet、entriesNum 必须与装置 CID 文件的配置文件相同，如果不一致，说明发送的 GOOSE 报文内容错误，需要进行记录并给出异常告警信号。

3) 过程层采样值报文序列异常检查

（1）检查的异常状态包括超时、丢帧、错序、重复等。

采样值报文如果超过 2 倍发送的时间间隔，则发送异常，此时需要将超过 2 倍发送时间间隔的采样值报文进行记录。

采样值报文丢帧时，采样值报文的帧序号不连续，通过检查采样值报文的帧序号可以进行采样值报文的丢帧检查。如接收到的采样值报文序号为 1、2、3、5、6、7、8，表示采样值报文的第 4 帧丢失，此时需要进行采样值报文丢失异常告警。

采样值报文错序是指装置接收的采样值报文不是依顺序依次到达，某些采样值报文先到。

此时也是通过检查采样值报文的帧序号进行检查采样值报文错序。如接收装置收到的采样值报文的帧序号依次为 1、3、4、2、5，表示采样值报文错序，第 2 帧报文比第 4 帧报文还要晚到。

（2）采样值报文重复是指连续收到相同帧序号的采样值报文。

过程层采样值报文内容异常检查。检查的内容包括 APDU 和 ASDU 格式是否符合标准，confNo、svID、datSet、entriesNum 等参数是否与配置文件一致等。

4）站控层 MMS 报文异常检查

站控层网络的 MMS 报文异常一般指 MMS 报文是否符合每种服务定义的报文格式，如果与每种服务定义的报文格式不相符合，则会报错。

4. 数据检索和提取

按照时间段、报文类型、报文特征（如异常标记、APPID）等条件检索并提取报文列表，以 HEX 码、波形、图表等形式显示报文内容。

（1）按照时间段进行检索，如提取某个时间段的所有报文。

（2）按照报文分类进行检索，如只需要检索采样值报文或者 GOOSE 报文或者 MMS 报文。

（3）按照报文特征进行检索，比如通过异常标记进行检索。如通过报文超时异常标记，可以检索超时的所有报文。

5. 数据转换

原始报文数据可导出形成需要的格式，用于在 Ethereal 和 Wireshark 等流行网络报文抓包软件、Excel 电子表格、CAAP2008 波形分析软件等软件工具中进行分析。

6. 故障波形记录

1）电压、电流波形记录

对过程层网络的采样值报文进行解析，提取瞬时采样点的值，进行傅氏计算以及启动判据计算。当电力系统发生故障时，达到故障启动条件，则以 COMTRADE 格式对故障发生时的采样值和开关量进行存储记录，用图形分析软件实现系统故障波形的显示和分析。

2）二次设备动作行为记录

对过程层网络的 GOOSE 报文进行解析，提取 GOOSE 报文的开关量状态信息。当开关量状态发生改变时，对接入的采样值报文和 GOOSE 报文进行解析，并以 COMTRADE 格式对故障发生时的采样值和开关量进行存储记录，用图形分析软件实现系统故障波形的显示和分析。

3）波形分析功能

装置记录的暂态波形数据以 COMTRADE 格式输出，使用波形分析软件，能实现单端测距、双端测距、谐波分析、阻抗分析、功率分析、相量分析、差流分析、变压器过励磁分析、非周期分量分析等高级分析功能。

7. 主要性能参数及指标要求

智能变电站的故障录波性能参数及指标要求与常规站基本相同；网络报文记录分析系统的性能参数主要关注报文端口接入能力、报文存储能力和对时精度；除此之外，还有一些通用性能参数及指标要求。

1）报文端口接入能力

（1）以太网报文记录监听端口数：≥8。

（2）非以太网报文监听记录端口数：≥24。

（3）站内以太网通信速率：100/1000 Mb/s。

2）数据记录与存储能力

（1）记录数据的分辨率：<1 μs。

（2）记录数据的完整率：100%。

（3）本地高速大容量存储：速度 70 MB/s，容量可达 2×500 GB 以上。

（4）数据保存时间：SV 连续记录存储 24 h 以上；GOOSE 报文、MMS 报文连续记录存储 14 天以上；异常报文记录存储 1000 条以上。

3）时钟精度

（1）具有 IRIG-B（DC）码或 IEEE1588（PTP）对时功能。

（2）记录单元对时精度：≤1 μs。

（3）分析管理单元对时精度：≤10 ms。

8. 智能变电站配置要求

对于 220 kV 及以上的智能变电站，推荐按电压等级和网络配置故障录波装置和网络报文记录分析装置。当 SV 或 GOOSE 接入量较多时，单个网络可配置多台装置。每台故障录波装置或网络报文记录分析装置不应跨接双重化的两个网络。主变压器一般单独配置主变压器故障录波装置。

故障录波装置和网络报文记录分析装置应能记录所有 MU、过程层 GOOSE 网络的信息。录波器、网络报文记录分析装置对应 SV 网络、GOOSE 网络、MMS 网络的接口，应采用相互独立的数据接口控制器。

采样值传输可采用网络方式或点对点方式，开关量采用 IEC61850-8-1 通过过程层 GOOSE 网络传输，采样值通过 SV 网络传输时采用 IEC61850-9-2 协议。故障录波装置采用网络方式接收 SV 报文和 GOOSE 报文时，故障录波功能和网络记录分析功能可采用一体化设计。

4.3.3 同步相量测量装置

现代同步相量测量技术起源于微机线路保护研究。A.G.Phadke 与 J.SThorp 于 1983 年发表了世界上第一篇关于 PMU 的文章，分析了正序电压与电流相量测量的重要性及一些应用。同时，全球定位系统开始全面投入使用，使电力系统内不同位置的电气量测量能够保持同步。世界上第一台基于 GPS 的相量测量单元（Phasor Measurement Unit，PMU）于 20 世纪 80 年代初于美国弗吉尼亚理工大学研制成功。目前同步相量测量装置已经有很多制造商,并在很多个国家投入运行。

1. 对同步相量测量装置的技术要求

装置的基本功能包括同步相量测量功能、动态数据记录功能、通信功能、人机接口功能、时间状态标识功能、异常告警功能与自恢复功能、时钟同步监测功能、SV 接入、GOOSE 接入、液晶自动休眠、低频振荡监测功能、次同步振荡监测功能、谐波抑制功能、冗余组网、连续录波、数据存储功能(动态数据文件、暂态录波文件及连续录波文件存储功能)。

在满足规定的功能条件下,同步相量测量装置应满足与环境相适应的机械性能、电磁兼容性等要求,考虑运行可靠性、可维护性和可扩展性,并兼顾经济上的合理性。

2. 同步相量测量单元与相量数据集中器

在智能变电站中,同步相量测量单元测量所有被监测母线与线路的正序电压与电流相量以及频率和频率变化率,所有电气量均打上了时标。这些量测数据保存在本地存储设备中,并可被远程调用以进行事后分析和诊断。本地存储空间是有限的,所以对重要系统时间的量测数据必须加以标识以便长久存储。有些仅需单个 PMU 数据的应用,在单一 PMU 内就可以完成;但是需要多个 PMU 相量数据的应用,只能在更高一级的相量数据集中器(Phasor Data Concentrator,PDC)中实现。相量测量单元主要负责同步采集相量数据;相量数据集中器主要负责多台相量测量单元数据汇总、剔除坏数据、对齐数据时标,形成电力系统的一组断面数据并存储转发到主站。PMU 和 PDC 的结构如图 4-17 所示。

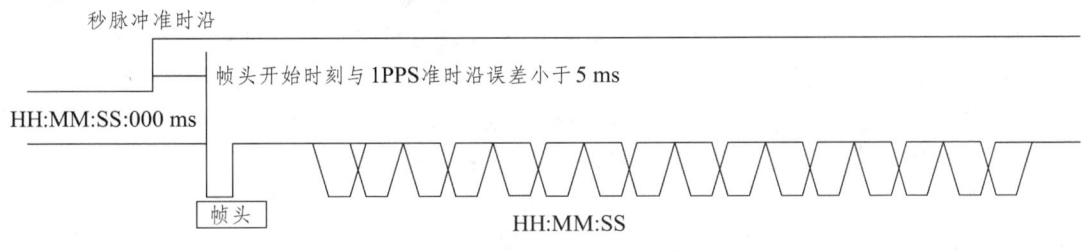

图 4-17 PMU 与 PDC 结构图

4.3.4 测控装置

变电站测控装置是电力系统中极其重要的一部分,起着承上启下的作用,既要把变电站的各种数据上传至调度中心供调度中心进行处理决策,也要把调度中心的各种信息和命令传达给变电站的各种设备。对于 220 kV 以上高电压等级变电站来说,由于其重要性,因此其各种设备的自动化装置要求独立而互不干扰,各系统之间有通信联系,可以信息共享,各系统独立运行,其中一个系统出现问题不会影响到其他的系统,既提高了可靠性,又提高了可维护性。

1. 特 点

测控装置容量按满足变电站的一个独立对象设计,具有超强的通信和数据处理能力,技术超前,符合高电压变电站监控发展趋势。测控装置有以下特点:

（1）变电站测控装置作为电网调度自动化的一个子系统，服从电网调度自动化的总体设计要求，其配置、功能包括设备的布置应满足电网安全、优质、经济运行以及信息分层传输、资源共享的原则。

（2）本着提高电网安全、经济运行水平，采用先进的计算机及网络技术，功能有机集成、相互协调、提高自动化水平、减少变电站硬件的重复设置及投资费用，满足变电站自动化及无人值守的工程需求。

（3）构造按超高压枢纽变电站（500~220 kV）设计，同时简化的结构模式应能适用于中压变电站（含 220 kV 终端站和 10~35 kV 站）及低压配电站（35 kV、10 kV 站）的系统构造要求，同时考虑与保护配合。

（4）系统用分层分布式系统结构，测控装置设计体现面向对象、功能有机集成、系统各部分有机协调的思想。充分考虑工程的实用化（分散、就地安装等模式）。分散式配置宜采用能下放的功能尽量下放的原则，凡可以在间隔层就地完成的功能，无须通过网络及上位机完成。

（5）采用代表国际技术发展先进潮流的、标准且成熟的通信网络技术。对于 220 kV 枢纽站及 330 kV、500 kV 超高压变电站，其网络层及站控层宜采用双重化、冗余配置，如双网网络、光纤双环冗余自愈系统等手段。采用国际标准通信规约协议，充分考虑网络的开放性、可扩充性以及工程化的相关问题。同时具备双以太网和双现场总线，信息传输更流畅，组网方式更灵活。

（6）系统支撑软件符合 ISO 开放系统规定，系统的各类数据、通信规约及网络协议的定义、格式、编程、地址等与相应的电网调度自动化系统保持一致，以适应电力工业信息化的发展要求。适应电力通信网的多种通信方式，还要考虑与电网调度自动化系统、配电自动化系统、电能计费系统等的接入问题。

（7）站控层应能实现对全站的监视、保护、控制以及设备检测功能的综合管理。间隔层 IED 合设计规范及技术指标要求，同时可以适应多种网络接口；采用测量、控制一体化设计。

（8）采用总线型局域网络，通信速率高，传输可靠。

（9）变电站内，特别是高压小间内存在强大的电磁干扰。满足电磁干扰对 IED（智能电子设备）装置的要求。另外在通信方式上优先采用光纤通信方式，同时鉴于光纤安装、维护复杂及费用较高，在中低压变电站可选用屏蔽电缆为通信介质。同时保证经济合理性及技术先进性。

2. 功　能

在变电站综合自动化系统中，有数字式测量、控制单元，这些装置可按被测量和控制的变压器、线路等一次设备为间隔独立配置。数字式测控装置作为分布式的遥测、遥信和遥控单元，主要实现以下功能：

1）采集功能

（1）能够实现对电气量、非电气量（压力、油温等）的测量，对交流量测量精度达 0.2 级，功率 0.5 级。

（2）能计算出电压、电流的幅值、相位及 13 次以下谐波，线路的有功功率、无功功率，系统运行的频率等，电压、电流等能够越限告警。

（3）能对开关量进行监视，对部分开关量应该有较高的 SOE 分辨率 1 ms，当开入变位时，应该能够实时地将变位信息向后台监控装置发送。

（4）对电度脉冲量计数具有失电自动保存功能。

2）控制功能

（1）能够实现操作人员就地控制以及调度中心或后台监控装置通过网络进行遥控，且具有较快反应能力，并通过开关量等信息来判断操作是否正确执行。

（2）能对有载调压变压器进行变压器调压及滑挡判别。

3）通信转发

为使具有不同网络接口的装置都能够连接在网上，测控装置应该能够提供通信转发和规约转换等处理。

目前大中型变电站对监控系统的要求越来越高，其典型模式是采用分散分布式模块结构，安装方式既可以是集中安装也可以是分散安装，模块间通信采用高速的网络通信。对于高电压等级的变电站，近年来对网络提出的新需求是采用双网的通信模式，即采用互为备用的两个通信网络，以提高通信的可靠性。监控系统与当地后台机之间也最好采用双网方式通信。

4）防误闭锁

能够与变电站层集中式防误操作闭锁系统相结合，根据现场需要实现局部和全局两种防误功能，实现操作闭锁时应该不受插件的开入端子数的限制，并能够根据现场的要求投退防误闭锁功能及范围。

5）良好的人机界面

在测控装置中，应该能够对 MMI 菜单进行灵活配置，针对不同的间隔，能够以图形方式显示出间隔的断路器、隔离开关等开合状态，为操作人员就地监视和操作提供良好的人机界面。在 MMI 的液晶显示屏上能够用汉字来取代全英文方式，增加全屏显示的内容。友好的人机接口可以方便调试和减少工作人员的工作量，减少配置错误的概率等。另外，设计友好的面板 PC，用于配置、打印或数据的调取等，还可用于 PLC 的设计，具有 PLC 仿真功能。

6）对时精度

将内部网络对时和 GPS 硬件对时相结合，提高测控装置的对时精度，尤其提高 SOE 分辨率，同时对于 AI 等对时精度要求不高的插件，为降低成本则无须 GPS 硬件对时，可采用内部网络对时。

相角测量的功能由测控模块完成，GPS 模块内嵌于测控模块内部，以 GPS 模板输出的 1PPS（秒脉冲信号）为同步采样信号，实现对电力系统各个结点的电压相量同步采样。采用傅里叶变换算法得到每个秒信号时的电压相量的相角。作为带时标的遥测量通过高速的现场总线传给主处理器模块，再由主处理器模块通过以太网、电话线、微波等形式上传调度中心。标准的通信规约库方便与各种智能设备的互联。

采用国际国内的标准开发通信规约，使各规约完全符合各种国际标准，如 IEC60870-5-101、IEC60870-5-102、IEC60870-5-103、IEC60870-5-104、DNP、CDT92、CDT85、RP570、RP571、8890、U4F、MB88、MODBUS、SCI1801 V6、ISA、LFP、XT9702 等，方便与各种调度主站以及各种站内智能设备的互联。

7）功能、结构上的灵活配置

为实现不同的系统对测控装置的不同要求，在本装置设计时应充分考虑功能、结构的灵活配置，如开入插件、开出插件、交流插件数目、类型等都可按现场的要求配置。

测控装置在变电站综自系统中承担了测量、控制任务，在高压、超高压变电站内由于通信量大等原因，一般采用以太网通信，现有的保护设备一般不具备以太网接口，为使保护能与变电站层进行通信，测控装置必须具有保护与变电站层的监控装置之间的通信转发及规约转换功能，测控装置对本间隔的一次系统进行测量、控制，对保护等其他设备进行通信转发，不同间隔的测控装置可通过以太网进行通信。由于不同的变电站的规模、结构等不一样，对测控装置的功能结构要求也各有区别，为使测控装置能够针对不同的变电站进行灵活配置，提高兼容性，在设计中采用模块化设计。

3. 通信方式

随着电网电压等级的提高，在高压或超高压变电站综自系统中信息流量越来越大，中、低压以 Lon wokrs 为网络层的主要通信方式已经不能满足高压、超高压信息传输的要求，选择一种速度快、带宽高的网络作为变电站综自系统的主干网络成为需要。随着通信技术的不断发展，以太网以其良好的性能价格比已成为高压、超高压变电站综自系统的良好选择。

（1）以太网是一种流行的分组交换局域网，是目前使用最广泛的局域网。以太网在速度方面不断更新，先后推出了 10 Mb/s、100 Mb/s 和 1000 Mb/s 的以太网。

（2）现场总线具有使用方便、简单、经济的特点，以太网具有网络标准、开放性好、高速率、传输容量大的特点。

目前，由于以太网在性能和应用特点上仍不能完全替代现场总线，面向实时控制的工业以太网技术及标准正处于研究和制定过程中，所以现场总线将会和以太网并存相当长时间。

目前采用的现场总线有：Lon works、Can bus、FDK bus 等，速率为 1～12 Mb/s。

在系统设计上，采用独特的双网分流、故障切换的通信机制。在两个网络都正常运行的情况下，根据系统分配的任务双网并列运行，从而达到动态的流量控制，最大限度地利用系统带宽，提高了系统的实时性；当一个网络出现故障时，则把出现故障网络的任务叠加到正常运行的网络上，保证了数据的完整性，提高了系统的可靠性。而当检测到两个网络都正常后恢复到双网分流状态。

CAN 网络是主要用于各种过程监测及控制的一种网络，CAN 网络可以采用多主从工作方式,可以方便地构成多机备份系统;采用非破坏性总线仲裁技术,具有在自动切除错误节点的功能;其通信距离最远为 10 km(5 kb/s),通信速率最高可达 1 Mb/s(40 m),节点数目实际可达 110 个。CAN 的这些特点适于应用在变电站自动化监控系统中。FDK BUS 是东方电子开发并推出的现场总线网,已在老的产品中稳定运行多年,速度快,在 2000 m 内通信速率达 187.5 kb/s,采用同步方式,对时精度高。在应用中拟采用 FDK BUS 和 CAN BUS 两种不同类型的网络,优势互补,互为备用。两种网的分流与备用的配合关系是研究的重点。两种不同性质的现场总线网的应用最大限度地保持了通信网络的可靠性,在国内监控系统的网络通信中处于领先地位。

针对变电站综合自动化的数据传输格式及信息流量等特点,在系统中采用 10 Mb/s 的以太网即可满足变电站数据传输的要求。在我国已有将以太网用于变电站综合自动化系统网络层的先例,如辽宁省丹东 220 kV 站、三峡骨干工程南昌 500 kV 站等。

现在的测控装置采用分布式结构、集中分布混合结构等结构形式,它们各具特点,不但丰富了自动化系统集成方案,同时也取得了比传统方式好的效益。分布式结构是与集中式结构相对的一种结构,其抛弃了集中式结构中所有计算和处理都由主机完成的模式,把系统功能分成多个部分,分散到系统中不同位置的主机进行处理,各个主机各司其职独立工作,这样就大大提高了系统的吞吐量,同时可以用软件和硬件冗余的方法实现互为备用,提高了系统的健壮性,这种结构扩展起来也比较容易。集中混合结构是结合两种模式的优点,把部分功能分散化的一种结构。

4.3.5 电能量计量系统

电能量计量系统是应用计算机及各种通信和控制技术,实现对电网电能量的远程自动采集、电能量数据处理及电能量统计分析的综合自动化数据平台,它通过支持系统实现与其他系统的互联的数据模型和接口规范,为电力企业的商业化运营提供科学的决策依据,包含计量表计、电表采集处理终端、主站系统及相应的通信通道和其他配套设备。

电能量计量系统主要实现电能量信息、瞬时量信息的采集、存储、上传、母线平衡计算、报表统计、线损统计分析、网页发布、数据转发、计量业务维护等。若为计量计费系统,则还包括对各种费率模型的支持和结算软件。

1. 功 能

电能量计量系统的主要功能:一部分是应用系统的支撑平台,主要包括数据采集、数据检查及处理、数据存储、系统状态监视、事件告警及记录、数据库管理、系统安全管理、通用图形系统、通用报表系统等;另一部分是系统的应用功能,包括电能计量管理、统计分析、系统维护、WEB 浏览等。

采集模块的功能:实现主站系统与子站系统之间的所有数据通信,电能量数据、状态数据的采集,数据补测、参数下装、GPS 对时、数据合理性检验等。采集到的数据存放到原始数据库中。数据收发模块除采集有关的电能量数据外,还对系统的状态进行监控,包括通道状态监视、电表状态监视,并发出告警信息,告警信息记录到数据库,以便查询。

标准电能量计量系统的组成如图 4-18 所示。

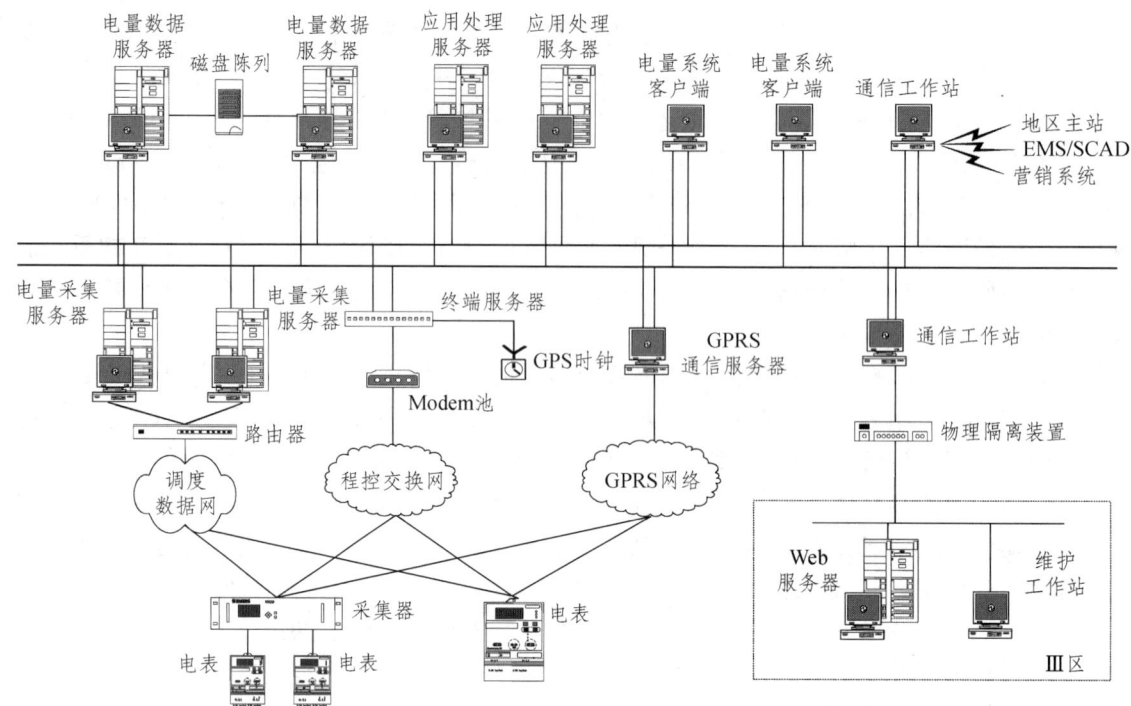

图 4-18 标准电能量计量系统的组成

2. **硬件构成及特点**

电能量计量系统主站的硬件包括：

（1）主数据库服务器：存储所有电能量数据和电能量相关属性的计算机系统。

（2）数据处理服务器：进行数据验证和数据处理的计算机系统。

（3）应用服务器：实现各种应用功能处理的计算机系统。

（4）采集服务器：实现电能量的数据采集功能的计算机系统。

（5）通信工作站：实现电能量数据与其他系统数据通信的计算机系统。

（6）终端服务器：连接 Modem 池输出和网络的设备。

（7）维护工作站：具有各种展示功能，对电能量计量系统主站进行维护。

（8）Modem 池：电话通道采集电能量时使用。

（9）网络交换机：实现上述所有设备的网络互联的设备。

电能量计量系统的特点：

（1）准确性：系统在数据采集（关口电能表、电能采集装置）、传输（数据通道）、存储及计算（主站）、使用（用户工作站）等环节上均应采取相应措施确保数据的准确性。

（2）可靠性：系统的数据作为电能量计量的依据，必须具有高度的连续性和完整性，任何情况下所有计量点的电能量数据都不能丢失，万一发生丢失也必须有弥补的手段。

（3）一致性：系统报送给各方电能量的数据必须是一致的，也就是电能量结算的依据应是唯一的。

（4）同时性：系统从不同关口电能表采集的数据都带有时标，要求使用 GPS 进行对时，保证不同电能量数据采集点时钟统一。

（5）及时性：为满足电网商业化运行中电能量统计、结算和考核周期的要求，系统数据的采集需要有一定的及时性，即在一个数据召唤周期内应能将所有数据传输一次。

（6）安全性：系统的数据作为电能量交易和结算的依据，其安全性必须得到保证。必须确保数据采集和处理中的原始电能量数据库不被修改或删除。因此，系统均不得修改原始数据库。数据不能脱离电能量计量系统提供的接口而直接在数据库中修改。

（7）开放性：应采用符合国际标准、事实工业标准的设备及接口，提供一个开放的应用平台和开发环境，提供接入非主站系统制造厂的厂站端设备的硬件、软件接口。

（8）独立性：电能量系统与其他系统的功能各有侧重点，应保持相对的独立性。

（9）先进性：系统应充分采用基于 B/S 模式，使全电网可以利用广域计算机网络从事高效率电力市场的电子交易。

（10）可发展性：系统能够随着计量对象的发展、业务的增加，把系统的各功能模块分布配置、增加数据容量。系统的增容不引起数据的破坏。

4.4　典型配置特点

4.4.1　配置特点

智能变电站采用先进、可靠、集成、低碳、环保的智能设备，以全站信息数字化、通信平台网络化、信息共享标准化为基本要求，完成信息采集、测量、控制、保护、计量和监测，并支持电网实时自动控制、智能调节、在线分析决策、协同互动等高级功能。其中间隔层的功能包括转换装置、保护装置、电能计量装置、故障录波装置。它主要针对启动失灵、闭锁重合闸等情况下出现的跨间隔的数据传输问题，并以通信手段解决。间隔层设备与过程层设备之间按电压等级组建过程层网络，并采用 SV、GOOSE 报文共网传输方式。

间隔层设备按电压等级区分存在以下特点。

1. 110 kV 及以下变电站

（1）10 kV 保护测控一体化。
（2）110 kV 线保护测控独立、可靠、经济。
（3）现场总线与以太网并存。
（4）以太网取代现场总线。
（5）淡化后台作用，加强远动工作站性能。
（6）适应集控站模式及无人值班模式。

2. 220 kV 以上变电站

（1）面向间隔对象设置。
（2）分层分布式结构模式。
（3）单层网为主、保护和故障录波宜单独组网。
（4）高压保护的可靠性要求高，保护与测控独立。

4.4.2 典型配置

1. 110 kV 典型配置

1）保护测控装置配置特点

继电保护配置严格按照直采直跳方式，对于单间隔及需要快速动作的保护直接跳闸。

2）保护测控装置配置方案

（1）主变压器。每台主变压器配置 2 套主、后备保护一体，保护测控合一装置。一套装置投主保护，另一套装置投后备护。主变压器各类非电量信息由本体智能终端和主变压器非电量保护测控装置实现主变压器温度、挡位、中性点隔离开关位置等信息采集。非电量瓦斯保护采用直采直跳方式，不经 GOOSE 网络，采用传统电缆连接方式直接完成主变压器各侧跳闸。

（2）110 kV 线路。若为终端站，110 kV 线路不配置保护，分别配置 1 套测控装置。

（3）110 kV 内桥。110 kV 站内桥配置 1 套测控装置和 1 套备用电源自动投入装置。

（4）10 kV 部分。10 kV 部分间隔配置一台保护、测控合一装置。保护装置均就地安装在 10 kV 高压开关柜内。

① 10 kV 线路采用测控、保护合一装置，保护配置三段式相间电流保护和低频减载功能。

② 10 kV 并联电容器组采用测控、保护合一装置，保护配置限时电流速断保护、过电流保护、不平衡电压保护、母线失压保护、母线过电压保护。

③ 10 kV 接地变压器采用测控、保护合一装置，保护配置限时电流速断保护、过电流保护、零序电流保护。

④ 10 kV 分段采用测控、保护合一装置，保护配置限时电流速断保护、过电流保护、零序电流保护、备用电源自动投入装置。

⑤ 低压无功自动投切功能和 10 kV 小电流接地选线由监控系统实现。

3）网络报文记录分析系统

配置一套网络报文记录分析系统，配置规约分析软件，可对网络通信状态进行在线监视，并对网络通信故障及隐患进行告警，有利于及时发现故障点并排查故障；同时能够对网络通信信息进行无损失全记录，以便于重现通信过程及故障。

2. 220 kV 典型配置

1）220 kV 电压等级配置特点

（1）220 kV 电压等级的保护装置、合并单元、智能终端均采用双重化配置，220 kV 母线保护采用 IEC60044-8 点对点扩展协议，其他保护装置采用 IEC61850-9-2 协议进行点对点采样，所有保护均采用点对点 GOOSE 进行跳闸。220 kV 测控装置为单套配置，单 SV 网（A 网）采样，单 GOOSE 网跳合断路器。220 kV 电压等级采用 SV 双网、GOOSE 双网的组网方案。

（2）66 kV 电压等级采用保护测控一体装置，为单套配置 66 kV 母线保护采用 IEC 刷 44-8 扩展协议，其他保护测控装置采用 IEC61850-9-2 协议进行点对点采样，所有保护测控装置均采用单 GOOSE 进行点对点跳闸。66 kV 智能终端和合并单元集中由 1 台装置实现，包括主变压器低压侧。合智一体装置中的 SV 接口和 GOOSE 接口依然是独立的。

2）220 kV 电压等级配置方案

（1）线路间隔配置方案。

每回线路配置 2 套包含有完整的主、后备保护功能的线路保护装置。合并单元、智能终端均采用双套配置，保护采用安装在线路上的传统 TA、TV 获取电流、电压。用于检同期的母线电压由母线电压合并单元采用 IEC60044-8 扩展协议点对点接入间隔合并单元转接给各间隔线路保护装置。电压切换由各间隔合并单元实现。

线路保护直接采样，与智能终端之间采用点对点直接跳闸方式。跨间隔信息（启动母差失灵功能和母差保护动作远跳功能等）采用 GOOSE 网络传输方式。测控装置采用单 SV 网进行采样，通过单 GOOSE 网操作断路器。

母线保护、母线测控配置方案母线保护按双重化进行配置。各间隔合并单元、智能终端均采用双重化配置。开入量（失灵启动、隔离开关位置、母联断路器过电流保护启动失灵、主变压器保护动作解除电压闭锁等信号）采用 GOOSE 网络传输。220 kV、66 kV 母线电压分别由 220 kV 母线测控装置和 66 kV 母线测控装置采集，220 kV 母线测控装置除采集 220 kV 母线电压外，还采集母线 TV 隔离开关位置等信号。

（2）母联（分段）间隔配置方案。

母联（分段）间隔保护按双重化进行配置。220 kV 的母联（分段）间隔合并单元不接入母线电压。

（3）旁路间隔配置方案。

旁路间隔保护按双重化进行配置。旁路间隔旁带主变压器高压侧支路时，变压器保护须采集旁路间隔的电流，从安全可靠的角度出发，变压器保护和旁路间隔合并单元进行 IEC61850-9-2 协议点对点采样，和旁路间隔智能终端进行 GOOSE 点对点跳闸。

（4）公共测控装置接入方案。

全站共 3 台公共测控装置，分别连接在 220 kV GOOSE A 网、220 kV GOOSE B 网、66 kV GOOSE 网上。所有 A 套智能终端、合并单元的 GOOSE 链路告警信息通过各自 GOOSE 网送给对应的间隔测控装置；B 套智能终端、合并单元的 GOOSE 链路告警信息上送至对应 GOOSE 网络上公共测控装置。公共测控装置采集全站的直流测量量等，并通过 MMS 网上送相关测量量。

各间隔 A、B 套合并单元和智能终端的 KBSJ（闭锁继电器）和 KBJJ（报警继电器）硬触点均由各间隔测控装置进行采集。

3. **66 kV 典型配置**

1）母线保护、母线测控配置方案

66 kV 母线保护采用 IEC60044-8 协议进行点对点采样，采用 GOOSE 点对点跳闸。由于主变压器低压侧的合并单元和智能终端为双套配置，且 66 kV 母联终端、66 kV 母线 TV 合并单元均为双套配置，母线保护固定和 A 套合并单元及智能终端进行配合。

2）全站故障录波装置、网络报文记录分析仪配置方案

每个 SV 网和 GOOSE 网均接入故障录波装置和网络报文记录分析仪，其中故障录波装置不跨接双重化的两个网络。220 kV 故障录波系统为双重化配置，变压器采用独立的故障录波采集器（A、B 套），公用 1 套管理单元。66 kV 则为单套配置，配置 1 套管理单元。

故障录波管理单元主要功能为参数和定值设置、实时数据显示、录波文件查看分析等。录波管理单元与采集器之间通过 RJ45 100 Mb/s 以太网通信，采用自定义规约，不与外部任何网络发生通信。屏内交换机无须划分 VLAN，20 kV 的故障录波采集器 A 和 B 共用 1 台交换机。每台采集器直接通过 MMSA 网（电口）与保信子站通信。

故障录波系统采用电 IRIG-B 码进行对时，每台故障录波采集器分配 1 个电 IRIG-B 码对时口。监控系统采集故障录波器输出硬触点，对其状态进行监视。全站配置 2 套网络报文记录分析系统，不跨接双重化的两个网络，不分电压等级。每套网络报文记录分析系统各配置 1 套分析管理单元。

采用镜像的方式对交换机（中心交换机和间隔交换机）各 100 Mb/s 端口进行以太网报文的监视。采集器（记录单元）与分析管理单元装置之间通过 RJ45 100 Mb/s 以太网通信，采用自定义规约，不与外部任何网络发生通信，屏内交换机无须划分 VLAN。每个网络记录分析屏柜分配 1 个电 IRIG-B 码对时口，由内部转为 IEEE1588 提供给各个网络记录单元。

4. 750 kV 典型配置

全站互感器使用电子式互感器，实现了变电站数据源头的数字化。330～750 kV 各线路及主设备采用双重化配置的微机保护，测控按单元单套配置，保护设备就地化布置；66 kV 采用保护测控一体化装置；故障录波器按电压等级配置，单独组网，接入保信子站；电能计量装置采用数字式电能表；故障测距采用数字式测距装置；自动化系统采用智能变电站一体化监控系统，为分层分布式结构。

保护方案主要依据《智能变电站继电保护技术规范》(Q/GDW 441—2010)，采用"直采直跳"方式，采样采用 IEC60044-8 扩展协议接口，出口采用 GOOSE 方式。

（1）750 kV 线路保护。750 kV 每回线路配置两套完全独立的分相电流差动保护。两套保护通道采用复用 2M 光纤通道。一套保护采用本线路的 OPGW，另一套采用迂回的光纤通道。

750 kV 每回线路配置两套过电压保护。将两套过电压保护分别布置在两套分相电流差动保护柜中，与光差保护共用通道。

（2）330 kV 线路保护。330 kV 每回线路配置两套完全独立的分相电流差动保护。两套保护通道采用复用 2M 光纤通道。330 kV 每回线路配置两套过电压保护，将两套过电压保护分别布置在两套分相电流差动保护柜中，与光差保护共用通道。

（3）断路器保护。断路器保护按断路器双重化配置。

（4）母线保护。750 kV、330 kV 每条母线配置两套微机型快速母线保护。66 kV 母线配置一套母差保护。

（5）主设备保护。主变压器及 750 kV 高压并联电抗器的保护均配置双重化的主后一体化的电气量保护和一套非电量保护。保护装置支持采样值和 GOOSE 信息点对点及网络的交换方式。非电量保护由本体智能终端实现，就地布置。

① 主变压器保护双重化配置。非电量保护就地安装在变压器智能汇控柜中。

② 750 kV 并联电抗器保护双重化配置。非电量保护就地安装在高压电抗器智能汇控柜中。

③ 66 kV 电抗器保护采用保护测控装置。1 号站用变压器保护采用保护测控装置；380 V 站用电源备自投功能均由一体化监控系统实现。

750 kV、330 kV 电气接线方式均为一个半接线方式，66 kV 电气接线方式采用单母线方式，全站不需要电压切换与电压并列。

其他配置宜与 220 kV 保持一致。

5 站控层原理与技术

间隔层包括保护与控制单元模块,其主要功能是实现继电保护、故障录波、故障测距以及测量、控制与信号采集。而站控层则是为了使智能变电站更加具备"全网"意识,以构成面向系统的虚拟装置,注重变电站之间、变电站与调度之间的协调与统一,支持具有在线决策和协同互动功能的各种高级应用,以提高系统的整体运行水平。

5.1 站控层架构

站控层设备与间隔层设备之间采用以太网相连,且网络采用双网冗余方式,如图5-1所示。

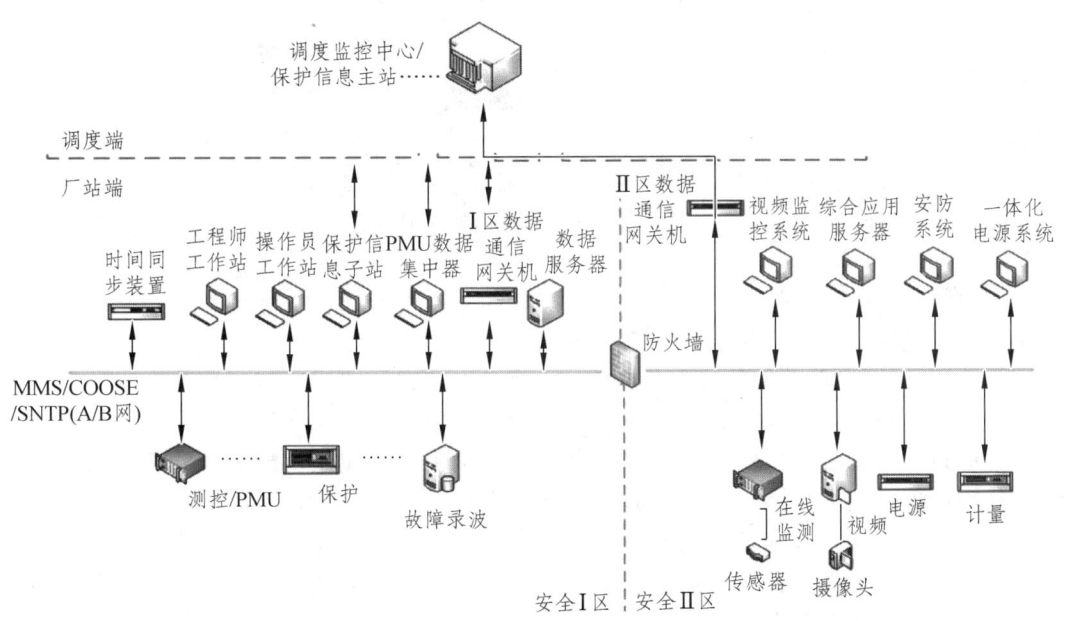

图 5-1 常规变电站站控层

在常规站变电站的站控层基础上,智能变电站站控层采用 DL/T 860 规约协议实现统一建模、统一配置的智能设备互操作,支持电网实时自动控制、在线修改参数和智能告警与综合分析等高级功能。常规变电站与智能变电站站控层组成如图5-1、5-2所示。

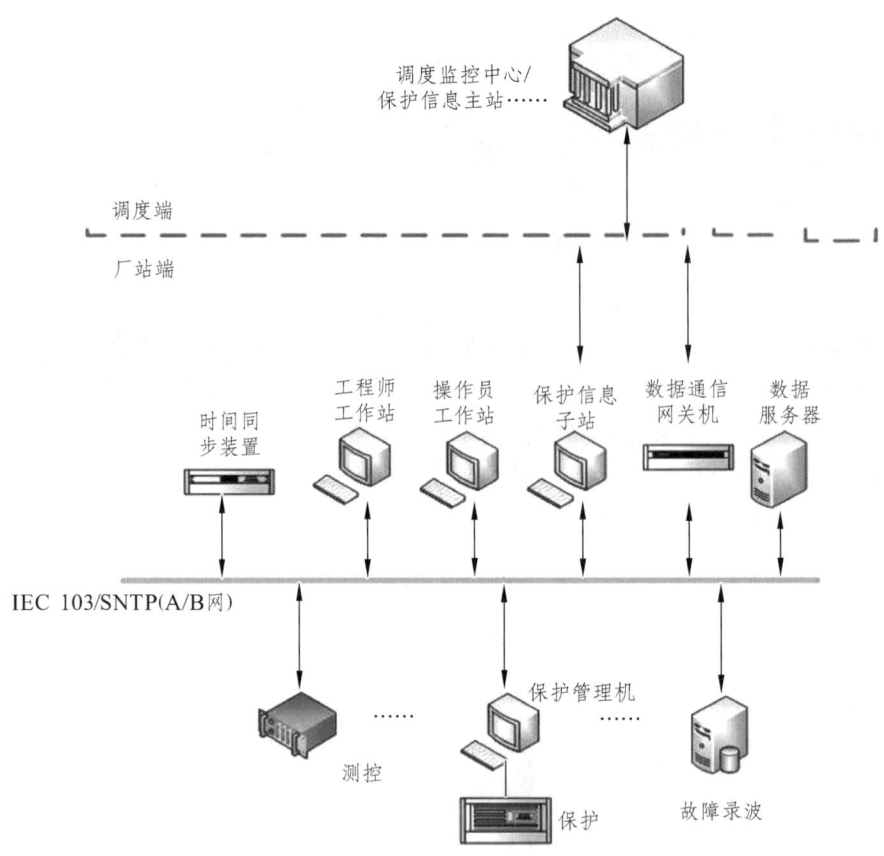

图 5-2 智能变电站站控层

对比图 5-1 与图 5-2 可以看出常规变电站和智能变电站典型设备及网络结构的区别主要有以下几个方面：

（1）常规站保护装置站控层规约多为私有规约，导致现场保护装置与同厂家的保护管理机之间为私有规约通信，影响不同厂家的互操作性。

（2）常规站站控层多采用 IEC 103 规约，而保护装置站控层通信采用私有规约，难以与监控后台通信实现互操作远方修改定值、程序化控制等功能。

（3）常规变电站不具备应用一体化信息平台技术和高级应用功能；智能站对新系统的集成和数据整合满足调控一体化的高级应用功能需求。

（4）依据不同安全区确定不同安全防护要求，并结合现场运行考虑，安全二区划分更加详细。囊括了电源管理、安全防护、环境监测、视频监控、火灾报警等系统，与此同时，重要信息经防火墙传送至监控主机。

5.1.1 硬件架构及基本功能

站控层负责变电站的数据处理、集中监控和数据通信，包括监控主机、数据通信网关机、数据服务器、综合应用服务器、操作员站、工程师工作站、PMU 数据集中器、计划管理终端、二次安全防护设备、对时系统、工业以太网交换机及打印机等软硬件设备，实现面向全站设备的监视、控制、告警及信息交互功能，属于一体化业务系统，完成数据采集和监视控制、操作闭锁以及同步相量采集、电能量采集、保护信息管理等相关功能，并与远方监控调度中心通信。

一体化业务系统的后台软硬件主要包括监控主机、综合应用服务器，数据通信网关机和数据服务器等。依据标准规定的监控系统的运行监视、操作与控制、信息综合分析与智能告警、运行管理、辅助应用等五类应用功能大部分基于上述硬件来实现。

1. 监控主机

监控主机可实现电网数据采集、运行监视、操作与控制、智能告警与故障综合分析等功能，同时智能站监控主机集成防误闭锁操作工作站和保护信息子站等功能。监控主机与测控装置、继电保护装置、同步相量采集装置等间隔层设备信息的交互均采用 DL/T 860 协议。监控主机功能结构如表 5-1 所示。

表 5-1 监控主机功能结构

运行监视功能	实时运行监视	SCADA
		网络状态监测
		在线监测
		故障录波
	在线状态评估	数据校核、筛选
		信息评估
	远程浏览	远程视频浏览
		远程计算机辅助控制
操作与控制功能	调控一体化	调度控制
		PMU 应用
	运行操作	智能操作票
		顺序控制
		防误闭锁操作
	经济运行与优化控制	区域无功优化
		远程顺序控制
综合信息分析与智能告警功能	智能告警	数据分类
		故障报警
		人机互动
	故障综合分析	故障分析
		决策判断
运行管理功能	生产运行	设备运行管理
		设备检修管理
		设备值班管理
	设备信息展示与发布	PMS 信息管理
		标准/规程/规范管理
	源端维护与模型检验	图模一体化
		变电站模型校验
辅助管理功能	电源管理	一体化电源管理
	安全防护	消防安全
	环境监测	绿色照明
		环境监测巡检
	辅助优化控制	视频联动
		辅助远程控制

监控主机实现的基本功能包括电网运行监视、操作控制等。

1）电网运行监视

（1）实现智能变电站全景数据的统一存储和集中展示。

（2）提供统一的信息展示界面，综合展示电网运行状态、设备监测状态、辅助应用信息、事件信息、故障信息。

（3）实现装置压板状态的实时监视，当前定值区的定值及参数的召唤、显示。

（4）实现一次设备的运行状态的在线监视和综合展示。

（5）实现二次设备的在线状态监视，通过可视化手段实现二次设备运行工况、站内网络状态和虚端子连接状态监视。

（6）实现辅助设备运行状态的综合展示。

（7）设备状态监视大量数据信息采集于安全二区，经由防火墙传送至监控主机，达到运行监视目的。

2）操作与控制

实现智能变电站内设备就地和远程的操作控制。包括顺序控制、无功优化控制、正常或紧急状态下的断路器/隔离开关操作、防误闭锁操作等。包含以下内容：

（1）站内操作。

具备对全站所有断路器、电动开关、主变有载调压分接头、无功功率补偿装置及与控制运行相关的智能设备的控制及参数设定功能。

具备事故紧急控制功能，通过对开关的紧急控制，实现故障区域快速隔离。

具备软压板投退、定值区切换、定值修改功能。

（2）自动控制。

无功优化控制：根据电网实际负荷水平，按照一定的策略对站内电容器、电抗器和变压器挡位进行自动调节，并可接收调度（调控）中心的投退和策略调整指令。

负荷优化控制：根据预设的减载目标值，在主变过载时根据确定的策略切负荷，可接收调度（调控）中心的投退和目标值调节指令。

（3）顺序控制。

在满足操作条件的前提下，按照预定的操作顺序自动完成一系列控制功能，宜与智能操作票配合进行。

（4）防误闭锁。

根据智能变电站电气设备的网络拓扑结构，进行电气设备的有电、停电、接地三种状态的拓扑计算，自动实现防止电气误操作逻辑判断。

（5）智能操作票。

在满足防误闭锁和运行方式要求的前提下，自动生成符合操作规范的操作票。

2. 综合应用服务器

综合应用服务器的作用是实现与电能质量监测、状态监测、故障录波、辅助应用系统等设备的信息交互，通过统一处理和统一展示，实现运行监视、控制管理等功能。综合应用服务器系统功能如表5-2所示。

表 5-2 综合应用服务器系统功能

辅助管理功能	电源管理	一体化电源管理
	安全防护	消防安全
	环境监测	绿色照明
		环境监测巡检
	辅助优化控制	视频联动
		辅助远程控制

综合应用服务器接收站内暂态数据、电能质量监测数据、辅助系统状态监测量、主设备状态监测量，然后供给电源、环境、安防监视、视频联动、电能质量监测等功能模块使用。同时依据现场需要，重要的状态等信息经防火墙传送至监控主机。

3. 数据通信网关机

数据通信网关机一般依据变电站安全分区，功能实现方面分为三种形式：

（1）Ⅰ区数据通信网关机：直接采集站内数据，通过专用通道向调度（调控）中心传送实时信息，同时接收调度（调控）中心的操作与控制命令。采用专用独立设备，无硬盘、无风扇设计。

（2）Ⅱ区数据通信网关机：实现Ⅱ区数据向调度（调控）中心的数据传输，具备远方查询和浏览功能。

（3）Ⅲ/Ⅳ区数据通信网关机：实现与 PMS、输变电设备状态监测等其他主站系统的信息传输，智能站数据通信。

4. PMU 数据集中器

用于厂站端相量数据接收、转发、存储的通信装置。能够同时接收多个同步相量测量装置的数据，并实时向多个主站转发，同时完成相量数据的就地存储。PMU 数据集中器与监控主机通信一般采用 DL/T 860 规约协议传输相应警告信息，与主站端通信大多采用 GB/T 26865.2 规约协议传输相量数据。

5. 数据服务器

实现全站的数据集中式存储，为全站各类应用提供统一的数据查询和访问服务。

6. 网络架构及特点

智能变电站一体化监控系统建设技术规范中，网络架构在基础建设方面已提出相关要求，运行依据电压等级不同，站控层网络大多是在设备配置上有所差别。站控层网络为间隔层设备和站控层设备之间的网络，实现站控层内部以及站控层与间隔层之间的数据传输，具备特点有： 站控层网络采用 100 Mb/s 或更高速度的工业以太网，整体为星型结构，在常情况下，负荷率应低于 30%；在事故情况下，负荷率应低于 50%。

智能变电站自动化系统中常用的网络拓扑结构包括总线型拓扑、环形拓扑、星形拓扑结构，下面对这三种结构方案进行分析。

1）方案一：总线型拓扑

总线型结构网络中的交换机通过其自身的级联口与前或者后交换机级联，形成共用的传输介质，网络中所有智能设备通过相应的接口直接连接到这根共享的总线上，如图 5-3 所示。一般情况下，级联口的最大吞吐量要大于相应 IED 的最大吞吐量。

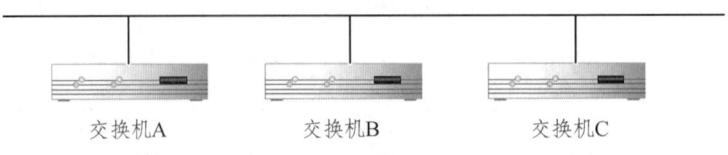

图 5-3　总线型拓扑

总线型拓扑网络结构的优点是组网方便，在实际使用中可以使用较短的连线连接到中心交换机。缺点是对于单总线型拓扑网络，不存在通信网络上的冗余，网络中如果有一个连接丢失，与之下行链路相连的每个 IED 的连接也随之丢失。另外，对于实时性要求较高的系统，要充分考虑到系统的最大"跳数"，即系统中所容许的最大时延。

2）方案二：环形拓扑

环形拓扑除了头尾交换机相连外，与总线型结构相似但是环形结构在一定程度上提供了链路上的冗余，有一定程度的自愈能力，如图 5-4 所示。

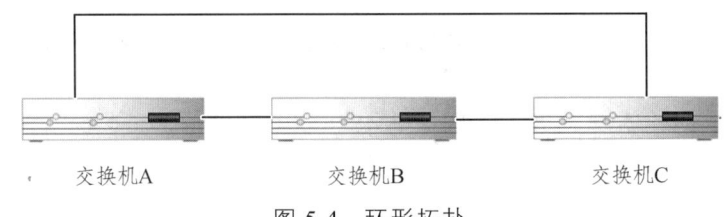

图 5-4　环形拓扑

实际运行过程中的路径并不是环路（前提是网络中的交换机必须支持 IEEE 802.1d、IEEE 802.1w 的支撑树协议），否则将会导致一些帧在网络中不停地兜圈子，形成网络风暴，从而影响网络的性能。因此，支持 IEEE 802.1d 或者 IEEE 802.1w 协议的交换机在通过某些阻塞端口时，在逻辑上等同于总线型拓扑结构，只是在一个连接丢失时具有冗余的特点。

环形拓扑网络结构的优点是在实际工程中组网较为简单，具有部分自愈能力。其缺点是与总线型结构类似，如果在应用时间要求比较苛刻的环境下，就要考虑级联时的最坏网络延时。另外，系统重新配置会出现较长的时延问题，虽然 IEEE 802.1w 快速支撑树协议的应用极大地缩短了网络的重配置时间，但在智能变电站一些实时性要求较高的领域中，对这个问题还是要引起一定的重视。

3）方案三：星形拓扑

交换机在网络中处于骨干交换机的地位，其他的所有交换都与其连接以形成一个星形网络结构，如图 5-5 所示。星形拓扑网络结构的优点是为用户提供了最小的网络时延，网络中属于不同交换机的任何 2 个 IED 之间通信仅仅需要两跳。其缺点是没有网络冗余，如果骨干交换机有故障，则所有与其相连的交换机都将成为网络孤岛。如果一个上行链路出现故障，则与其相连的所有 IED 将丢失。

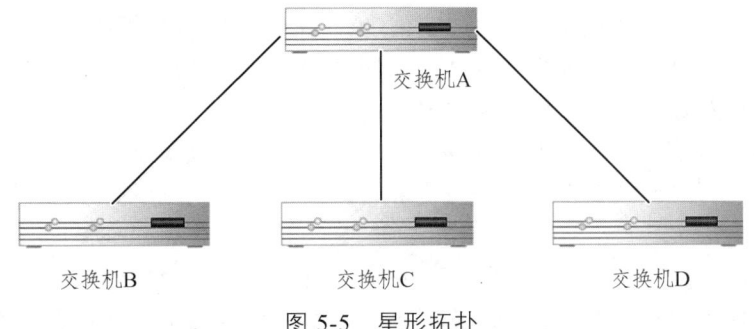

图 5-5 星形拓扑

通过对以上三种网络拓扑结构的分析，从运行维护、可靠性、传输时间等方面考虑，建议采用星形拓扑结构。以上分析是从 DL/T 61850 在站控层应用时的角度进行的，同样从运行维护、可靠性、传输时间等方面考虑，也建议采用星形拓扑结构。

站控层交换机连接数据通信网关机、监控主机、综合应用服务器、数据服务器等设备。站控层网络通信是连接站控层设备和间隔层设备、站控层及间隔层内的不同设备的网络，并实现站控层和间隔层之间，以及站控层内不同设备之间的信息交互。智能变电站站控层网络、GOOSE（逻辑闭锁）、SNTP 共网运行，全站数据传输数字化网络化、共享化。接入站控层网络的设备有站控层设备及间隔层设备。

站控层网络和间隔层网络交换信息一般采用热备用双网工作形式。当 A 网发生故障时，所有信息的交互在 B 网产生，当 A 网通信恢复时，与 A 网相连的通信模块仍处于监听休眠状态，两个通信模块，只有一个在正常工作，另一个处于监听状态，实现双网冗余的目的。

5.2 典型配置及原则

5.2.1 配置原则

数字化变电站站控层监控系统的主要任务是实现对数字化变电站的监控，按优先级接收遥测、遥信、遥控等实时信息。数字化变电站要求所得到的数据具备实时性、可靠性，数字化变电站监控系统应满足安全性、先进性的要求，如今的数字化变电站自动化系统要求数据格式符合 DL/T 860 协议格式。这三个主要原则，对数字化变电站站控层监控系统提出了如下需求：

（1）输入/输出要求输入数据必须符合 DL/T 860 协议格式，人机界面输出显示具备实时性；数据处理根据需求在后台进行，处理速度快，不影响输出。

（2）数据管理能力要求客户机对服务器提供的数据具有高处理运算能力，不影响显示和报警结果，延时小。

（3）故障处理要求站控层监控系统平均故障间隔时间不小于 20 000 h，基本不出现故障，可靠性较高。

（4）接口要求采用 DL/T 860 规定接口，OPC 接口实现不同设备的互联互通，设计为 C/S 构架。

（5）性能指标要求开关量信号输入画面显示的响应时间不大于 2 s，时间顺序记录分辨率不大于 2 ms，动态画面交替时间不大于 2 ms，整个系统对时精度保证在 1 ms 之内。

（6）外观设计要求主要是考虑到变电站系统中的工作人员可能有的是非专业人士，人机界面要求外观设计友好、浅显易懂、简单易学。

（7）除了在网络结构和功能上必须满足以上要求之外，数字化变电站站控层监控系统还应该满足实时性、可靠性、安全性、先进性和可维护性要求。

① 实时性。

对电力系统而言，实时数据的监控至关重要。要满足实时通信要求，对站控层监控系统有以下要求。首先，物理层上，为保证实时通信，要求传输信道的带宽有保障；其次，在数据采集硬件和监控硬件选择上，所采用的设备应具有处理能力强和运算速度快的优势；最后，在监控软件制作上，采用多线程机制，并采用便捷的通信规约、信息处理模式，充分发挥软件优势。

② 可靠性。

可靠性是指为了保障数据传输可靠性必备的监控系统的可靠性。这个可靠性不能依赖于单个的功能节点，相反，所有结构的配合都必须尽量做到无故障运行。应用软件必须结构稳定、功能完善，保证对数字化变电站监视和操作的正确性。

③ 安全性。

安全性涉及整个监控系统的安全机制和抗干扰性，它包括应用软件、网络通信和安全防护等多个方面。安全性为可靠性和实时性提供了保障。

④ 先进性。

数字化变电站站控层监控系统的设计应满足先进的国际标准，采用平台与应用层次分离的思想，便于今后的硬件、软件的维护和升级扩容等。

⑤ 可维护性。

监控系统的最终目标是监控整个电网，在网络维护方面，要求监控系统所选的设备和接口符合国际标准和工业规范，便于维护和检修。

5.2.2 硬件典型配置

智能变电站二次系统按无人值班设计，站控层由监控主机兼人机工作站、远动通信装置、保护故障信息系统和其他各种功能站构成，提供站内运行的人机联系界面，实现管理控制间隔层、过程层设备等功能，形成全站监控、管理中心，并远方监控调度中心通信。同时站控层设备应该按照一体化监控系统建设技术规范和相关工程的技术规范书配置。

1. 主机及人机工作站

监控主机：负责站内各类数据的采集、处理，实现站内设备的运行监视、操作与控制、信息综合分析及智能告警，集成防误闭锁操作工作站和保护信息子站等功能。

操作员站：站内运行监控的主要人机界面，实现对全站一、二次设备的实时监视和操作控制，具有事件记录及报警状态显示和查询、设备状态和参数查询、操作控制等功能。

工程师工作站：工程师站是变电站自动化系统与专职维护人员联系的主要界面，包括操作员站的所有功能和维护、开发功能，单套配置即可。考虑到硬件互换性，工程师工作站应与操作员工作站同等规格考虑，但无双屏显示要求。

五防工作站：变电站自动化系统中设置"五防"工作站，五防工作站按 DL/T 860-8-1 标准从站控层网络获取变电站实时信息。操作员工作站操作时通过五防工作站进行模拟反校，实现变电站的站控层防误操作闭锁功能，在间隔层操作时则通过计算机钥匙和机械锁具实现五防功能。

五防工作站能显示变电站一次主接线图及设备当前位置情况，进行模拟预演。同时，五防工作站还应具有操作票专家系统，利用计算机实现对倒闸操作票的智能开票及管理功能，能够使用图形开票、手工开票、典型票等方式开出完全符合"五防"要求的倒闸操作票。

监控主机应采用双机冗余配置，同时运行，互为热备用。基础操作平台可运行在服务器架构的硬件平台上，支持 UNIX、Linux 等操作系统，支持异构，混合模式运行。

2. 保护及故障信息系统

保护及故障信息系统要求直接采集来自间隔层或过程层的实时数据，能在电网正常和故障时，采集、处理各种所需信息，能够与调度中心进行通信，支持远程查询和维护。

保护及故障信息系统采用单套配置，通过防火墙接入 MMS 网，接收各保护装置信息并通过电力数据网将保护信息传送至调度端。同时依据变电站特点，可将保护及故障信息系统的功能融入监控主机内，站内不单独配置保护及故障信息系统。

3. 数据通信网关机

1）数据通信网关机安全分区要求

（1）I 区采集调控实时数据、保护信息、告警直传、远程浏览等信息。

（2）II 区采集保护录波文件、一/二次设备在线监测、辅助设备等运行状态信息。

（3）III 区负责向管理信息大区传送厂（站）运行信息。

2）数据采集要求

（1）实现电网运行的稳态及保护录波等数据的采集。

（2）实现一次设备、二次设备和辅助设备等运行状态数据的采集。

（3）支持站控层双网冗余连接方式。

3）数据处理要求

数据处理应支持逻辑运算与算术运算功能，支持时标和品质的运算处理、通信中断品质处理功能。

4）数据远传要求

数据远传应支持向主站传输站内调控实时数据、保护信息、一/二次设备状态监测信息、图模信息、转发点表等各类数据。

5）远方控制功能要求

（1）应支持主站遥控、遥调和设点、定值操作等远方控制，实现断路器和隔离开关分合闸、保护信号复归、软压板投退、变压器挡位调节、保护定值区切换、保护定值修改等功能。

（2）对于来自调控主站遥控操作，应将其下发的遥控选择命令转发至相应间隔层设备，返回确认信息源应来自该间隔层 IED 装置。

6）告警直传要求

告警直传应能将监控系统的告警信息采用告警直传的方式上送主站。

7）远程浏览要求

远程浏览应能将监控系统的画面通过通信转发方式上送主站。

4. 网络报文分析记录系统

网络通信记录分析系统应能实时监视、记录网络通信报文、采样值报文等，每隔一定周期保存为文件，并进行各种分析，对故障报文进行录波，与故障录波系统进行整合。

网络报文记录分析系统与故障录波系统整合，采用单套配置。

5. PMU 数据集中器

同步相量信息转发装置采用嵌入式设备，通过独立的网络采集间隔层 PMU（相量测量装置）的相量数据，并通过调度数据网与调度中心 WAMS（电网广域监测系统）进行通信，同时为自动化系统站控层高级应用功能实现提供动态数据。智能变电站 PMU 数据集中器为双套配置。

6. 站控层网络交换机配置

（1）交换机至间隔层设备间采用双星形方式连接。

（2）站控层设备通过 2 个网络口分别与站控层主交换机 A 和主交换机 B 连接。

（3）间隔层测控、测控保护装置 2 个网络出口分别接入 A 网和 B 网。

（4）双重化的保护第一套保护装置接入 A 网，第二套保护接入 B 网。

（5）交换机按电压等级配置交换机，提高了网络的可靠性、安全性，方便扩建、检修、运行。

（6）交换机应选用满足现场运行环境要求的工业交换机，并通过电力工业自动化检测机构的测试，满足标准要求。

7. 时钟同步系统

变电站应配套全站公用的时间同步系统，主时钟应双重化配置，支持北斗系统和 GPS 系统标准授时信号，从国家电网的安全战略上考虑，优先采用北斗系统，时钟同步精度和守时精度满足站内所有设备的对时精度要求，站控层设备宜采用 SNTP（简单网络时间协议）网络对时方式。

依据电压等级要求，站控层硬件配置有以下几个方面的不同。

（1）220 kV 及以上电压等级智能变电站主要设备配置要求：

① 监控主机宜双重化配置。

② 数据服务器宜双重化配置。

③ 操作员站和工程师工作站宜与监控主机合并。

④ 综合应用服务器可双重化配置。
⑤ Ⅰ区数据通信网关机双重化配置。
⑥ Ⅱ区数据通信网关机单套配置。
⑦ Ⅲ/Ⅳ区数据通信网关机单套配置。

（2）500 kV 及以上电压等级有人值班智能变电站操作员站可双重化配置。

（3）500 kV 及以上电压等级智能变电站工程师工作站可单套配置。

（4）110 kV（66 kV）智能变电站主要设备配置要求：
① 监控主机可单套配置。
② 数据服务器单套配置。
③ 操作员站、工程师工作站与监控主机合并，宜双套配置。
④ 综合应用服务器单套配置。
⑤ Ⅰ区数据通信网关机双重化配置。
⑥ Ⅱ区数据通信网关机单套配置。
⑦ Ⅲ/Ⅳ区数据通信网关机单套配置。

5.3 关键功能及技术

站控层通过硬件配置和软件架构，实现智能变电站一体化信息系统的运行监视、操作与控制、信息综合分析与智能告警、运行管理、辅助应用等 7 大类功能。

5.3.1 运行监视功能

智能变电站自动化系统通过间隔层设备实时采集全站模拟量、开关量、电度量、同步相量、录波信号、保护信号等各类信息量；通过智能接口设备采集其他智能系统的数据；建立实时数据库、历史数据库，不断更新来自间隔层或过程层设备的全部实时数据、并对历史数据进行可靠存储；数据库应便于扩充和维护，可在线修改或离线生成数据库。

1. 数据采集

数据采集涵盖电网稳态、动态和暂态运行监视信息，需要的信息采集来源详见表 5-3。

表 5-3　信息采集来源

稳态运行信息	动态运行信息	暂态运行信息
馈线、联络线、变压器各侧、电容器、电抗器、母线电压等	三相基波电压、电流、频率、频率变化率等	保护动作信号、定值信息等

站内的数据采集采用 DL/T 860 的标准协议标准以 MMS 或 GOOSE 直采形式上送站控层网络，调度中心需要的信息由数据网关机上送，传输规约满足 DL/T 634.5104 和 DL/T 634.5101 形式上送至上级调度中心。其远程浏览和告警直传功能采用 476 规约形式。

WAMS（电网广域测量系统）主站所需要的信息一般由 GB/T 26865.2 规约形式上送。部分智能站采用 Q/GDW 131 规约形式上送。

电能计量通过电能量采集终端上送计量主站和监控后台。

功能实现主要包括数据处理和分析统计功能。同时，站控层一体化信息平台提供事故追忆功能，当电力系统发生事故时，系统依据事先定义的启动事件完成事故记录。

2. 数据处理

遥信处理包括：遥信信号取反；手动信号屏蔽；自动接点抖动检测、抖动屏蔽；双遥信节点；可根据事故总信号及保护信号，自动判别事故变位。

遥测处理包括：标度量工程量转换；正确判别一级、二级遥测越限及越限恢复，并产生告警；可按越限时段定义越限告警死区、越限恢复死区；支持遥测量变化死区处理；支持定义遥测量零值范围；支持遥测突变阈值设定、遥测突变告警；向用户提供手动屏蔽实测值功能；有效处理多源遥测量。

电度量处理包括：脉冲量转换为工程量；支持电度表计的归零、满度处理；支持由功率到积分电度量的计算。

提供相应的数据质量标志，如旧数据、人工输入数据、无效数据、坏数据、可疑数据等都有明确标识。

3. 分析统计

数据统计包括实时数据统计、历史数据统计。分析统计的内容包括主变、输电线路有功、无功功率的最大、最小值及相应时间；母线电压最大值、最小值及合格率统计；计算受配电电能平衡率；统计断路器动作次数、断路器切除故障电流及跳闸次数；用户控制操作次数及定值修改记录；功率总加、功率因数、负荷率计算；所用电率计算、安全运行天数累计等。

另外，分析统计还提供公式计算、用户语言计算功能。

5.3.2 操作与控制

（1）操作控制功能包括遥控、遥调、变压器挡位升/降/急停、保护压板投退、保护定值整定、信号复归、顺序控制、同期操作、五防闭锁操作等。

（2）支持直接执行、选择－返校－执行、遥控结果验证/无验证等各种控制模式。

（3）支持双席监控模式。支持双命令码验证。

（4）具有控制闭锁功能，包括：断路器操作时，闭锁自动重合闸；远方、本地、就地控制操作闭锁；自动实现断路器与隔离开关的闭锁操作；支持全站总挂牌闭锁和按间隔（回路）设备挂牌闭锁。

（5）支持顺序控制，用户可使用图形界面或用户控制语言自定义控制序列及控制逻辑，如可以选择不同变电所的不同组电容器一起进行投切作为一个控制序列；控制序列可人工请求执行或事件触发执行。

（6）具有严格的操作权限管理，所有控制操作均需经过身份和权限检查，所有操作均记录入历史数据库。

1. 防误闭锁操作功能

1）五防内容

智能变电站可通过站控层操作员工作站对可控的电气设备进行控制操作。对于电力系统，安全、稳定是可靠运行的前提条件。其中，安全既包括电网运行的安全，也包括运行人员的安全。因此，根据规定，变电站都应当设置五防系统，以保证运行人员及电网运行的安全。"五防"主要包含以下内容：

（1）防止带负荷分、合隔离开关（断路器、负荷开关、接触器合闸状态不能操作隔离开关）。

（2）防止误分、误合断路器、负荷开关、接触器（只有操作指令与操作设备对应才能对被操作设备操作）。

（3）防止接地开关处于闭合位置时关合断路器、负荷开关（只有当接地开关处于分闸状态，才能合隔离开关或手车才能进至工作位置，才能操作断路器、负荷开关闭合）。

（4）防止在带电时误合接地开关（只有在断路器分闸状态，才能操作隔离开关或手车才能从工作位置退至试验位置，才能合上接地开关）。

（5）防止误入带电间隔（只有隔室不带电时，才能开门进入隔室）。

2）五防实施方案

在最早的常规变电站中，五防闭锁通常是通过机械锁，根据五防的闭锁原理，实现元器件的机械闭锁。这不仅要求运行人员对五防的闭锁回路十分熟悉，同时对机械闭锁锁具的寿命要求也十分苛刻。

随着计算机技术和自动化技术的发展，变电站已由传统的常规变电站转为综合自动化变电站，微机五防也随之产生。微机五防通过与自动化监控系统（以下称监控系统）通信，采集现场断路器、隔离开关、接地刀闸的位置，根据预编好的五防逻辑，对自动化的操作进行判定，实现五防闭锁。这样不仅简化了闭锁硬接线回路，同时方便了运行人员对一次设备的操作，大大提高了安全性与可靠性。

由于微机五防系统自身对一次设备没有信号采集设备，因此五防系统与监控系统的通信就显得尤为重要。五防系统与监控系统的联结方式主要有以下几种方案：

（1）方案一：串口通信。

这种通信业方式也是比较传统的方式。监控系统的操作员站主机与微机五防系统的主机相互独立，两者通过串口连接。操作员主机将采集到的一次设备的位置信号以五防厂家的规约形式提供给五防主机，五防主机可以实时显示一次开关设备的分合位置。当监控系统要对开关进行遥控操作时，操作员主机对开关设备发出操作指令，指令信息同时传送给五防系统，五防系统根据一次开关设备的分合位置进行模拟演练，如果满足操作条件，将同意指令发给监控系统，监控系统的测控装置的控制接点闭合。操作人员对一次开关设备进行手动操作时，需要在五防系统上进行模拟操作，以从监控系统采集到的信息作为逻辑判据，将操作设备及操作顺序信息发送到计算机钥匙，操作人员将计算机钥匙插在需要操作的间隔五防锁孔上，接点导通，传动成功，完成对开关设备的操作。

对于串口通信方式，首先要求操作员工作站主机和五防主机都具有RS-232接口，同时需要提前预订规约标准，且双方都要能够识别该标准。它的弊端是：一方面 RS-232 接口的传输距离短，对于大型变电站要求五防主机和操作员主机能够摆放在一起；另一方面 RS-232 接口的传输速度慢，传输速率为 1.2～9.6 kb/s。操作时由于受到传输速度的影响，五防主机和操作员主机交互进度较慢。目前，串口通信的方式还普遍应用于综合自动化变电站的五防系统中。

（2）方案二：以太网通信方式。

随着 IEC-61850 规约的广泛应用，以太网通信方式应运而生。由于 IEC-61850 规约是一个普遍通用的规约形式，而且接口统一，因此只需要将五防系统主机以太网口和操作员站主机以太网口共同接到监控网交换机上，就可以实现数据的交互。

这种方案的好处显而易见，一方面规约为统一标准，不需要两个厂家提前约定，按照标准提供即可；另一方面，此方案不受传输距离的影响，五防主机和监控主机可以不集中布置。同时由于是以太网传输，传输速度大大提高，对操作进度几乎没有影响。

但是这种方式仍需要两台主机分别进行操作，对于运行人员的操作和维护相对比较烦琐。

（3）方案三：监控系统与五防主机同机。

这种方式是将五防软件内嵌到操作员主机内，实现"一机双系统"的运行方式。监控系统与五防系统不再通过硬接线实现通信，而是通过软件实现两套系统的互联通信。开关的分合操作、操作的模拟、五防系统的反校、电子操作票的开出全部在一台主机上完成。这样既节约了通信的时间，又节约了设备的成本。

这种技术目前已经趋于成熟，并在许多工程中有了成功的运行经验。但是一些地区的运行人员对这种方案并不认可，认为还是设置独立的五防主机操作起来接线划分清晰。

综上所述，目前监控系统与五防系统主机合一的条件是允许的，从投资的角度来说也是可行的。但实施的先决条件还是要看当地的运行习惯和运行单位的要求，在实施的时候还要考虑运行维护的方便性以及方案的实用性。

2. 顺序控制

顺序控制就是顺控，也称为程序化操作，就是按照预先设定好的控制逻辑或预先给定的操作票，一次性地完成多个步骤的控制操作，同时在操作过程中进行各种控制条件和五防闭锁逻辑的判断，以决定某个操作步骤是否能进行，并给出操作过程中必要的信息。

程序化操作作为智能变电站的基本功能，需要充分适应调控一体化系统以及变电站无人值班运行模式的要求。因此，要求在远动调度端或监控中心能调用厂站端的程序化操作票，执行程序化操作功能，对变电站进行全面的运行监视和运行管理，并且厂站端有关程序化控制的所有有用信息都应该上送到调度端或监控中心。

大多数变电站采取的是集中式方案，就是在站控层来完成全站所有的顺控程序化操作，即由顺控服务器统一存放全站的操作票，负责采集站内所有间隔测控和保护装置的相关信息，接收后台监控或调度主站下发的程序化操作票命令，对程序化操作进行防误闭锁条件的判别，按操作票的内容依次执行程序化操作，把程序化操作的过程信息及结果上送后台监控或调度主站。其功能实现方式如图 5-6 所示：

执行端：指顺序控制主要执行载体，监控主机或通信网关机。

客户端：变电站端、调控中心或其他主站系统的顺序控制命令发起端。

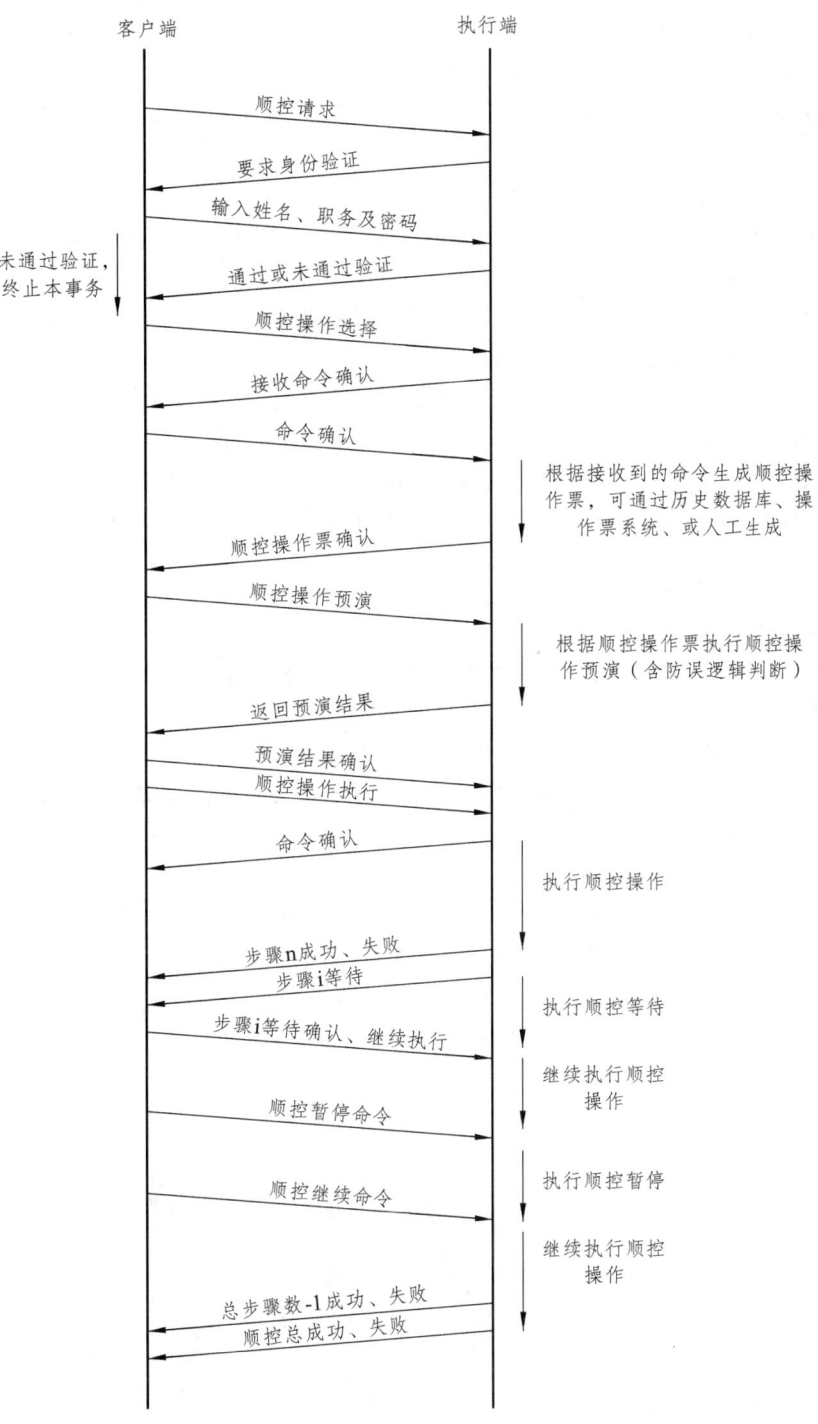

图 5-6 一键顺控功能实现方式流程图

在态转换的程序化控制方案中，后台监控系统作为顺控服务器需要实现以下功能：
（1）设备操作前逻辑和操作后逻辑的定义。
（2）态的定义。
（3）票的定义。

（4）仿真和预演功能。

（5）程序化操作组合票（如大型倒闸操作）和其他需要在后台完成的程序化操作（如一系列二次压板的投退操作）。

（6）存储顺控操作记录及异常信息。

此方案区分两种操作流程：

（1）间隔内顺控操作，执行时只需点击目标态，就可以调出从当前态到目标态转换的票，然后直接执行，无须预演。

（2）对于跨间隔操作，需要从已有的间隔内顺控票中选择合适的票，组合出需要的程序化操作组合票，必须先通过预演才能执行。

此方案的主要特点就是需要预先设置态定义（如运行态、冷备用态等）、顺控操作票（如运行转冷备用操作票等）。由于所有的票预先定义，而在实际操作上需要根据实际状态调出已验证过的票执行即可，满足现场操作的安全及快速的要求。

程序化操作自动结合一体化五防功能，在执行过程中根据一体化五防检验五防逻辑，实现五防的闭锁功能。

在操作的过程中，可以人工停止及恢复，并可识别变电站内发生的故障自动停止票的执行，对执行过程全程记录。

支持远方调度主站或集控站直接下发顺控命令进行顺控操作，前提是需要扩充远动规约，对主站软件进行改进。

如图5-7所示，在集中式顺控中，远动终端负责接收来自调度端的顺控指令，但不直接将指令发送至间隔层IED，而是将相应的顺控指令发送至承担顺控服务器任务的监控主机。

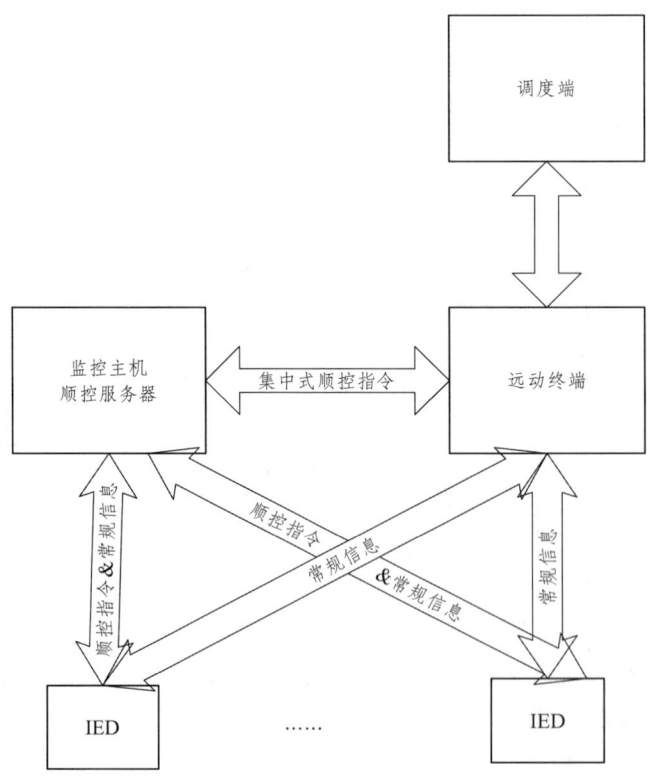

图5-7 集中式顺控操作流程

5.3.3 信息综合分析与智能告警

信息综合分析与智能告警通过对智能变电站各项运行数据（站内实时/非实时运行数据、辅助应用信息、各种报警及事故信号等）的综合分析处理，提供分类告警、故障简报及故障分析报告等结果信息，包含数据辨识、故障分析决策和智能告警三类。

1. 数据辨识

数据辨识功能通过一体化监控系统的电力拓扑关系和实时接收的量测数据完成不良数据检测的功能，逻辑框图如图 5-8 所示。

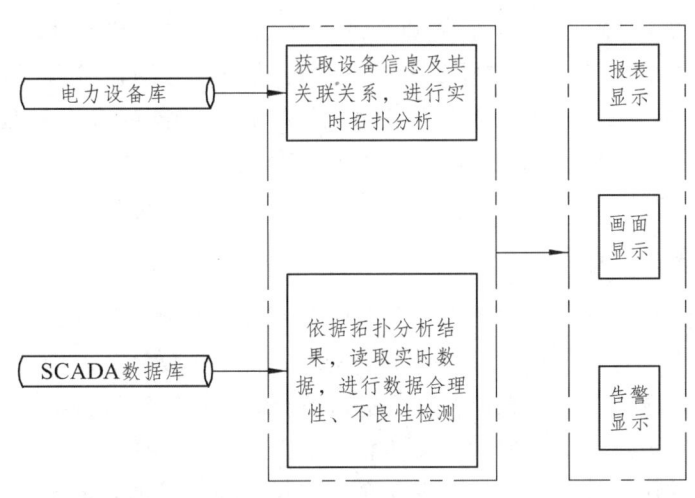

图 5-8 数据辨识逻辑框图

智能数据辨识的主要功能是依据获取到的设备信息关系，进行实时拓扑分析，同时对采集到的实时数据进行分析辨识，标识出不合理数据和不良数据，为电网其他应用提供更准确可靠的基础数据。

数据辨识模块的主要功能可分为合理性检测和不良数据检测，变电站站端数据辨识的结果可以为运行人员提供数据预警信号，同时，也是站端分布式状态估计的基础功能并为主站侧的状态估计提供数据参考。数据辨识的主要步骤是先从 SCSDA 数据库读取量测量和状态量等信息，然后根据拓扑分析结果对不良数据进行标识辨别，再做第二次拓扑分析。在该结果基础上做数据合理性检测和不良数据检测，最后在监控后台画面显示数据辨识结果。

变电站端数据辨识主要完成以下功能：

（1）检测三相量测是否平衡。
（2）检测变压器功率量测总和是否平衡。
（3）检测并列运行母线电压量测是否一致。
（4）检测同一间隔的有功、无功、电流、电压、功率因数量测是否匹配。
（5）检测电容电抗器无功与电压是否匹配。
（6）检测变压器分接头位置与母线电压是否匹配。

（7）检测开关刀闸位置与量测是否一致。
（8）检测量测量是否在合理范围。
（9）检测量测量是否发生异常跳变。

2. **故障分析决策**

故障分析决策是系统通过预设定的条件对一次故障中采集到的多个装置的所有相关数据进行分门别类，最终将一次故障的所有相关数据筛选打包，并在此基础上进行综合故障信息综合分析。

一次电网故障是指当电网出现故障并被保护等二次设备感受到以后，通过断路器跳闸从系统中切除运行的故障设备，其后故障点或区域通过自动重合恢复通电，或者故障设备被永久隔离的过程。在一次电网故障过程中包含的故障信息涵盖了故障发生、发展、切除的全过程以及保护装置、故障录波器的启动、动作和断路器的开合过程。根据不同设备的行为及信息来源，可以分成保护装置、间隔、变电站、电网等不同层次的故障信息组织结构。

1）故障信息综合分析

故障信息综合分析是系统通过预设定的条件对一次故障中采集到的多个二次设备、一次设备的所有相关数据（包括保护事件、录波、SOE、故障参数等）进行分类，最终将一次故障的所有相关数据筛选打包，并在此基础上进行综合故障诊断综合分析。

对电网在一次故障过程中产生的故障信息的组织模型及处理过程，包含以下几个步骤：

（1）收集保护动作事件、录波数据等信息，形成详细的保护装置动作报告。
（2）收集开关变位上送的带时标的 SOE 信息，形成详细的一次设备信息报告。
（3）收集录波器产生的录波文件、录波 HDR 文件等数据生成集中录波报告。（其中，录波 HDR 文件是按国网要求组织的故障简况的 XML 文件。）

2）故障设备诊断分析

电网故障信息采用通用层次表述方法，屏蔽了由智能装置对规约实现的差异性和不同扩展功能带来的上送故障信息内容和格式的不确定性问题。

针对现场实际问题，结合系统实际运行情况，学习保护专家的这种判别方式，根据时间规则、保护事件信息、录波分析信息、SCADA 信息等多端信息来进行故障信息综合分析、综合判断，提出了基于时空预处理的模糊专家系统的故障信息综合分析方法，如图 5-9 所示。

此方法采用了多源数据，对时间同步问题和设备在空间上的拓扑关系进行了预处理，解决了原来对保护类型、时间的过多依赖问题，而且能根据录波分析结果屏蔽保护测试时上送的信息。模糊推理专家系统的采用更好地解决了多种接线方式（尤其是 3/2 接线方式）下主备保护配合时的多装置信息故障的问题。

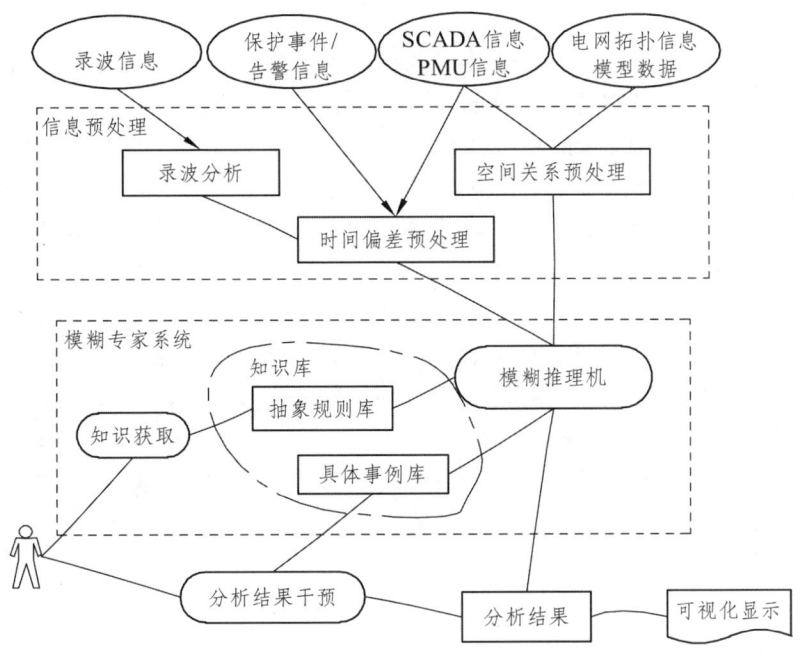

图 5-9 故障设备诊断分析模块图

在进行模糊专家系统的故障信息综合分析后,系统不仅能提供装置级动作报告,还能提供站级故障报告和电网级故障报告,是对智能变电站运行的有力补充。

采用 XSL 模板应对关于电网故障报告和动作报告显示的需求变化,在维护一套 XSL 模板的基础上,利于程序的稳定运行和跨平台要求。并能根据模板定义响应报告上的超级链接点击,方便用户操作。

3. 智能告警

智能报警及故障自动处理系统由专家知识库、告警信息配置模型、事故推理及处理逻辑、通信接口等部分组成。

1) 专家知识库

专家知识库是以电力系统运行知识、变电设备运行原理及运行人员的普遍经验构建的变电站知识库系统。

2) 告警信息属性识别及分类

根据告警信息内容及所属属性,按告警源对象(如过程层、间隔层和站控层某类设备等)、告警类型(如事故及开关变位类、异常及告警类、刀闸变位类等)、专业细分(如开关断开、PT 断线等)进行综合识别,建立告警信息之间的内部关联,这样既可实现告警信息的简单分层、分类,又可根据站内一、二次设备模型,实现告警信息的复杂分类。例如,可以按照间隔层某个一次设备进行告警信息分类。

3）综合推理

以实时告警（遥测越限、SOE、开关变位和保护事件等）触发为起点，通过变电站逻辑推理模型，综合知识库及当前监控系统的运行环境，进行故障推理，获得对该事件的认识及可能产生的影响，从而生成故障诊断事件（报告）、故障处理报告，为实现运行设备的早期故障预警、事故的快速诊断及故障后处理等功能提供依据。

智能告警的应用建立在变电站一体化信息模型之上，需要站内模型信息完整清楚。建立统一的告警信息模型，建立规范的告警类型分类、句法定义；信息描述需要规范化，组句中的各关联要素需统一格式规范并且内容无二义性。

知识库依据变电站运行原理及普遍知识经验建立，针对电力系统的常见故障，在库中建立通用的变电站故障分析模块知识条目，供各种故障推理模型使用，知识库中的条目可随着新经验或新原理的出现而不断更新。

告警智能处理将依据上述模型，进行具体的告警信息分类、故障分析。结果将通过接口或界面的方式提供给相应的子系统，智能告警功能架构图如图5-10所示。

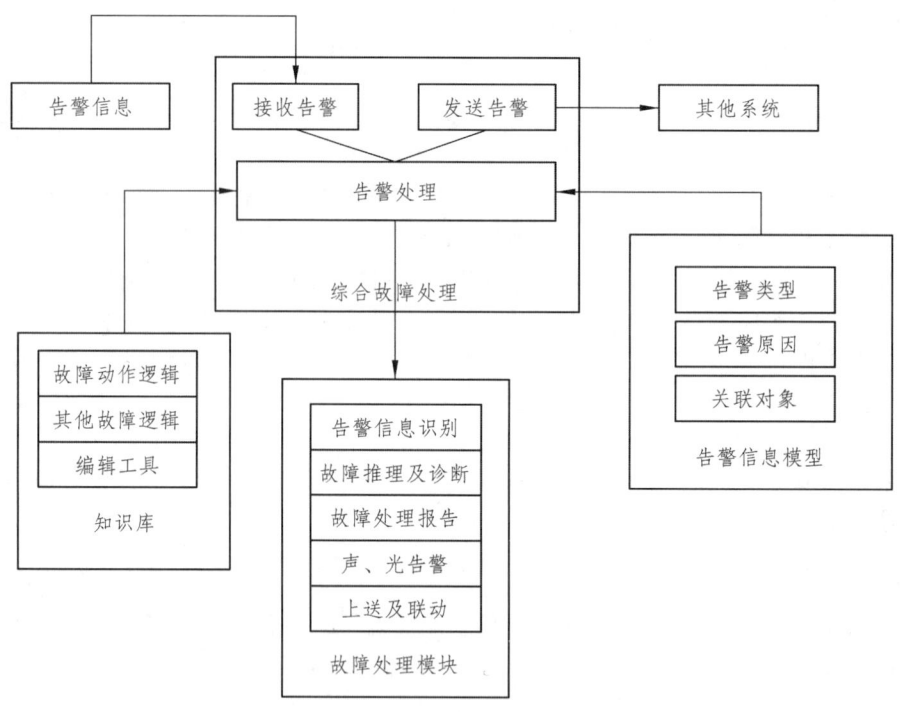

图 5-10　智能告警功能架构图

智能报警及故障自动处理系统在电网发生故障时，能自动过滤报警信号，将报警信号分类分单元显示，对信号进行智能化处理，利用现有的数据采用计算机自动处理的方式来完成以往人工分析故障的过程，能快速准确地判断故障设备，评估一、二次设备动作行为的正确与否，为运行人员快速处理故障、恢复供电以及制定设备检修计划提供辅助决策。智能报警及故障自动处理系统主界面如图5-11所示。

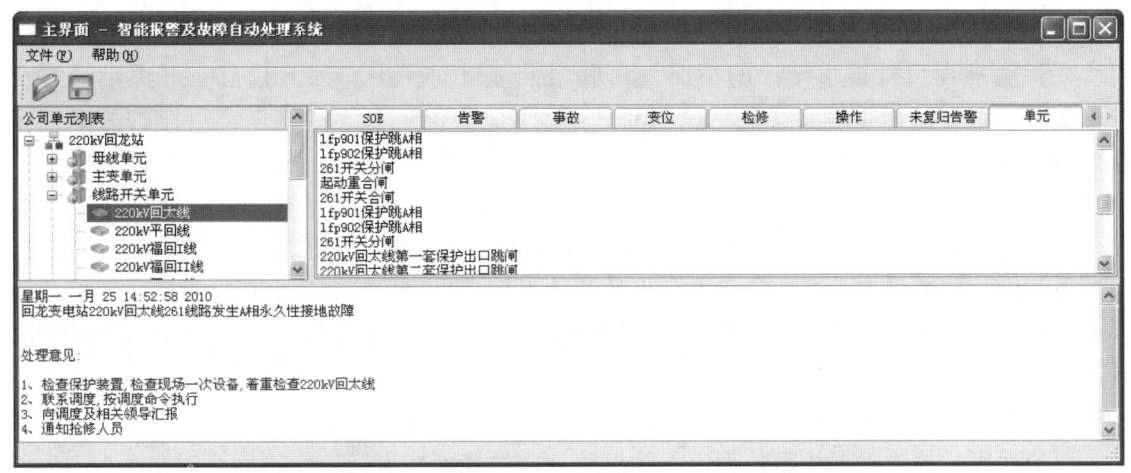

图 5-11 智能报警及故障自动处理系统主界面

4）告警过滤及预处理

传统告警按照时序或类别显示，前后告警信息无关联性，无法给值班人员一个清晰的认识。智能告警首先应实现告警归类，变电站中以间隔为基本单元进行检修或故障处理，一个间隔内的信号具有相关逻辑关联性，应提供以间隔为单位的告警显示。同时，一个间隔内的告警信息也是多种多样的。一般应分为：时序、提示、告警、事故、检修、操作几个页面。

（1）时序页面显示本单元的时序信号，包括：提示、告警、事故页面分别显示相应级别的上送信号。

（2）提示页面放置上送的提示类信号，包括：遥信变位信号、刀闸变位、装置事件信号、就地操作、挡位信息等信号。

（3）告警页面放置上送的告警类信号，包括：装置告警类信号、越限告警、交直流告警类信号。

（4）事故页面放置上送的告警类信号，包括：保护动作信号、事故跳闸类信号、事故总信号。

（5）检修页面显示设备置检修时相关信号，操作页面显示设备处于操作状态时所有相关信号。

将遥信类型与上述页面一致，当收到遥信信号时将信号分别放入不同监视界面中，同时进行适当智能化的处理工作，并将所有高级别信号打包送至事件分析程序。

5）事件分析

以重要事件，如 SOE 信号、保护信号、开关跳闸信号等作为故障事件的触发点，根据故障推理算法推断出具体的故障或异常设备，在推断失败的事况下转入辅助事件分析过程。

基于保护、SOE、遥信信息的逻辑分析模块是根据现有保护动作逻辑来进行推理的，包含了多种智能逻辑算法。目前，针对单相接地、相间短路、母线、重合闸、永久故障、瞬时故障等都有相应的推理算法，针对不同类型的保护装置出口及动作信息都进行了梳理，涵盖了 110～500 kV 的多种接线方式。

（1）辅助事件分析。

在智能推理没有得出结论的情况下，利用推理机对保护、SOE 信息、开关信号进行逻辑分析，结合故障推理知识库，使用部分匹配推理法进行推理，推断出可能的故障类型及位置。

（2）故障验证。

对于推断出的故障，我们可对其正确与否进行验证，这里我们采用"证真"的方式进行，即读取相应的故障录波数据，依据推断出的故障类型（母线故障、主变压器故障、线路故障等）调用相应的保护算法进行计算，再比较计算结果与事实是否相符，以此来验证推断的正确性。

（3）故障信息处理。

由推理出的故障根据故障处理库的知识按一定的规则选取合适的故障处理方案。

（4）信息上送。

智能告警的最终结果将通过远动装置上送调度中心。

5.3.4 运行管理

通过人工录入或系统交互等手段，建立完备的智能变电站设备基础信息，实现一、二次设备运行、操作、检修、维护等工作的规范化。

1. 源端维护

源端维护实现以变电站侧为源端，为集控/调度中心提供必要的模型、图形维护。通过源端提供的可自描述的模型文件，以实现模型的"统一维护，共同使用"，避免系统模型的冗余建设、提高建模效率，减轻建模强度，减少人为错误。

变电站侧可提供的文件包括：SCD 模型文件、SSD 文件、CIM 模型文件、SVG 图形文件。智能变电站提供图形化的集成配置环境，利用图模一体化技术完成变电站的一、二次设备的建模，提供 SSD 文件及完整的 SCD 模型文件。上述模型符合 DLT/860 标准规定，模型中包含完整的二次设备信息、一次设备信息及站内设备的网络拓扑，同时包含间隔内一、二次设备的关联关系。该模型可供变电站自动化系统使用，并可提供给集控/调度中心，通过该模型能够自动形成变电站单线图。

站内的变电站自动化系统直接导入上述模型文件，生成系统自身的数据库，以此为基础，建设变电站一体化信息平台。集控/调度中心模型遵循 IEC61970/CIM 标准，图形导入采用 SVG 文件格式。变电站自动化系统建设完成后，需要将自动化系统自身的图形资源导出 SVG 图形文件，并提供给集控/调度中心。导出的几种文件格式中的模型关联信息应保持一致，并保持信息的完整性。

1）变电站与调控中心基于 IEC 61850 的无缝通信与源端维护

通过在调控中心引入 IEC 61850 客户端软件，使变电站与控制中心之间基于 IEC 61850 的通信标准，实现满足调控一体化需求的实时数据通信，以及一、二次设备监测信息的实时更新，推进 IEC 61850 标准由厂站端向调度端应用发展，如图 5-12 所示。

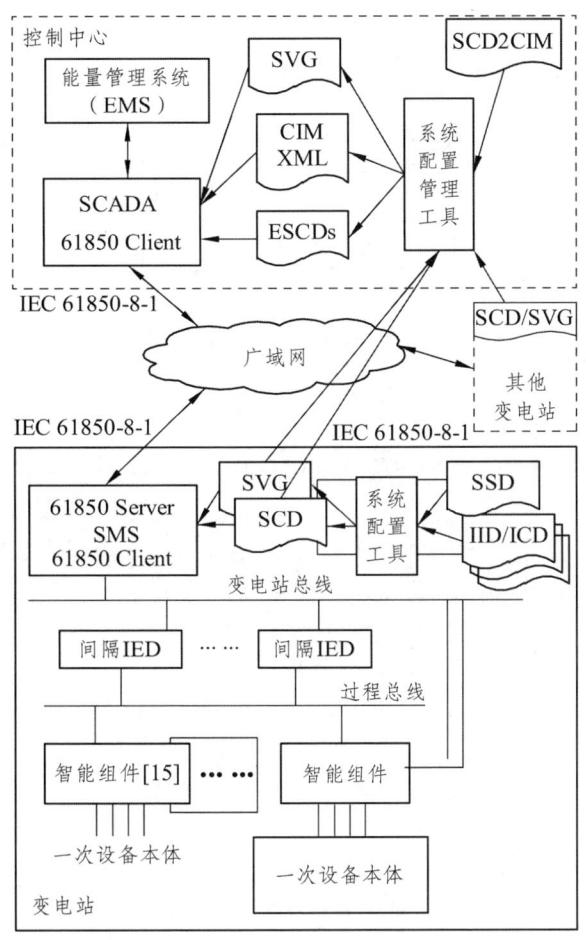

图 5-12 基于 IEC61850 源端维护实现图

调度主站采用 IEC 61850 客户端，实现调度主站与智能变电站系统模型、图形文件的交换及基于 IEC 61850 协议的实时信息交换。智能变电站与调度主站之间通过统一的协议和模型进行通信，从智能变电站的过程层到间隔层、间隔层到变电站层、变电站到调度主站均采用 IEC 61850 标准作为唯一的通信协议，省去了复杂的规约转换。避免了因通信协议不一致导致无法转换的信息的丢失。

基于统一数据模型的智能变电站模型（IEC 61850）到调度主站模型（IEC 61970）的映射，可实现智能变电站模型与调度主站模型的协调共享。变电站侧由系统配置工具管理全站的配置文件，根据基于 XML 的模型映射规则文件，完成 SCD 到 CIM/E 的转换；结合 G 图元模板文件，生成一次主接线图 G 文件。主站侧维护工具处理各变电站提交的 CIM/E 和 G 文件，对各个文件进行校验，进而导入模型、生成库。通过该技术在实践中的应用，进一步验证了该转换方法的可行性及实用性，使得变电站和调度主站模型的转换及映射技术从理论研究迈向了实例应用阶段。

2）变电站与调控中心基于 IEC 60870-5-104 常规远动规约与源端维护

由于变电站端建模基于 SCD 文件，变电站远动与调控中心采用 IEC 60870-5-104 协议，采用远动点号实现主、子站点的对应，如图 5-13 所示。因此，基于此种方式下的源端维护需要实现 IEC 61850 Refrence 与远动点号的映射关系。

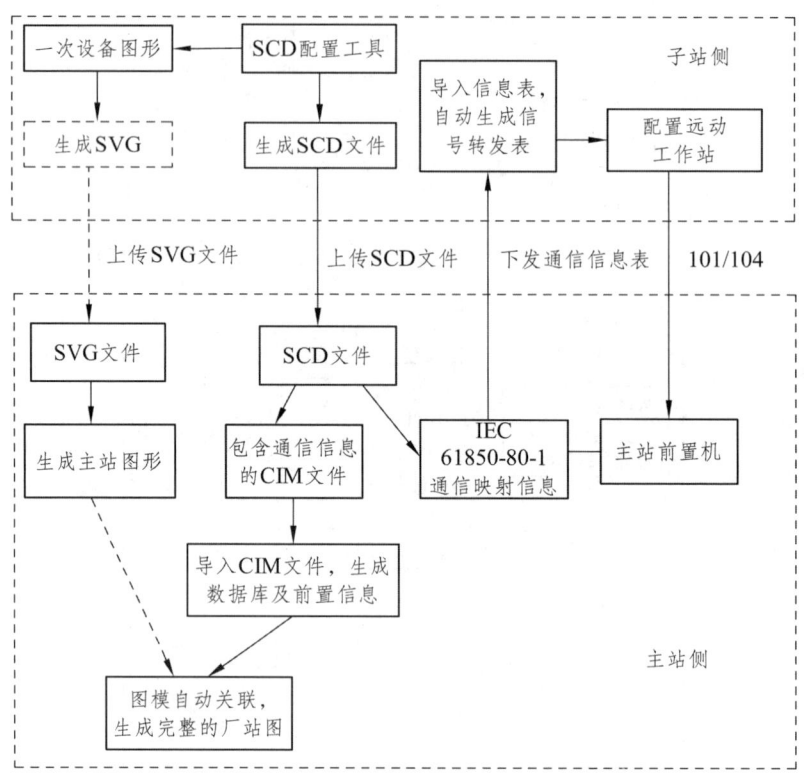

图 5-13　基于 IEC 104 源端维护实现图

在现有 SCD 配置模型基础上扩充一次设备配置模型，对相应的系统配置流程进行修补。SCD 文件来源于各保护测控装置生产厂家提供的装置配置模板文件（即 ICD 文件），子站集成厂家根据变电站系统设计进行实例化以后，形成包含一次设备及其连接关系、一次设备与二次设备逻辑节点之间关联关系等描述信息的统一配置文件（即 SCD 文件）。

由主站端实现 SCD 到 CIM 模型转换，并生成远动点表（IEC 61850 Reference 与远动点号的对照表），站端远动工具识别对照表，生成站端远动点表。

（1）权限管理。

① 设置操作权限，根据系统设置的安全规则或者安全策略，操作员可以访问且只能访问自己被授权的资源。

② 自动记录用户名、修改时间、修改内容等详细信息。

（2）设备管理。

① 通过变电站配置描述文件（SCD）的读取、与生产管理信息系统交互和人工录入三种方式建立设备台账信息。

② 通过设备的自检信息、状态监测信息和人工录入三种方式建立设备缺陷信息。

（3）定值管理。

接收定值单信息，实现保护定值自动校核。

（4）检修管理。

通过计划管理终端，实现检修工作票生成和执行过程的管理。

5.3.5 辅助应用

通过标准化接口和信息交互，实现对站内电源、安防、消防、视频、环境监测等辅助设备的监视与控制。包含以下四个方面内容：

1. 电源监控

采集交流、直流、不间断电源、通信电源等站内电源设备运行状态数据，实现对电源设备的管理。

2. 安全防护

接收安防、消防、门禁设备运行及告警信息，实现设备的集中监控。

3. 环境监测

对站内的温度、湿度、风力、水浸等环境信息进行实时采集、处理和上传。

4. 辅助控制

实现与视频、照明的联动。

5.3.6 远程浏览

"远程浏览"是在变电站内部署专用的图形网关机，以 CIM/S、CIM/G、DL/T 476 电力通信协议为技术基础，实现安全认证、画面获取和数据刷新的功能。主站端与变电站图形网关机建立通信链接，通过 DL/T 476 电力通信协议获取厂站端的 G 格式图形文件和画面实时数据，实现对变电站的全景信息监视。调度监控值班员或大检修运维人员需要详细检查变电站运行信息时，可以通过这种方式直接浏览变电站内完整的图形和实时数据。

该方案以 CIM/S、CIM/G、DL/T 476 规约为技术基础，实现了电力系统特有的变电站实时数据的 Web 访问机制。在变电站侧部署专用图形网关机，安装远程数据服务、图形远程浏览和实时数据刷新服务等功能模块，实现与站内监控系统图形和数据的实时交换。调控主站端可直接访问变电站侧的图形网关，实现对变电站内图形与实时数据的浏览。其远程浏览的系统构架图如图 5-14 所示。

远程浏览功能主要支持以下功能：

（1）通过同一个链路传输图形文件和数据帧。

（2）主站对文件进行缓存，文件包括画面文件、图元文件和图片文件。

（3）通过主站召唤的方式上送图元文件，主站不再提前复制图元文件。

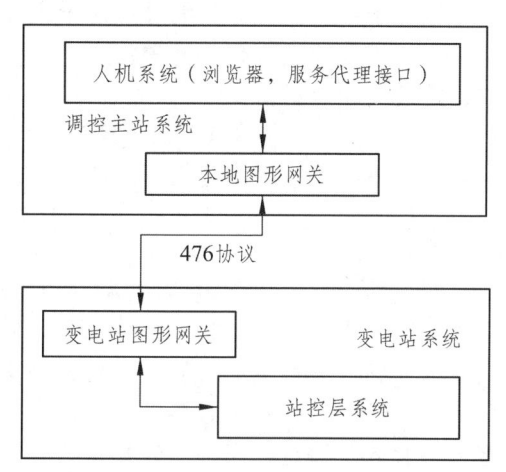

图 5-14 远程浏览的系统架构图

（4）主站召唤文件时，把主站缓存的文件时间下发给子站，子站判断文件时间是否更新，如果更新则先发文件属性再发文件内容，如果没有更新则只发文件属性。

（5）主站下发画面刷新命令后，子站上送全数据，全数据包括：

① 全数据-遥信帧（BID=9）。

② 全数据-遥测帧（BID=9）。

③ 全数据-遥信状态帧（BID=104）。

④ 全数据-遥测状态帧（BID=103）。

⑤ 全数据结束帧。

不论画面上有没有遥测、遥信帧，都要发送全数据结束帧。

（6）子站发完全数据后，一旦有变化数据就上送变化数据帧，其中包括：

① 变化数据-遥信帧（BID=9）。

② 变化数据-遥测帧（BID=9）。

③ 变化数据-遥信状态帧（BID=104）。

④ 变化数据-遥测状态帧（BID=103）。

除数据变化外，质量码发生变化也要发送状态帧数据。主站关闭画面后发送关闭画面命令。

远程浏览功能工作流程如下：

（1）监控后台图形文件由特定的程序通过人工参与生成，以 G 格式保存在图形浏览网关上。

（2）人机浏览变电站数据时，通过 DL/T 476 协议，向变电站侧的文件服务发送请求获取相应的 G 文件。

（3）图形浏览网关从 G 文件中解析出实时数据刷新 ID 点，通过 DL/T 476 协议，向调度刷新当前浏览的实时数据。

（4）调度浏览图形结束后，主动关闭链接。

DL/T 476 交互过程如下：

（1）主站请求浏览变电站画面，建立 TCP/IP 链接，建立 DL/T 476 规约的"association"。

（2）通过 DL/T 476 规约 ASCII 码传输的方式，传送符合《电力系统简单服务接口规范》标准的服务请求。

（3）变电站解析该服务后，采用 DL/T 476 规约文件块传输的方式，向主站传送 G 文件。

（4）子站数据点分类编号传送给主站，主站进行确认。

（5）子站按列表次序传送相应的遥信、遥测。第一次传送采用全遥信，全遥测上送的方式，之后变化上送。

（6）主站调用新画面后，重复第（2）步，如果关闭画面，发送停止该画面数据刷新命令。

（7）不同用户端应建立不同的链路，子站至少同时支持 16 个以上的链路。

5.3.7 告警直传

"告警直传"是以变电站 SCADA 的单一事件或综合分析结果为信息源，经过规范化处理，生成标准的告警条文。告警信息筛选以监控业务需求为依据，以相关告警分类为标准，注重信息的完整性与传输的可靠性。告警条文的标准化处理由变电站监控系统完成，经由图形网关机（或远动工作站）直接以文本格式传送到调度主站及设备运维站，分类显示在相应的告警窗并存入告警记录文件。告警直传采用 DL/T 476 或 DL/T634.5104 规约，有效利用了规约的"信息确认"及"出错重传"机制，可以防止信息丢失，保证了信息的完整性和可靠性。

1. **告警直传技术方案**

　　变电站告警直传方案由两种方式实现。方式一：对于新建智能变电站，可在通信网关机上新增一条传送告警的链路，通过 DL/T 476/104 协议与主站通信，直传告警信息。方式二：变电站侧增加告警网关机（可复用图形网关机，采用国产硬件和安全操作系统），在该设备上通过 DL/T 476/104 协议与主站通信，传送告警信息，如图 5-15 和图 5-16 所示。新建智能变电站还应遵循一体化监控系统相关技术规范。一般来说，建议优先选择方案二，以减少对数据通信网关机的负荷。

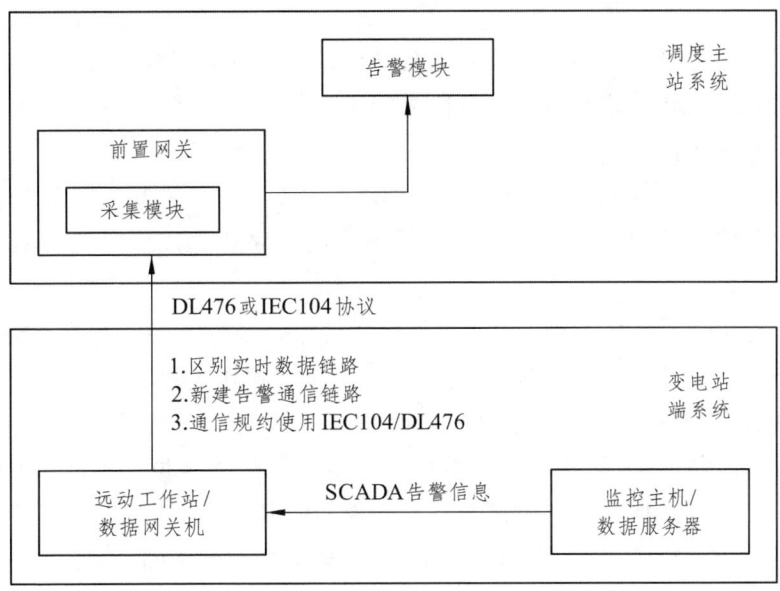

图 5-15　变电站告警直传方案 1

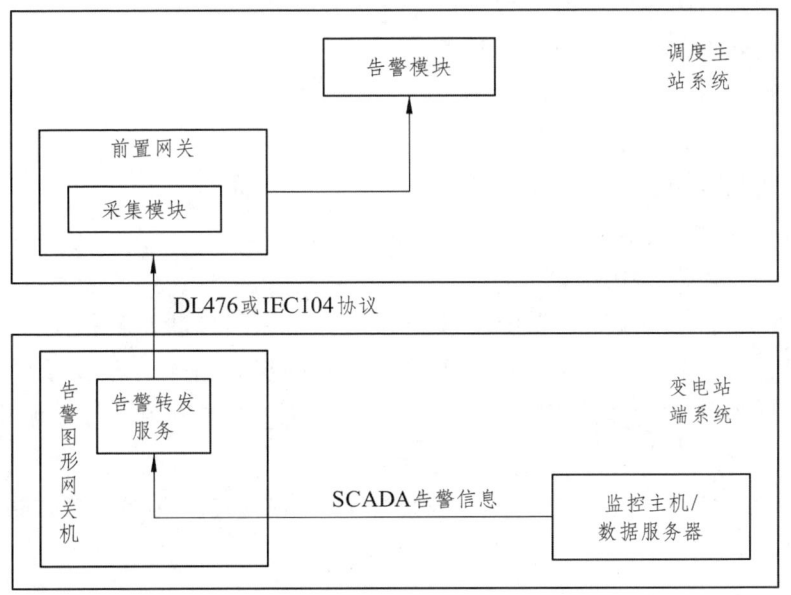

图 5-16　变电站告警直传方案 2

两种方案的工作流程大体一致：

（1）变电站监控系统先将本地 SCADA 处理结果（即本地告警信息）转换为带站名和设备名的标准告警信息，传给告警网关转发模块。

（2）告警图形网关通过通信协议，将标准告警信息传输给调度端。

（3）调度端告警采集程序对接收到的报文文本进行解析，并发送告警通知。

（4）告警系统对收到的变电站告警信息进行处理。

2. 告警格式

直传告警信息参考 syslog 格式，告警直传功能模块标准的告警条文按照"级别、时间、设备、事件、原因"五段式进行描述，各段之间用空格分隔。格式为：

时间 设备 事件 原因

（1）级别分 5 级：1-事故，2-异常，3-越限，4-变位，5-告知。主站告警窗至少分为"全部、事故、异常、越限、变位、告知"等不同的告警栏，以满足全部监视与分类浏览的需要。

（2）时间标记事件动作的时刻，单一事件取遥信原始 SOE 时标；多事件综合分析结果的告警时标取启动综合分析流程的触发遥信 SOE 时标，精确到毫秒。

（3）设备参照《电网设备通用模型命名规范》进行描述，电网设备全路径命名结构为：电网.厂站线/电压.间隔.设备.部件.属性。其中，正斜线"/"为定位分隔符，小数点"."为层次分隔符。各字段描述说明详见《电网设备通用模型命名规范》相关部分。

（4）事件是对应"1/0"状态做出的表述，按照告警类型的不同，规范动作表述词。举例如下：

① 保护出口信号表述为：动作/复归。
② 保护压板状态信号表述为：投入/退出。
③ 测控远方/就地位置表述为：就地/远方。
④ 开关、刀闸变位表述为：合闸/分闸。
⑤ 异常告警信号表述为：告警/复归。
⑥ 越限告警信号表述为：越上（下）限/复归。
⑦ 通信状态表述为：中断/正常。

（5）原因填写变电站端监控系统对故障分析后的原因判断，包括故障定位、定性以及相关测量值、动作信号。对于同类告警信号合并的组合信号，可填写产生该告警的原始信息名称。以浙江省兰溪变 220 kV 东牌 2337 保护动作为例，传输帧中的告警文本内容：

2011-11-04 15:02:26.120 华东.兰溪变/220 kV.东牌 2337 线/第一套线路保护 动作 接地故障，ARP301 动作。

5.3.8 智能变电站五类应用功能数据流向

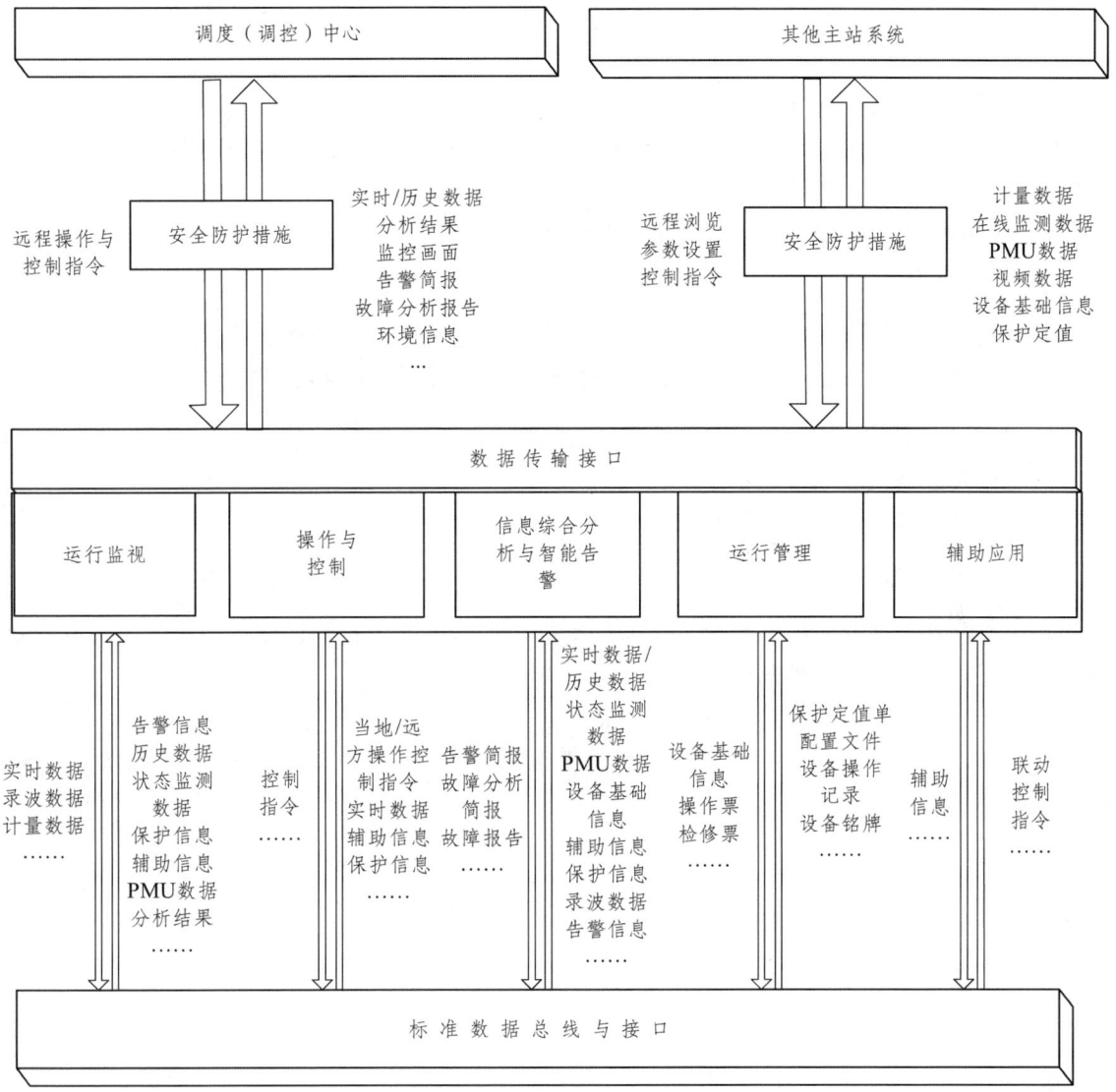

图 5-17 智能变电站五类应用功能数据流向图

1. 内部数据流

运行监视、操作与控制、信息综合分析与智能告警、运行管理和辅助应用通过标准数据总线与接口进行信息交互，并将处理结果写入数据服务器。五类应用流入流出数据为：

1）运行监视

（1）流入数据：告警信息、历史数据、状态监测数据、保护信息、辅助信息、分析结果信息等。

（2）流出数据：实时数据、录波数据、计量数据等。

2）操作与控制

（1）流入数据：当地/远方的操作指令、实时数据、辅助信息、保护信息等。

（2）流出数据：设备控制指令。

3）信息综合分析与智能告警

（1）流入数据：实时/历史数据、状态监测数据、PMU数据、设备基础信息、辅助信息、保护信息、录波数据、告警信息等。

（2）流出数据：告警简报、故障分析报告等。

4）运行管理

（1）流入数据：保护定值单、配置文件、设备操作记录、设备铭牌等。

（2）流出数据：设备台账信息、设备缺陷信息、操作票和检修票等。

5）辅助应用

（1）流入数据：联动控制指令。

（2）流出数据：辅助设备运行状态信息。

2. 外部数据流

智能变电站一体化监控系统的五类应用通过数据通信网关机与调度（调控）中心及其他主站系统进行信息交互。外部信息流有：

（1）流入数据：远程浏览和远程控制指令。

（2）流出数据：实时/历史数据、分析结果、监视画面、设备基础信息、环境信息、告警简报、故障分析报告。

6 智能变电站对时原理与技术

随着电厂、变电站自动化水平的提高，电力系统对统一时钟的要求愈来愈迫切。有了统一时钟，既可实现全站各系统在时间基准下的运行监控和事故后的故障分析，又可以通过各开关动作的先后顺序来分析事故的原因及发展过程。本章主要介绍了智能变电站的对时原理与技术。

6.1 概 述

6.1.1 时间的发展历程

时间是一个较为抽象的概念，是物质的运动、变化的持续性、顺序性的表现。时间概念包含时段和时刻两个概念。前者描述物质运动的久暂；后者描述物质运动在某一瞬间对应于绝对时间坐标的读数，也就是描述物质运动在某一瞬间到时间坐标原点（历元）之间的距离。古人云："日出而耕，日落而归"，由此可见，古人对时间已经存在一个模糊的概念，后来古人发明了圭表和日晷，利用太阳的射影长短和方向来判断时间，通常，我们把这种通过观测天文现象——日月星辰的周期性运动得到的时间统称为天文时。天文学界规定在英国格林尼治天文台观测得到的由平子夜起算的平太阳时叫作世界时（Universal Time，UT），并沿用至今。

根据量子物理学的基本原理，原子是以不同电子排列顺序的能量差，也就是围绕在原子核周围不同电子层的能量差，来吸收或释放电磁能量的，这里电磁能量是不连续的。当原子从一个"能量态"跃迁至低的"能量态"时，它便会释放电磁波。同一种原子的共振频率是一定的。以原子频标为基准的时间计量系统，叫作原子时（Atomic Time，TA）。原子时计量的基本单位是原子时秒。它的定义是：铯原子基态的两个超精细能级间在零磁场下跃迁辐射9 192 631 770周所持续的时间。1967年，第十三届国际计量大会决定，把在海平面实现的上述原子时秒，规定为国际单位制中的时间单位。原子时起点定在1958年1月1日0时0分0秒（UT），即规定在这一瞬间原子时时刻与世界时刻重合。

6.1.2 智能变电站时间同步需求

电力系统是时间相关系统，电压、电流、相角、功角变化都基于时间轴的波形，表6-1给出了电力系统常用设备和系统对时间同步准确度的要求。

表 6-1　电力系统常用设备和系统对时间同步准确度的要求

电力系统常用设备或系统	时间同步准确度
线路行波故障测距装置	优于 1 μs
同步相量测量装置	优于 1 μs
合并单元	优于 1 μs
雷电定位系统	优于 1 μs
故障录波器	优于 1 ms
电气测控单元、远方终端、保护测控一体化装置	优于 1 ms
微机保护装置	优于 10 ms
安全自动装置	优于 10 ms
配电网终端装置	优于 100 ms
电能量采集装置	优于 1 s
负荷/用电监控终端装置	优于 1 s
电气设备在线状态检测终端装置或自动记录仪	优于 1 s
集控中心/调度机构数字显示时钟	优于 1 s
火电厂、水电厂、变电站计算机监控系统主站	优于 1 s
电能量计费、保护信息管理、电力市场技术支持等系统的主站	优于 1 s
负荷监控、用电管理系统主站	优于 1 s
配电网自动化/管理系统主站	优于 1 s
调度生产和企业管理系统	优于 1 s
电子挂钟	优于 1 s

6.2　时间同步技术

6.2.1　时间同步

变电站时间同步是指时钟装置通过物理连接方式为站内所有带时间的电气设备提供时间同步信号。时钟装置主要分为主时钟装置和从时钟装置，主时钟可接受卫星授时信号及地面授时信号从而同步装置时间，输出时间信号为变电站被授时装置授时；从时钟装置接收主时钟输出的 IRIG-B 码信号作为同步信号源完成时间同步，再输出时间信号为其他被授时设备授时。主时钟部署于站控层，从时钟一般部署于变电站小室。各级调度机构应配置一套时间同步系统，时间同步系统有多种组成方式，变电站应用以双主钟方式为主，个别小型变电站采用单主钟方式。

1. 单主钟时间同步系统的组成

单主钟时间同步系统由一台主时钟、多台从时钟和信号传输介质组成，用作被授时设备或系统对时，如图 6-1 所示。根据实际需要和技术要求，主时钟可留有接收上一级时间同步系统下发的有线时间基准信号的接口。

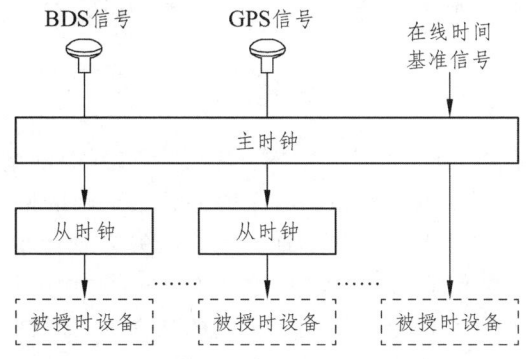

图 6-1 单主钟时间同步系统的组成

2. **双主钟时间同步系统的组成**

双主钟时间同步系统由两台主时钟、多台从时钟和信号传输介质组成，为被授时设备或系统对时，如图 6-2 所示。根据实际需要和技术要求，主时钟可留有接口，用来接收上一级时间同步系统下发的有线时间基准信号。

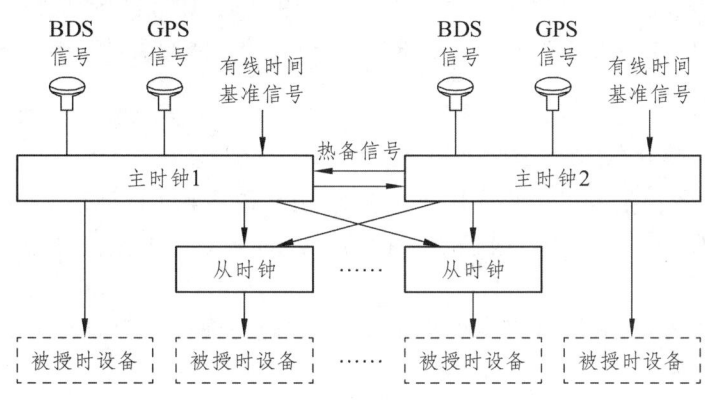

图 6-2 双主钟时间同步系统的组成

6.2.2 时间同步装置工作原理

1. **基本组成**

时间同步装置主要由时钟接收单元、时钟单元和输出单元组成，如图 6-3 所示。

图 6-3 变电站时间同步装置基本组成

1）接收单元

主时钟和从时钟的接收单元以接收的无线或有线时间基准信号作为外部时间基准。

主时钟的接收单元由天线、馈线、低噪声放大器（可选）、防雷保护器和接收器等组成。主时钟的接收单元能同时接收至少两种外部时间基准信号，其中一种应为无线时间基准信号，这些时间基准信号互为热后备。

从时钟的接收单元由输入接口和时间编码（如 IRIG-B 码）的解码器组成。从时钟的接收单元能同时接收两路有线时间基准信号（主要为 IRIG-B 码信号），这些时间基准信号互为热后备。

2）时钟单元

时钟单元接收无线时间基准信号（如 BDS、GPS）、有线时间基准信号及热备时间信号，同时通过技术手段对输入信号的有效性以及各个时源信号之间的偏差对时源进行选择判断，选择出最为可靠的时源作为同步时源同步本地时间。当失去所有外部的时源信号后，时钟单元进入守时状态，即本地时钟仍能保持一定的时间准确度，并输出时间同步信号和时间信息。当外部时间基准信号恢复后，在满足多源判决机制的条件下，时钟单元自动结束守时保持状态，并被牵引入跟踪锁定状态，且在牵引过程中，采用逐渐逼近方式调整，从而避免发生大的时间跳变。在授时阶段，时间同步信号应不出错，时间信息应无错码，脉冲码应不多发或少发。时钟单元的授时依靠内部晶振来完成，需要根据时间准确度的要求，选用温度补偿石英晶体振荡器、恒温控制晶体振荡器或原子频标等。

3）输出单元

输出单元用于将主时钟装置同步后的时间信号通过不同的模块转换为不同类型的时间输出信号，电力应用的输出信号主要分为：IRIG-B 码信号、脉冲信号、串口报文信号、网络报文信号等。

2. 主要配置

主时钟主要配置包括卫星接收模块（主要为 GPS 模块和 BD 模块）、晶振模块（多为恒温晶振）、双电源模块、外接天线及防雷保护器、CPU 板卡、卫星信号输入板卡、输出信号板卡等。

从时钟主要配置晶振模块（多为恒温晶振）、双电源模块、CPU 板卡、有线信号输入板卡、输出信号板卡等。

3. 主要功能及性能

时间同步装置的主要功能和性能如下：

1）输出信号类型

时钟装置应可输出脉冲信号、IRIG-B 码、串行口时间报文和网络时间报文等，秒脉冲时间准确度应优于 1 μs；IRIG-B 码时间准确度应优于 1 μs；串行口时间报文时间准确度应优于 10 ms；网络时间报文时间准确度应优于 10 ms。

2）守时功能

在失去外部时间基准信号时具备守时功能，守时性能优于 1 μs/h（12 h 内）。

3）日志功能

具有本地日志保存功能，且存储不少于 200 条，能够对时间源日期跳变进行记录。

4）主时钟多时源选择功能

主时钟多源选择旨在根据外部独立时源的信号状态及钟差从外部独立时源中选择出最为准确可靠的时钟源，参与判断的典型时源包括本地时钟、北斗时源、GPS 时源、地面有线、热备信号。多时钟源选择流程示意图如图 6-4 所示。

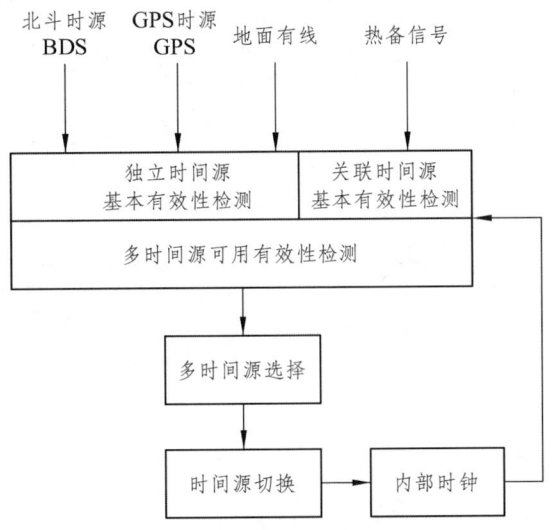

图 6-4　多时钟源选择流程示意图

参与多源选择逻辑判断的时钟源信号应为有效信号，依据时间源提供的状态标志对其状态进行有效性判断。非有效的逻辑都置为无效，不允许存在不定态。各个时源自身状态判断为正常的，才可参与到下一个步骤的运算。主时钟外部独立时间源信号优先级应可设，默认优先级为：BDS>GPS>地面有线。

主时钟开机初始化及守时恢复多源选择不考虑本地时钟，仅两两比较外部时源之间的时钟差，时钟差测量表示范围应覆盖年、月、日、时、分、秒、毫秒、微秒、纳秒，具体选择逻辑如表 6-2 所示。

表 6-2　主时钟开机初始化及守时恢复多源选择逻辑表

BDS信号	GPS信号	有线时间基准信号	BDS 信号与GPS 信号的时间差	BDS 信号与有线时间基准信号的时间差	GPS 信号与有线时间基准信号的时间差	基准信号选择
有效	有效	有效	<5 μs	无要求	无要求	选择 BDS 信号
			>5 μs	<5 μs	无要求	选择 BDS 信号
			>5 μs	>5 μs	<5 μs	选择 GPS 信号
			>5 μs	>5 μs	>5 μs	连续进行不少于 20 min 的有效性判断后，若保持当前条件不变则选择 BDS 信号
有效	有效	无效	<5 μs	—	—	选择 BDS 信号
			>5 μs	—	—	连续进行不少于 20 min 的有效性判断后，若保持当前条件不变则选择 BDS 信号

续表

BDS信号	GPS信号	有线时间基准信号	BDS信号与GPS信号的时间差	BDS信号与有线时间基准信号的时间差	GPS信号与有线时间基准信号的时间差	基准信号选择
有效	无效	有效	—	<5 μs	—	选择BDS信号
			—	>5 μs	—	连续进行不少于20 min的有效性判断后,若保持当前条件不变则选择BDS信号
无效	有效	有效	—	—	<5 μs	选择GPS信号
			—	—	>5 μs	连续进行不少于20 min的有效性判断后,若保持当前条件不变则选择GPS信号
有效	无效	无效	—	—	—	连续进行不少于20 min的有效性判断后,若保持当前条件不变则选择BDS信号
无效	有效	无效	—	—	—	连续进行不少于20 min的有效性判断后,若保持当前条件不变则选择GPS信号
无效	无效	有效	—	—	—	连续进行不少于20 min的有效性判断后,若保持当前条件不变则选择有线时间基准信号
无效	无效	无效	—	—	—	保持初始化状态或守时

注:连续进行不少于20 min的有效性判断内,满足表中其他条件时,按照所满足条件的逻辑选择出基准时源。

主时钟运行状态的多源选择逻辑应考虑本地时钟,两两比较各个时源之间的时钟差,时钟差测量表示范围应覆盖年、月、日、时、分、秒、毫秒、微秒、纳秒,具体选择逻辑如表6-3所示。

表6-3 主时钟运行状态的多源选择逻辑表

有效独立外部时源路数	时源钟差区间分布比例(每5 μs为一个区间)	热备信号	基准信号选择
3	4:0	无要求	从数量为4的区间中按照优先级选出基准信号
	3:1	无要求	从数量为3的区间中按照优先级选出基准信号
	2:2	无要求	选择BDS信号
	2:1:1	无要求	从数量为2的区间中按照优先级选出基准信号
	1:1:1:1	无要求	进入守时状态,按照守时恢复逻辑进行选择
2	3:0	无要求	从数量为3的区间中按照优先级选出基准信号
	2:1	无要求	从数量为2的区间中按照优先级选出基准信号
	1:1:1	无要求	进入守时状态,按照守时恢复逻辑进行选择
1	2:0	无要求	从数量为2的区间中按照优先级选出基准信号
	1:1	无要求	进入守时状态,按照守时恢复逻辑进行选择
0	—	有效	选择热备信号作为基准信号
	—	无效	无选择结果,进入守时

注1:本地时源计入时源总数。
注2:阈值区间为±5 μs,即两两间钟差的差值都(与关系)小于±5 μs的时源,则认为这些时源在一个区间内。
注3:选择热备信号为基准信号时,本地时钟输出时间信号的时间质量码应在热备信号的时间源质量码基础上增加2。

5）从时钟时源选择功能

从时钟外部输入 IRIG-B 码信号主时钟信号优先级高于备时钟信号，具体时源选择逻辑如表 6-4 所示。

表 6-4 从时钟时源选择逻辑表

主时钟信号	备时钟信号	初始化或守时状态基准信号选择	运行状态基准信号选择
有效	有效	选择时间质量高的信号作为基准信号；若时间质量一样，则选择主时钟信号作为基准信号	选择时间质量高的信号作为基准信号；若时间质量一样，则选择主时钟信号作为基准信号
有效	无效	选择主时钟信号作为基准信号	选择主时钟信号作为基准信号
无效	有效	选择备时钟信号作为基准信号	选择备时钟信号作为基准信号
无效	无效	无法完成初始化	保持守时状态

6）时源切换功能

依据时间源提供的状态标志对其状态进行判断，若在正常工作阶段或从守时恢复锁定或时源切换时，不应采用瞬间跳变的方式跟踪，而应逐渐逼近要调整的值，输出调整过程应均匀平滑，滑动步进 0.2 μs/s（切换后正常跟踪需要的微调量可小于该值），调整过程中相应的时间质量位应同步逐级收敛。而在初始化阶段，因在锁定信号前禁止时间信号输出，可快速跟踪选定的时源后输出时间信号。

7）闰秒处理功能

装置显示时间应与内部时间一致。当闰秒发生时，装置应正常响应闰秒，且不应发生时间跳变等异常行为，闰秒预告位应在闰秒来临前 59 s 置 1，在闰秒到来后的 00 s 置 0，闰秒标志位置 0 表示正闰秒，置 1 表示负闰秒。闰秒处理方式如下：

正闰秒处理方式：----→57 s→58 s→59 s→60 s→00 s→01 s→02 s→----；

负闰秒处理方式：----→57 s→58 s→00 s→01 s→02 s→----；

闰秒处理应在北京时间 1 月 1 日 7 时 59 分、7 月 1 日 7 时 59 分两个时间内完成调整。

8）对时状态自检功能

时钟装置具备对时状态自检功能，对输入的 BD 时源信号、GPS 时源信号、地面有线信号、热备时源信号、GPS 天线状态、BD 天线状态、卫星接收模块、时间跳变侦测、晶振驯服状态、初始化状态、电源模块状态、时间源选择状态等进行自检，并将自检信息通过 MMS 报文上送给监测单元。

9）监测功能

部分新研制的时钟装置具备监测功能，具体监测技术可参见本书 6.3 章节。

6.2.3 对时方式介绍

1. IRIG-B 码

IRIG 是美国靶场仪器组的简称。IRIG 时间标准有两大类：一类是并行时间码格式，这类码由于是并行格式，传输距离较近，且是二进制，因此远不如串行格式广泛；另一类是串行时间码，共有六种格式，即 A、B、D、E、G、H。它们的主要差别是时间码的帧速率不同，IRIG-B 即为其中的 B 型码。B 型码的时帧速率为 1 帧/s，可传递 100 位的信息。作为应用广泛的时间码，B 型码具有以下主要特点：携带信息量大，经译码后每秒可获得 1、10、100、1000 个脉冲信号和 BCD 编码的时间信息及控制功能信息；高分辨率；调制后的 B 码带宽，适用于远距离传输；分直流、交流两种；具有接口标准化，国际通用等特点。

1) IRIG-B 格式

由于 IRIG-B 格式时间码（以下简称 B 码）是每秒一帧的时间码，最符合使用习惯，而且传输也较容易，在 IRIG 六种串行时间码格式中，B 码应用最为广泛。B 码的波形如图 6-5 所示。

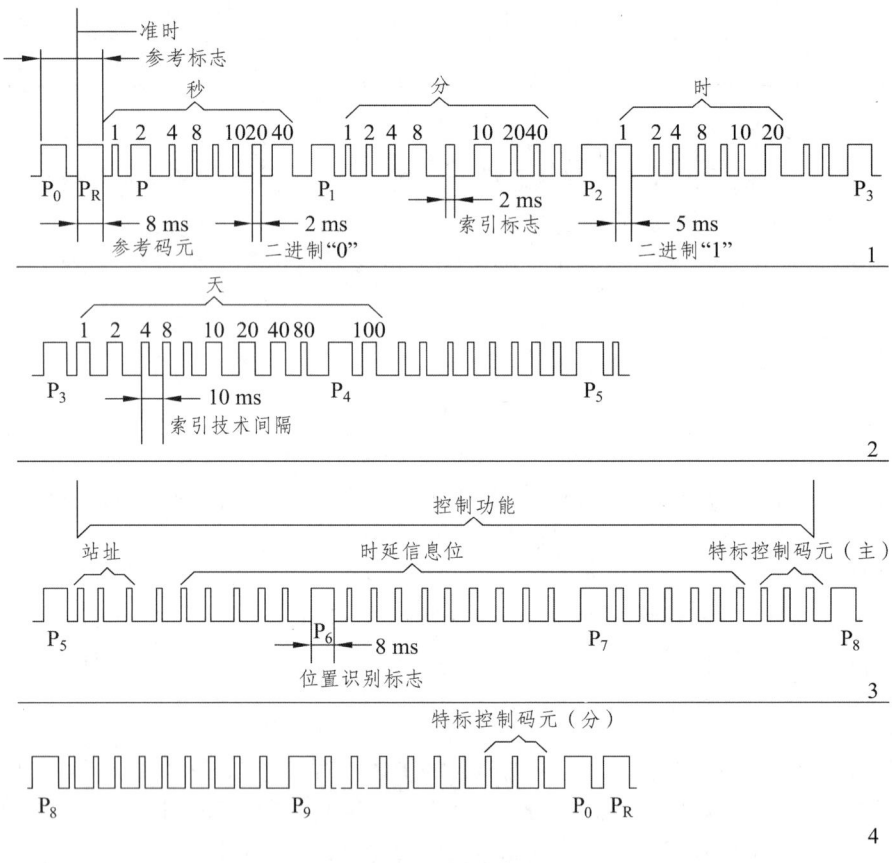

图 6-5　B 码波形

2) 码元识别

码元：时间格式里的每个脉冲称为码元。码元的"准时"（On Time）参考点是其脉冲前沿，码元的重复速率称为码元速率。B 码的码元速率为 100 B/s。

索引计数：每个码元对应一个索引计数。两个相邻码元前沿之间的时间间隔为索引计数间隔，B 码的索引计数间隔为 10 ms。索引计数在帧参考点处以"0"开始，以后每隔一个索引计数间隔增加 1，直至这帧结束。B 码每帧的索引计数间隔为 100 个，直至这帧结束。B 码每帧的索引计数间隔为 100 个，索引计数数字为 0~99。

位置识别标志：位置识别标志的宽度是对应时码的索引计数间隔的 0.8，B 码为 8 ms。位置识别标志 P0 的前沿在帧参考点（即 PR）前一个索引计数间隔处，以后每 10 个码元有一个位置识别标志，分别为 P1、P2……，P9 位置识别标志的重复速率为码元速率的 1/10。B 码为 10 pps。

码字：所有的时间格式都是脉宽码。二进制"1"和"0"的脉宽分别为索引计数间隔的 0.5 和 0.2。B 码的二进制"1"和"0"的脉宽分别为 5 ms 和 2 ms。

参考标志：时帧的参考标志是由一个位置识别标志（P0）和相邻的参考码元（PR）组成。参考码元的宽度为对应时码索引计数间隔乘 0.8。B 码为 8 ms。时帧的"准时"参考点是参考码元的前沿。

一个时间格式帧由参考标志开始，两个相邻帧参考标志间的所有码元组成。时帧的重复速率为时帧速率，其周期为时帧周期。B 码的时帧速率为 1 帧/秒，时帧周期为 1 秒。

年时间的二-十进制码（BCD 码）：各个时间格式都含有年时间的二-十进制码，时帧周期越短，信息位就越长。B 码为 30 位，其中天 10 位（从 001 到 365 或 366），时 6 位，分 7 位，秒 7 位。时序为秒-分-时-天。位置在 P0 到 P5 之间。

天时间的纯二进制秒码（SBS 码）：A、B 格式时间码除了有年时间的 BCD 码外，还有天时间的纯二进制秒码，共 17 位，午夜为 0 秒，最大计数 86 399（24×60×60−1）秒，低位在前，高位在后。位置在 P8~P0 之间。

所有的时间格式都预留了一组用于控制功能（CF）的码元。这是用于各种控制、识别和其他特殊目的功能编码。IRIG 104-70 指出：控制功能目前打算用于靶场内而不用于靶场间，因此现在没有标准编码系统。时间格式是否包含控制功能以及是否使用编码系统由各靶场选择。B 码控制功能的位置在 P5~P8 之间，有 27 个码元。

为了便于传递标准时间格式码，可用其对标准正弦波载频进行幅度调制，标准正弦波载频的频率与码元速率严格相关，一般为码元速率的十倍。B 码的标准正弦波载频频率为 1 kHz。同时，其正交过零点与所调制格式码元的前沿相符合，标准的调制比为 10∶3。调制后的 B 码叫 IRIG-B（AC）码，未经幅度调制的叫 IRIG-B（DC）码。IRIG-B（AC）用于国外设备时间同步，国内电气设备多采用 IRIG-B（DC）进行对时。

IRIG-B（简称 B 码）是专为时钟串行传输同步而制定的国际标准，采用脉宽编码调制。同步时钟源每秒发出一帧含有秒、分、时、当前日期及年份的时钟信息。IRIG-B 对时方式融合了脉冲对时和串口对时的优点，具有较高的对时精度（微秒级）。

IRIG-B 码应符合 IRIG 200-04 的规定，并含有年份和时间信号质量信息（参照 IEEE C37.118-2005），其时间为北京时间，IRIG-B 码码元定义如表 6-5 所示。IRIG-B 码中的时间为北京时间。

表 6-5 IRIG-B 码码元定义表

码元序号	定　义	说　明
0	Pr	基准码元
1~4	秒个位，BCD 码，低位在前	
5	索引位	置"0"
6~8	秒十位，BCD 码，低位在前	

续表

码元序号	定 义	说 明
9	P1	位置识别标志#1
10～13	分个位，BCD 码，低位在前	
14	索引位	置"0"
15～17	分十位，BCD 码，低位在前	
18	索引位	置"0"
19	P2	位置识别标志#2
20～23	时个位，BCD 码，低位在前	
24	索引位	置"0"
25～26	时十位，BCD 码，低位在前	
27～28	索引位	置"0"
29	P3	位置识别标志#3
30～33	日个位，BCD 码，低位在前	
34	索引位	置"0"
35～38	日十位，BCD 码，低位在前	
39	P4	位置识别标志#4
40～41	日百位，BCD 码，低位在前	
42～48	索引位	置"0"
49	P5	位置识别标志#5
50～53	年个位，BCD 码，低位在前	
54	索引位	置"0"
55～58	年十位，BCD 码，低位在前	
59	P6	位置识别标志#6
60	闰秒预告（LSP）	在闰秒来临前 59 s 置 1，在闰秒到来后的 00 s 置 0
61	闰秒（LS）标志	"0"：正闰秒，"1"：负闰秒
62	夏时制预告（DSP）	在夏时制切换前 59 s 置 1
63	夏时制（DST）标志	在夏时制期间置"1"
64	时间偏移符号位	"0"：+，"1"：-
65～68	时间偏移（小时），二进制，低位在前	时间偏移 = IRIG-B 时间 - UTC 时间（时间偏移在夏时制期间会发生变化）
69	P7	位置识别标志#7
70	时间偏移（0.5 h）	"0"：不增加时间偏移量 "1"：时间偏移量额外增加 0.5 h

码元序号	定 义	说 明
71～74	时间质量，二进制，低位在前	0x0：正常工作状态，时钟同步正常 0x1：时钟同步异常，时间准确度优于 1 ns 0x2：时钟同步异常，时间准确度优于 10 ns 0x3：时钟同步异常，时间准确度优于 100 ns 0x4：时钟同步异常，时间准确度优于 1 μs 0x5：时钟同步异常，时间准确度优于 10 μs 0x6：时钟同步异常，时间准确度优于 100 μs 0x7：时钟同步异常，时间准确度优于 1 ms 0x8：时钟同步异常，时间准确度优于 10 ms 0x9：时钟同步异常，时间准确度优于 100 ms 0xA：时钟同步异常，时间准确度优于 1 s 0xB：时钟同步异常，时间准确度优于 10 s 0xF：时钟严重故障，时间信息不可信赖
75	校验位	从"秒个位"至"时间质量"按位（数据位）进行校验的结果，校验方式可配置奇校验或偶校验，默认为奇校验
76～78	保留	置"0"
79	P8	位置识别标志#8
80～88，90～97	一天中的秒数（SBS），二进制，低位在前	
89	P9	位置识别标志#9
98	索引位	置"0"
99	P0	位置识别标志#0

2. 脉冲对时

脉冲对时方式多使用空接点接入方式，主要有秒脉冲（PPS）、分脉冲（PPM）和时脉冲（PPH）三种对时方式。脉冲对时方式的优点是可以获得较高精度的同步精度（微秒级），对时接收电路比较简单。不足之处是从设备必须预先设置正确的时间基准。

脉冲信号有 1PPS、1PPM、1PPH 或可编程脉冲信号等。其输出方式有 TTL 电平、静态空接点、RS-422、RS-485 和光纤等。技术参数如下：

1）脉冲宽度

10 ms～200 ms。

2）TTL 电平

准时沿：上升沿，上升时间≤100 ns；

上升沿的时间准确度：优于 1 μs。

3）静态空接点

静态空接点与 TTL 电平信号的对应关系为接点闭合对应 TTL 电平的高电平，接点打开对应 TTL 电平的低电平，接点由打开到闭合的跳变对应准时沿。

准时沿：上升沿，上升时间≤1 μs；

上升沿的时间准确度：优于 3 μs；

隔离方式：光电隔离；

输出方式：集电极开路；

允许最大 V_{ce} 电压：DC 220 V；

允许最大 I_{ce} 电流：20 mA。

4）RS-422、RS-485 接口

准时沿：上升沿，上升时间≤100 ns；

上升沿的时间准确度：优于 1 μs。

5）光　纤

使用光纤传导时，亮对应高电平，灭对应低电平，由灭转亮的跳变对应准时沿。

秒准时沿：上升沿，上升时间≤100 ns；

上升沿的时间准确度：优于 1 μs。

3. 串口报文对时

串口对时方式是对时从设备通过串行口接收 GPS 时钟信息，来校正其自身的时钟。由于串口接收一帧数据的时间较长，这种方式对时的额精度较低（毫秒级），串行口参数、报文格式及接口如下所述。

1）串口参数

波特率为 1200 b/s、2400 b/s、4800 b/s、9600 b/s、19 200 b/s 可选，默认值为 9600 b/s；数据位 8 位，停止位 1 位，偶校验。

2）串口时间报文格式

报文发送时刻，每秒输出 1 帧。帧头为 #，与秒脉冲（1PPS）的前沿对齐，偏差小于 5 ms；波形如图 6-6 所示。串口时间报文格式如表 6-6 所示。

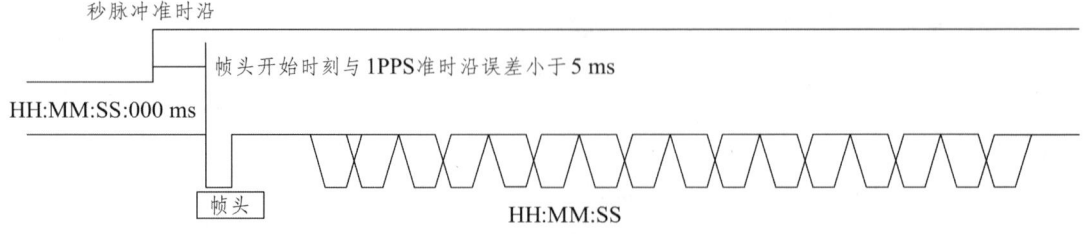

图 6-6　串口通信波形

表 6-6 串行口标准时间报文格式

字节序号	含义	内容	取值范围
1	帧头	<#>	'#'
2	状态标志 1	用下列 4 个 bit 合成的 16 进制数对应的 ASCII 码值： Bit 3：保留 = 0； Bit 2：保留 = 0； Bit 1：闰秒预告（LSP）：在闰秒来临前 59 s 置 1，在闰秒到来后 00 s 置 0； Bit 0：闰秒标志（LS）：0：正闰秒，1：负闰秒	'0' ~ '9' 'A' ~ 'F'
3	状态标志 2	用下列 4 个 bit 合成的 16 进制数对应的 ASCII 码值： Bit 3：夏令时预告（DSP）：在夏令时切换前 59 s 置 1； Bit 2：夏令时标志（DST）：在夏令时期间置 1； Bit 1：半小时时区偏移：0：不增加，1：时间偏移值额外增加 0.5 hr； Bit 0：时区偏移值符号位：0：+，1：-	'0' ~ '9' 'A' ~ 'F'
4	状态标志 3	用下列 4 个 bit 合成的 16 进制数对应的 ASCII 码值： Bits 3~0：时区偏移值（hr）：串口报文时间与 UTC 时间的差值，报文时间减时间偏移（带符号）等于 UTC 时间（时间偏移在夏时制期间会发生变化）	'0' ~ '9' 'A' ~ 'F'
5	状态标志 4	用下列 4 个 bit 合成的 16 进制数对应的 ASCII 码值： Bits 03-00：时间质量： 0x0：正常工作状态，时钟同步正常 0x1：时钟同步异常，时间准确度 优于 1 ns 0x2：时钟同步异常，时间准确度 优于 10 ns 0x3：时钟同步异常，时间准确度 优于 100 ns 0x4：时钟同步异常，时间准确度 优于 1us 0x5：时钟同步异常，时间准确度 优于 10us 0x6：时钟同步异常，时间准确度 优于 100us 0x7：时钟同步异常，时间准确度 优于 1 ms 0x8：时钟同步异常，时间准确度 优于 10 ms 0x9：时钟同步异常，时间准确度 优于 100 ms 0xA：时钟同步异常，时间准确度 优于 1 s 0xB：时钟同步异常，时间准确度 优于 10 s 0xF：时钟严重故障，时间信息不可信	'0' ~ '9' 'A' ~ 'F'
6	年千位	ASCII 码值	'2'
7	年百位	ASCII 码值	'0'
8	年十位	ASCII 码值	'0' ~ '9'
9	年个位	ASCII 码值	'0' ~ '9'
10	月十位	ASCII 码值	'0' ~ '1'
11	月个位	ASCII 码值	'0' ~ '9'
12	日十位	ASCII 码值	'0' ~ '3'
13	日个位	ASCII 码值	'0' ~ '9'

续表

字节序号	含义	内容	取值范围
14	时十位	ASCII 码值	'0' ~ '2'
15	时个位	ASCII 码值	'0' ~ '9'
16	分十位	ASCII 码值	'0' ~ '5'
17	分个位	ASCII 码值	'0' ~ '9'
18	秒十位	ASCII 码值	'0' ~ '6'
19	秒个位	ASCII 码值	'0' ~ '9'
20	校验字节高位	从"状态标志1"直到"秒个位"逐字节异或的结果（即：异或校验），将校验字节的十六进制数高位和低位分别使用 ASCII 码值表示	'0' ~ '9'
21	校验字节低位		'A' ~ 'F'
22	结束标志	CR	0DH
23	结束标志	LF	0AH

3）串行口接口

（1）RS-232C。

电气特性符合 GB/T 6107—2000。

（2）RS-422。

见 GB/T 11014—1989。

（3）RS-485。

见 ANSI/TUA/EIA 485-A—1998。

（4）光纤。

使用光纤传导时，亮对应高电平，灭对应低电平。

4. 网络报文对时

SNTP 基于 NTP，适用于对时要求不是十分严格的网络，最高精度只能达到毫秒级。
NTP/SNTP 的具体参数如下：

（1）工作模式：客户端/服务器。

（2）网络接口：电缆接口或光缆接口。

（3）支持以下协议：

RFC 1305（NTP）；

RFC 2030（SNTP）。

（4）时钟处于跟踪锁定状态时，其时间准确度应满足表 6-7 的要求。

表 6-7 工作在客户端模式下时钟准确度要求

局域网（NTP/SNTP）	优于 10 ms
广域网（NTP/SNTP）	优于 500 ms

5. 1588 对时

1）概　述

IEEE 1588 是用于网络测量和控制系统的精密时钟同步协议标准，能达到微秒级同步精度。基于局域网的精确时间同步系统（以下简称：时间同步系统）由 PTP 主时钟、网络交换设备、PTP 从时钟和其他被授时设备组成。系统的时间同步依靠 PTP 报文完成，PTP 报文包含事件报文和通用报文，其中事件报文是计时的报文，在时间戳发送和接收时产生，并需要设备物理层硬件支持。PTP 性能和协议应符合 DL/T 1100.2—2013 的规定。

2）系统组成

时间同步系统一般分为基本式和主备式两种。

（1）基本式。

基本时间同步系统如图 6-7 所示，PTP 主时钟接收北斗/GPS 卫星同步基准或有线时间基准信号，通过网络交换设备，向下一级时间同步系统或 PTP 被授时设备提供时间基准信号。

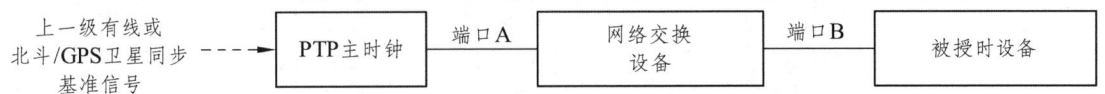

图 6-7　基本式时间同步系统组成

（2）主备式。

主备式时间同步系统如图 6-8 所示，该系统中宜配置两台主时钟，"主时钟 A"和"主时钟 B"互为热备，同时接收上一级的有线或无线时间基准信号。

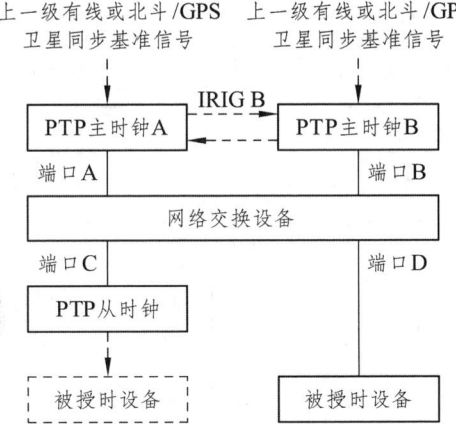

注：实线框表示支持精确时间协议的设备，虚线框表示不支持精确时间协议的设备。

图 6-8　主备式时间同步系统组成

3）典型网络结构

时间同步系统组网方式宜从图 6-9、图 6-10 两种方式中选取。

逻辑组网方式 A 如图 6-9 所示，变电站和发电厂内配置两个互备主时钟。主备时钟的切换由主时钟通过 BMC 算法来完成，从时钟需识别切换过程，确定使用的路径时延与工作的主时钟路径一致性。

逻辑组网方式 B 如图 6-10 所示，变电站和发电厂内已配置主时钟，但主时钟不具备提供 PTP 信息的情况下，可通过输出 IRIG_B 到具备 OC 主模式的 PTP 服务器，实现网络授时功能。

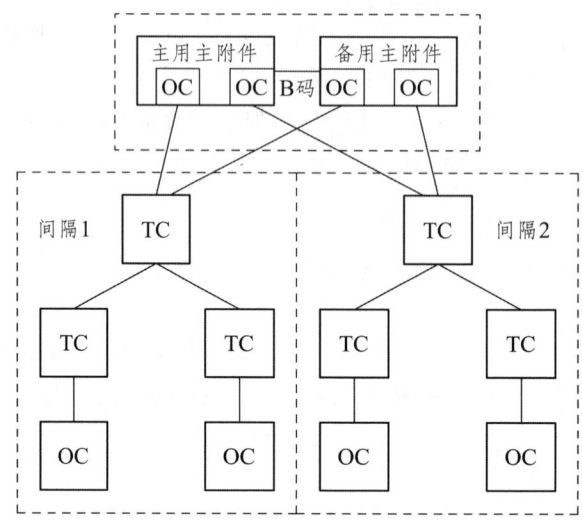

图 6-9 逻辑组网方式 A

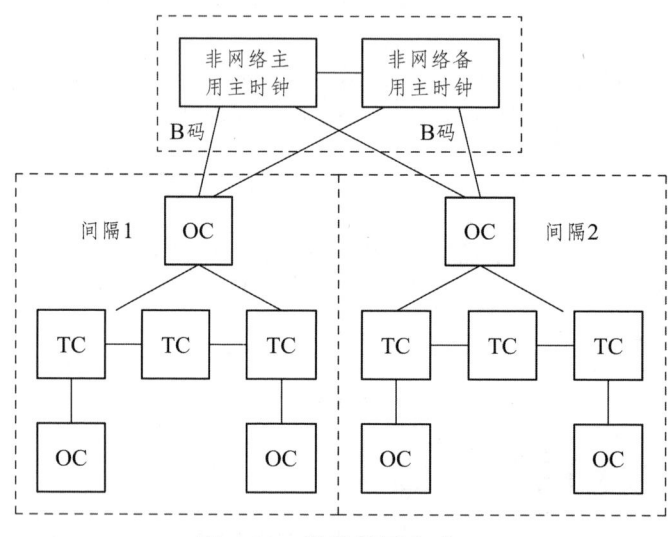

图 6-10 逻辑组网方式 B

4）PTP 设备运行模式

（1）PTP 设备配置模式。

PTP 主时钟：运行于 MASTER 模式的 OC。

PTP 从时钟：运行于 SLAVE 模式的 OC。

网络交换设备：支持 peer-to-peer 模式的 TC。

（2）接口。

① 电接口。

应支持 100/1000 BASE-T 接口，符合 IEEE 802.3—2008 的规定，电接口应配有屏蔽层。

② 光接口。

100BASE-FX 接口应符合 IEC 9314-3—1990 的规定，GE 接口应符合 IEEE 802.3—2008 的规定。GE 接口可以是 1000BASE-LX、1000BASE-SX、1000BASE-ZX 接口中的一种或多种。

（3）功能要求。

PTP 主时钟能准确响应链路延迟请求，具备数据集比较算法，选择最佳主时钟源；应具备状态决定算法，决定自身端口状态，备 BMC 算法，最佳主时钟源确定后，非最佳主时钟源时钟端口不应发送 Announce 报文，各 OC 应实现物理隔离，各接口应采用独立 MAC 地址，正确处理异常报文，允许设备进入守时状态，具备守时功能。

网络交换设备应准确填充驻留时间修正域；正确计算和修正链路延迟。

PTP 从时钟宜具备 BMC 算法，宜具备数据集比较算法，选择最佳主时钟源；宜具备状态决定算法，决定自身端口状态；从时钟端口不应发送除 Pdelay_req 报文外的其他事件报文；正确计算和修正驻留时间修正域；正确计算和修正链路延迟；时延补偿功能，补偿范围 ±100 μs，步长 ≤100 ns；正确处理异常报文，允许设备进入守时状态，具备守时功能。

（4）性能要求。

PTP 设备应满足以下性能要求：

① 时间准确度：优于 1 μs。

② 抖动时间范围：≤200 ns。

③ 当网络风暴、丢帧、乱序帧、复制帧等网络异常发生时，设备对时性能不应受到影响，允许设备进入守时状态，如表 6-8 所示。

表 6-8　网络异常状态下的对时状态

网络异常分类	等级	要　求	等级	要　求
单播流量	≤90%	跟踪状态，对时正确	>90%	跟踪状态，对时正确或处于守时状态
网络风暴	≤60%		>60%	
丢帧	≤5%		>5%	
乱序帧	≤1%		>1%	
复制帧	≤1%		>1%	

PTP 时间同步设备应能根据数据集比较算法选择最佳主时钟源，根据状态决定算法决定自身端口状态；最佳主时钟源选定后，其他时钟端口不允许发送 Announce 报文。BMC 状态切换时间应满足：

① 当活动主时钟断开，时钟从静默状态到活动状态切换时间宜小于 10 s。

② 当活动主时钟状态改变，时钟从静默状态到活动状态切换时间宜小于 10 s。

③ 出现更高等级时钟时，当前活动时钟从活动状态到静默状态切换时间宜小于 10 s。

6.2.4　对时方式比较

为保证时间同步的准确度及信号传输的质量，被授时设备或系统可按表 6-9 选用不同信号接口。

表 6-9 时间同步信号、接口类型与时间同步准确度的对照

接口类型	光纤	RS-422，RS-485	静态空接点	TTL	AC	RS-232C	以太网
1 PPS	1 μs	1 μs	3 μs	1 μs	—	—	—
1 PPM	1 μs	1 μs	3 μs	1 μs	—	—	—
1 PPH	1 μs	1 μs	3 μs	1 μs	—	—	—
串口时间报文	10 ms	10 ms	—	—	—	~ 10 ms	—
IRIG-B（DC）	1 μs	1 μs	—	1 μs	—	—	—
IRIG-B（AC）	—	—	—	—	20 μs	—	—
NTP	—	—	—	—	—	—	10ms
PTP	—	—	—	—	—	—	1 μs

6.2.5 时间同步技术应用实例

智能变电站一般采用为双主钟配置，如图 6-11 所示。主时钟 A 和主时钟 B 接收 GPS 信号和 BD 信号作为时间同步时源，经过多时源选择逻辑判断后选出同步时源，在信号可靠的前提下优先采用 BD 信号作为同步时源。主时钟 A 和主时钟 B 之间通过光纤互联，传输 IRIG-B 信号作为热备信号。主时钟完成同步后，输出时间信号为站控层、间隔层和过程层设备授时。站控层设备中的监控主机、工作站等采用 NTP 信号对时，装置多采用 IRIG-B 信号对时。主时钟装置输出的 NTP 信号需要接入站控层网络中实现 NTP 对时，IRIG-B 对时采用直连的方式。每个小室根据被授时设备的多少部署 1~n 个从时钟，每个从时钟分别接收主时钟 A 和主时钟 B 发出的 IRIG-B 信号完成自身同步。从时钟完成同步后，输出时间信号为间隔层设备和过程层设备授时。测控装置、保护装置、智能终端、合并单元多采用 IRIG-B 码进行对时。

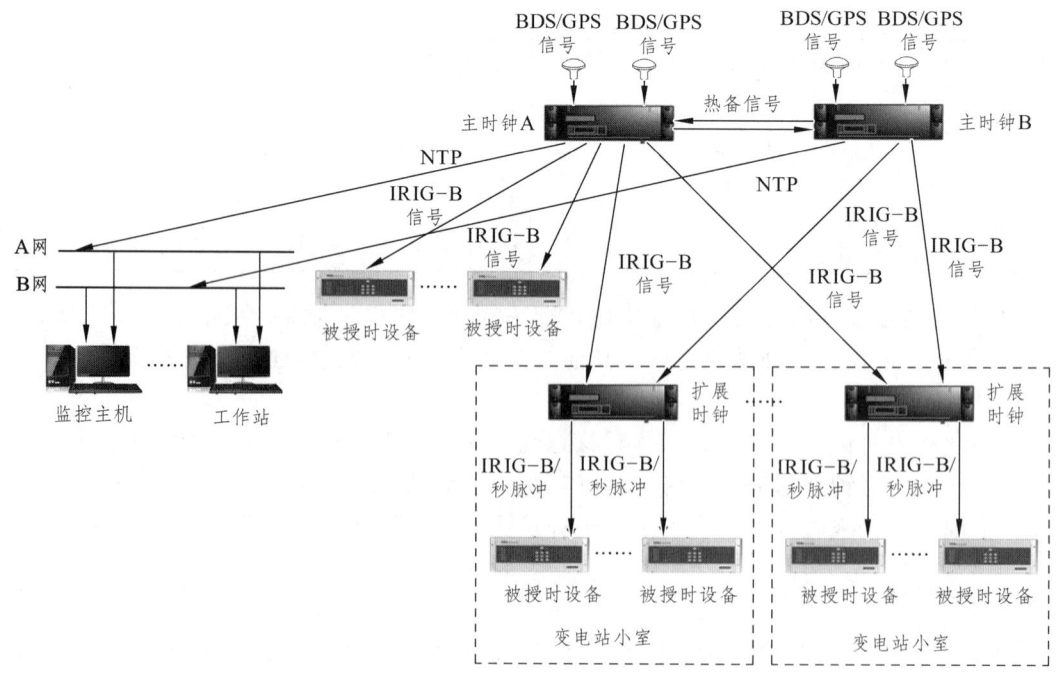

图 6-11 智能变电站双主钟配置

6.3 时间同步监测技术

6.3.1 软件监测技术

软件监测技术主要在现有装置及系统基础上，不额外增加硬件设备及接线开销，单纯采用软件的方式对站内时间同步系统进行监测，主要采用基于四时标法的 NTP 乒乓方式和 GOOSE 乒乓方式。变电站内应采用监测信息分级管理的方式，站控层监控主机监测站控层和间隔层被监测设备，间隔层测控装置监测过程层设备的监测信息，如图 6-12 所示。

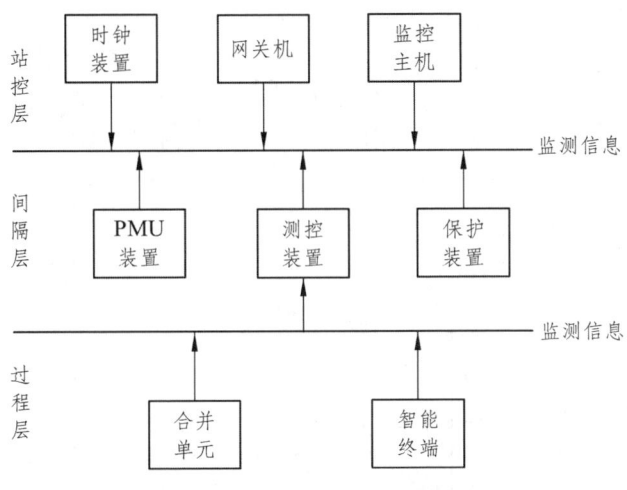

图 6-12 智能变电站软件检测

软件监测方式由监控主机充当站内时间同步监测的最高管理者。监控主机定期轮询站内设备的对时偏差，当发现被授时装置时间同步异常时，则产生告警信息。

6.3.2 硬件监测技术

硬件监测技术是指利用具有独立时间同步监测功能的装置或模块通过各被授时装置现有的对时信号线实现对被授时装置时间同步的监测。实现的思路主要由两种：一种是在现有时钟装置上增加时间监测模块，使装置同时具备时间同步授时和监测功能，实现对Ⅰ区、Ⅱ区及Ⅲ区被授时装置授时的同时，也能对被授时装置实现时间同步监测管理，从而实现授时与监测的统一；另一种是增加独立的监测装置，由监测装置实现对时钟装置和全站被授时设备的时间同步监测。本书中将具备监测功能的模块称为监测单元，监测单元可以是一个单独的装置，也可以作为模块部署于其他装置之中。

6.3.3 监测方式介绍

1. 基于 NTP 的监测方式

基于 NTP 的监测采用四时标法，要求监测单元和被授时设备的 NTP 协议既支持服务器模式，又支持客户端模式。当需要时间同步时，时钟装置采用服务器模式，被授时设备采用客户端模式；当需要监测时，监测单元采用客户端模式，被授时设备采用服务器模式。监测单元作为监测的管理端，监测时钟装置和其他被授时设备，对时偏差精度为毫秒级别，具体过程如图 6-13 所示。

（1）T0 为管理端发送"监测时钟请求"的时标。

（2）T1 为被监测端收到"监测时钟请求"的时标。

（3）T2 为被监测端返回"监测时钟请求的结果"的时标。

（4）T3 为管理端收到"监测时钟请求的结果"的时标。

（5）Δt 为管理端时钟超前被监测装置内部时钟的钟差（正代表相对超前，负代表相对滞后）。

（6）$\Delta t = [(T3-T2) + (T0-T1)]/2$。

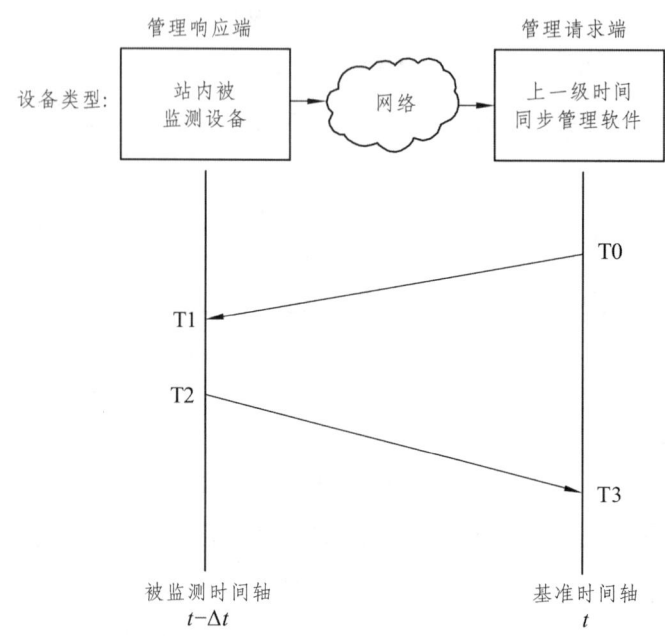

图 6-13　站内对时状态测量示意图

2. 用于监测的 NTP 配置

时间同步监测中，NTP 采用客户/服务器模式。该模式中，监测单元为客户端，被监测设备为服务端。监测单元定期向被监测设备发送报文。监测单元依照被监测设备返回的时钟报文计算时钟偏差，但不会修改被监测设备的时钟。监测单元（客户端）发送帧格式如下：

（1）Reference Identifier 字段：参考时间源。按照 NTP 标准规定，可在已预定义的标识外扩充。用于监测的服务器和客户端应统一填充"TSSM"（Time Synchronization Status Monitoring），标识自身为时间同步状态监测源，以便与正常对时用途的 NTP 服务区分。监测软件不应响应"TSSM"标识以外的请求。

（2）Originate Timestamp 字段：NTP 请求报文离开发送端时发送端的本地时间。时间管理服务器监测软件（客户端）请求时应将该字段应填的值保存在本地内存中，发出的报文中该字段全部填充 0，即不向被测对象提供发送参考时间基准。NTP 报文格式如表 6-10 所示。

表 6-10　NTP 报文格式

0　　1	4	7	15	23	31
LI	VN	Mode	Stratum	Poll	Precision
根延迟（Root Delay）（32 bit）					
根差量（Root dispersion）（32 bit）					
参考时间源（Reference identifier）（32 bit）					
参考更新时间（Reference timestamp）（64 bit）					
原始时间（Originate timestamp）（64 bit）					
接收时间（Receive timestamp）（64 bit）					
发送时间（Transmit timestamp）（64 bit）					
认证位（可选）（Authenticator optional）96 bit）					

基于 NTP 监测的优点是少接线、易实施，但问题是现阶段大部分被授时系统和设备尚不支持 NTP 服务器模式，需要二次设备厂家进行技术开发，如图 6-14 所示。

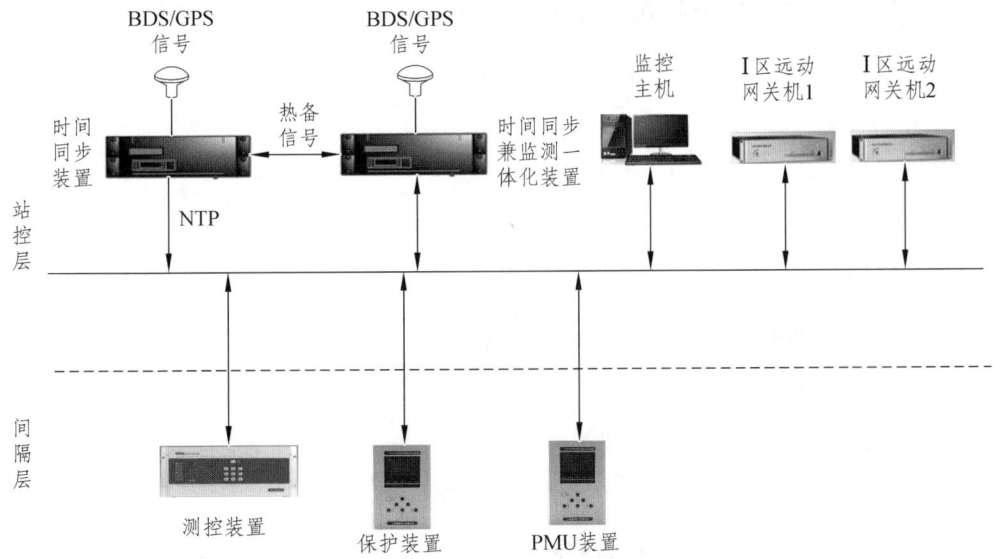

图 6-14　基于 NTP 的监测方式

3. 基于 GOOSE 的监测方式

对于过程层设备的监测，监测单元连接到过程层网络，采用 GOOSE 协议实现时间同步管理，GOOSE 报文定义见《电力系统时间同步及监测技术规范》。监测单元通过 GOOSE 方式来实现对过程层设备的对时偏差的监测，其传输过程如图 6-15 所示，工作方式同 NTP 乒乓监测的工作方式一致。监测单元宜采用 GOOSE 方式按照设定的轮询周期定期轮询间隔层设备的对时偏差，当轮询到某装置一次监测值越限时，应以每秒 1 次的频率连续监测 5 次，并对 5 次结果去掉极值后取其平均值作为此次监测的结果，若平均值越限则产生越限告警信息。

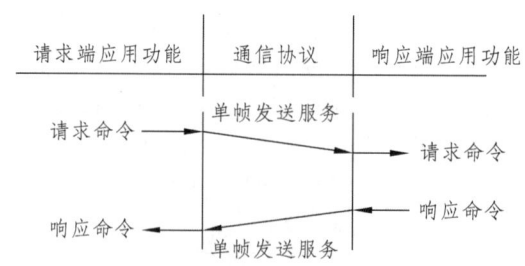

图 6-15 GOOSE 报文传输过程示意图

对于智能变电站，可采用基于 GOOSE 的监测方式。与基于 SOE 的监测方式类似，对于支持硬接点开入的智能被授时设备（如智能终端、合并单元）采用基于 GOOSE 的监测方案，如图 6-16 所示。

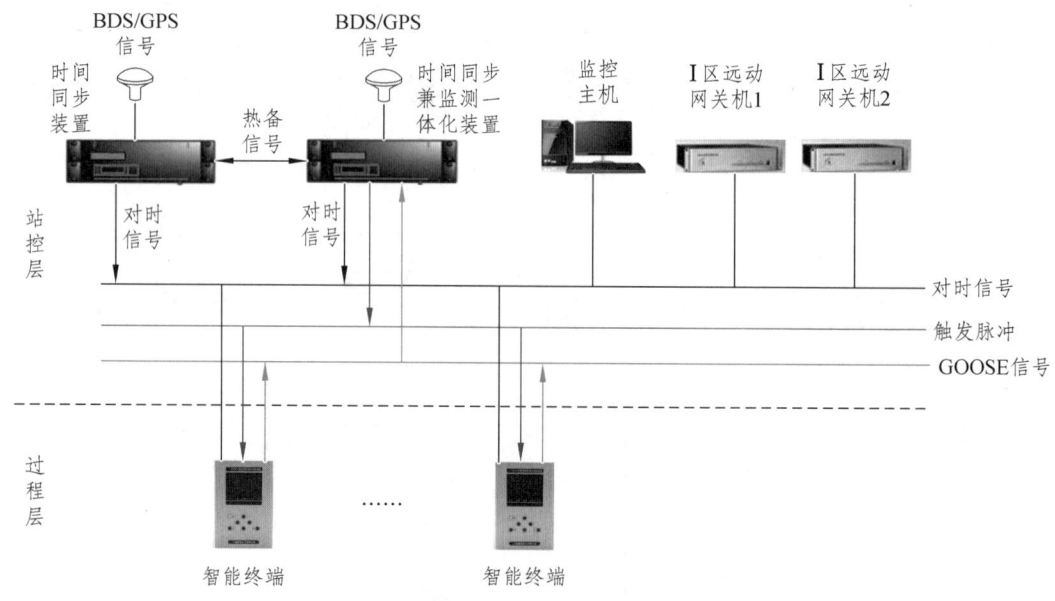

图 6-16 基于 GOOSE 的监测方式

在 T0 时刻，监测单元输出定时脉冲触发被授时设备的遥信输入位，使被授时设备产生 GOOSE 事件报文，监测单元通过交换机镜像端口获取 GOOSE 报文并解析出时间值 T1，计算出被授时设备的时间偏差：Td2=T1－T0，Td2 自动保存在监测单元中，同时超出门限的 Td2 将触发告警报文，告警报文通过远动装置自动上送上级调度，同时也会以 MMS 报文方式发送给厂站监控系统。

基于 GOOSE 的测量精度应小于 1 μs，被测设备的门限值可根据时间情况设定，建议为 100 μs。定时脉冲触发时间可设置，为减少基于 GOOSE 的监测数据量，采用时脉冲（分、时、天脉冲可设）方式在准点时刻触发。

4. 基于开关量输入信号触发的监测方式

对于具有开关量输入信号并可触发 SOE 的间隔层装置，可采用基于开关量输入信号触发

SOE 方式进行偏差监测。在 T0 时刻，监测单元输出定时脉冲触发测控装置的遥信开入端子动作，相应的被授时系统及设备产生 SOE 事件报文，监测单元通过站控层交换机的镜像端口，获取 SOE 报文并解析出报文中记录的遥信变位时间 T1，计算出被授时设备的时间偏差：Td2=T1 – T0。所有 Td2 差值自动保存在监测单元中，同时超出门限的 Td2 将触发告警报文，告警报文通过远动装置自动上送上级调度。监测方式如图 6-17 所示。

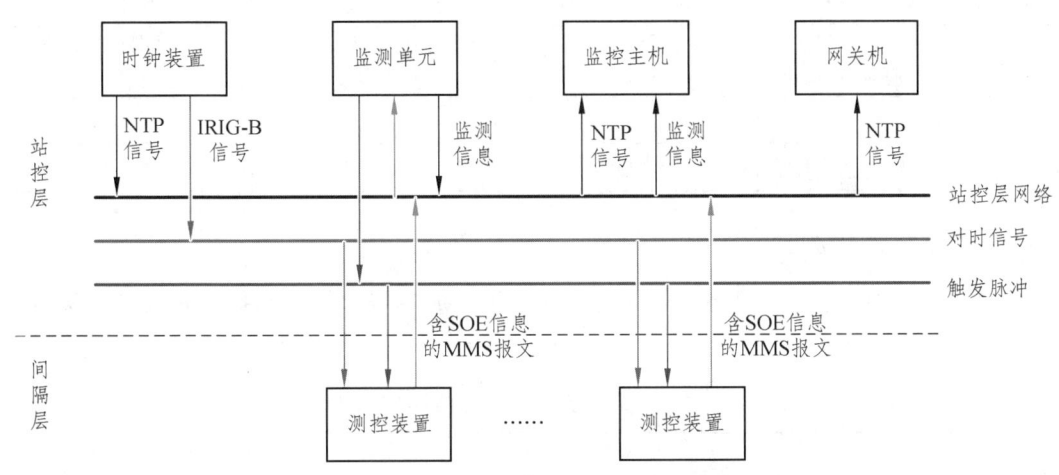

图 6-17 基于 SOE 的监测方式

目前基于 SOE 的准确度为毫秒级，基于 SOE 的时间测量精度应小于 1 μs。被测设备的门限值可根据实际情况设定。基于 SOE 的监测其优点是适用面广，缺点是人为的产生大量监测 SOE 事件。为避免过多的触发信号连接线缆的增加，以及减少基于 SOE 的时间监测数据量，可通过时钟装置提供触发信号，并采用时脉冲（分、时、天脉冲可设）方式在准点时刻触发。

基于具有开关量输入信号并可触发 GOOSE 变位的装置，可采用基于开关量输入信号触发 GOOSE 方式进行偏差监测，监测单元接入到过程层网络中，在 T0 时刻，监测单元输出定时脉冲触发智能终端等过程层设备的遥信开入端子动作，相应的设备产生 GOOSE 事件报文，监测单元通过交换机的镜像端口，获取 GOOSE 报文并解析出报文中记录的遥信变位时间 T1，计算出被授时设备的时间偏差 Td2=T1-T0。

5. 基于 IRIG-B/1PPS 的监测方式

对于具备时间信号（如 IRIG-B 码信号、脉冲信号）输出接口的站控层、间隔层和过程层被监测装置，可采取直接监测的方式，即将被监测装置输出的时间信号直接连接到时间同步监测单元的测量接口上进行测量，从而获得被监测装置的对时偏差。本监测方式虽连接线缆较多，但测量精度高，不影响监控系统正常运行。

6. 监测方式比较

针对变电站时间同步系统及被授时设备的时间同步监测方式比较如表 6-11 所示。

表 6-11　被授时系统及设备时间监测方式比较

	基于NTP的监测	基于开关量输入信号触发的监测	基于GOOSE的监测	基于IRIG-B/1PPS的监测
监测精度	毫秒级别	1 ms	毫秒级别	纳秒级别
接口方式	网口	网口	网口	专线
测量信号	NTP	SOE/GOOSE	GOOSE	脉冲/B码
适用条件	支持NTP服务器模式	具备脉冲触发的开入接口	具备脉冲触发的开入接口	具备脉冲/B码时间输出接口
接线工作量	小	中	中	大
适用站型	常规、智能站	常规站	智能站	常规、智能站

6.3.4 软硬件监测技术对比

以下从监测对象、监测精度、监测安全性及投资成本对软件监测技术和硬件监测技术进行对比，详见表 6-12。

表 6-12　软件监测技术与硬件监测技术的对比

序号	对比内容	软件监测技术		硬件监测技术	
		是否具备	不足	是否具备	不足
1	对时钟装置的监测	监控主机通过NTP等软件方式实现对时钟装置监测	不能有效监测时钟装置输出的时间信号精度	支持对时钟的各种输出信号进行直接监测	需增加两个装置间接线
2	对被授时装置的监测	监控主机通过NTP等软件方式实现对被授时装置的时间同步状态监测	监测精度偏差大（粗精度监测细精度的情况）；监控主机和被授时装置均要进行软件升级；对监控主机正常运行可能存在影响	独立监测，监测精度高；不影响监控主机正常运行；支持多种监测方式：硬接线B码或SOE、GOOSE等方式	采用硬接线方式时需被授时装置支持双向B码接收/发送时间信息
3	有效监测精度	监测精度为10~50 ms	调度主站和厂站网关机间的监测偏差值过大20~200 ms，不易判断装置对时是否正常	对于时钟装置IRIG-B/1PPS信号的监测精度优于1 μs；对被授时装置的监测精度能够达到毫秒级别	监测设备支持的监测方式决定监测精度
4	信息安全	监控主机只能监测安全Ⅰ区内的被授时设备	监控主机不能实现跨区和跨网段的监测	监测模块可实现跨区和跨网段的时间同步监测和管理	跨区和跨网段需增加布线
5	改造成本	不需增加设备和接线，仅需改动监控主机和被授时装置软件	若装置不支持基于软件升级，则需采用SOE方式，需增加布线	需在现有时钟装置上增加监测模块或增加独立的监测装置	成本比现有时钟装置略高

6.3.5 监测技术应用实例

1. 状态信息监测

变电站内授时设备和被授时设备应支持 DL/T860 规约、104 规约等标准规约传送状态信息，变电站内应采用状态信息分级管理的方式，站控层监控主机监测站控层和间隔层被监测设备，间隔层测控装置监测过程层设备的对时状态自检信息，对时状态自检信息上送示意图如图 6-18 所示。

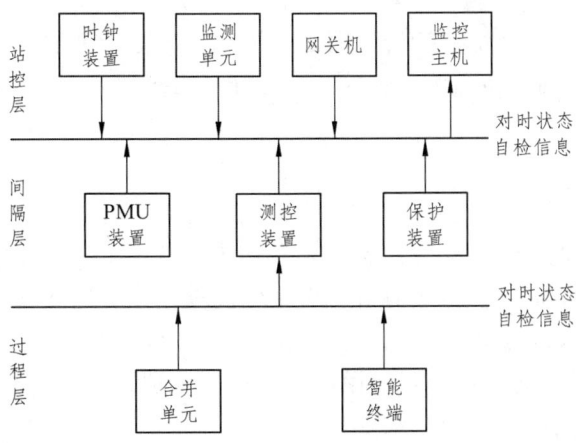

图 6-18 对时状态自检信息上送示意图

2. 对时偏差监测

变电站内由监测单元监测站内被监测设备的对时偏差，对于具有时间信号输出的被监测装置，监测单元采用直接监测的方式，对于站控层和间隔层设备的监测，监测单元可采用基于 NTP 乒乓的监测，即将监测单元接入站控层和间隔层网络中，通过 NTP 乒乓获取被监测设备的对时偏差。变电站对时偏差监测流程如图 6-19 所示。

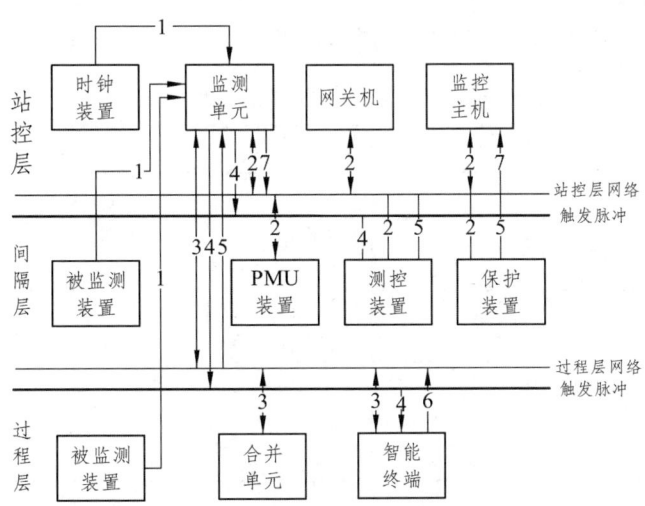

1—被监测装置输出的时间信号；2—NTP 乒乓报文；3—GOOSE 乒乓报文；4—触发遥信变位的脉冲；
5—间隔层设备产生的包含 SOE 信息的 MMS 报文；6—过程层设备产生的 GOOSE 报文；
7—监测单元发出的监测汇总信息。

图 6-19 变电站对时偏差监测流程示意图

6.4 时间同步及监测研究方向

6.4.1 对时和监测接口复用

变电站内授时方式可分为 NTP 授时、IRIG-B 码授时、串口报文授时等，其中过程层设备和间隔层设备大部分采用 IRIG-B 码授时的方式，IRIG-B 码授时可以通过光纤传输，也可以通过 RS485 方式传输。为了实现对被授时设备的时间同步监测，可以采用对时和监测接口复用的技术，此技术无须额外增加接线，而是在原有接线基础上通过光口波分复用实现对光 IRIG-B 码授时装置的时间同步监测，通过电口时分复用实现对电口 IRIG-B 码授时装置的时间同步监测。

6.4.2 光口波分复用

本技术在收发不同波长的情况下，通过波分复用光模块，采取现场原有单纤（单芯）接线方式，在发送光 B 码的同时，也监测对方发来的反馈信息，捕获其上升沿时间准确度及信息解码，以达到监测被授时设备时间精度和工作状态的目的。

以图 6-20 为例，图中的时钟装置使用波分复用光模块，发送波长为 850 nm，接收波长为 1510 nm。

被授时设备使用同样的波分复用光模块，发送波长为 1510 nm，接收波长为 850 nm。两种波长的光纤信号在同一根光纤内同时传输，互不影响。

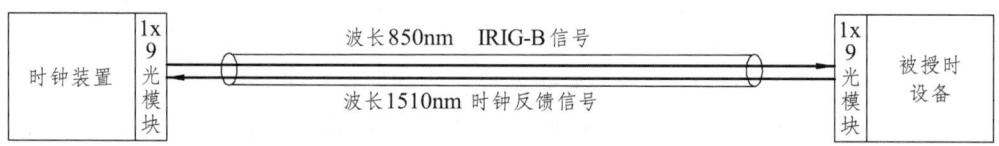

图 6-20 光口波分复用示意图

被授时设备光串口反馈码元信息表如表 6-13 所示。

表 6-13 反馈码元基本定义信息表

码元序号	定 义	说 明
0	Pr	基准码元，用于传输 1 PPS 时间准确度
1	对时信号状态	"0"：外部源信息正常 "1"：链路断|信号无|质量标志无效|校验错
2	对时服务状态	"0"：设备本机对时正常 "1"：设备本机未对时
3	时间跳变侦测状态	"0"：时间连续运行 "1"：侦测到时间跳变（初始化除外）
4～99	备用	备用

1. 改动影响分析

1）时钟装置

（1）授时接口需更换新型的波分复用光模块。

（2）各输出板卡需增加小型 FPGA 芯片，用于接收和处理多通道反馈信息。

（3）由于更换新型光模块和增加 6~10 片小型 FPGA，整机功耗上升约 7 W，部分时钟厂家需改动电源，增加电源功率负载能力。

（4）软件升级，增加监测功能。

2) 被授时装置

（1）对时接口需更换新型的波分复用光模块。

（2）软件升级，增加反馈功能。

2. 优劣势分析

1) 优　点

（1）在现场原有接线上完成授时和监测，无需单独跨网或组网。

（2）完成全部时钟装置和被授时装置的钟差及状态监测，各装置钟差监测精度提升为微秒级。

2) 缺　点

（1）时钟装置和被授时装置需更改硬件对时接口，更换光模块。

（2）时钟装置需更换硬件输出板卡，各板卡增加小型 FPGA。

（3）时钟装置和被授时装置均需软件升级调试。

（4）成本上升。

6.4.3　电口时分复用

6.4.3.1　半 B 码方式时分复用

B 码为 100 个码元，每个码元宽度为 10 ms，且由于 B 码授时内容只占前 75 个码元，因此本方案采取时分复用的方式，将 B 码码元的 76~99 位重新定义为反馈监测码元。因此，在单位秒周期内，时钟在授时传输时仅使用 0~75 位码元，其后停止编码输出，等待对方发送监测信息并解码，完成闭环反馈，也达到监测时间精度和工作状态的目的。

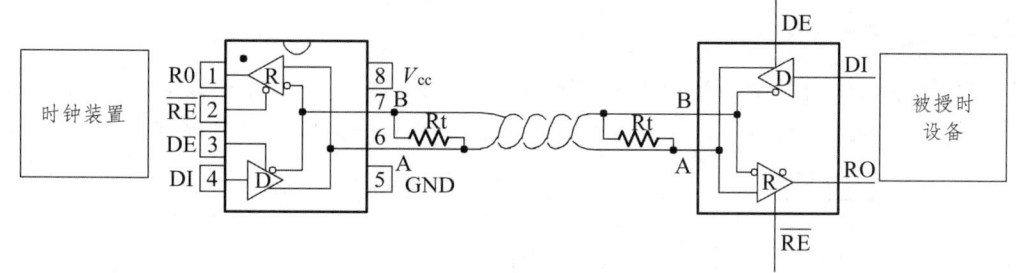

图 6-21　工作示意图

工作流程如下：

（1）首先时钟装置正常进行 B 码授时，在单位秒周期计算发送码元的数目，当数目达到 75，开始控制 485 芯片，将其切换为接收模式。

（2）被授时设备接收码元并对码元同样计数，当数目达到 75 之后控制 485 芯片，将其切换为发送。

（3）被授时设备将反馈信息发送给时钟装置之后，再次将485芯片切换为接收模式，并等待下一秒的接收。

（4）时钟接收反馈B码信息并提交上层软件处理，当下一秒开始时重新将485芯片设置为发送模式，依次循环。

1. 改动影响分析

1）时钟装置

（1）授时接口需更改硬件电路，将485芯片的工作模式由硬件控制改为软件控制。

（2）各输出板卡需增加小型FPGA芯片，用于接收和处理多通道反馈信息。

（3）软件升级，增加监测功能。

2）被授时装置

（1）对时接口需更改硬件电路，将485芯片工作模式由硬件控制改为软件控制。

（2）软件升级，增加反馈功能。

2. 优劣势分析

1）优　点

（1）在现场原有接线上完成授时和监测，无需单独跨网或组网。

（2）完成全部时钟装置和被授时装置的钟差及状态监测，各装置钟差监测精度提升为微秒级。

2）缺　点

（1）时钟装置和被授时装置需更改硬件对时接口，将485芯片工作模式由硬件控制改为软件控制。

（2）时钟装置需更换硬件输出板卡，各板卡增加小型FPGA。

（3）时钟装置和被授时装置均需软件升级调试。

（4）成本上升。

6.4.3.2 收发分时段方式

时钟和被授时设备都采用半双工差分芯片（如 MAX481）。将站内授时与监测时间严格分开，在特定时间点进行授时，在另一个特定时间段进行时间监测。具体如图6-22所示。

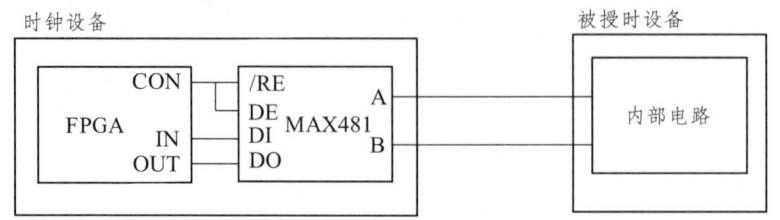

图6-22　半双工工作示意图

在进行授时工作时，时钟设备通过FPGA的CON引脚置高电平，将MAX481设置为输出 IRIG-B 码，被授时设备通过内部类似的电路将自己设置为接收，接收时钟设备发送的 IRIG-B 码，进行时间校对。

在进行监测工作时，时钟设备通过 FPGA 的 CON 引脚置低电平，将 MAX481 设置为输入，被授时设备通过内部类似的电路将自己设置为发送 IRIG-B 码，时钟设备接收到被授时设备发送的 IRIG-B 码，进行时间精度监测。

本方案要求授时时间和监测时间都要有严格约定，时钟设备和被授时设备均按照约定时间点来设置自己是输出还是输入。

时钟设备将监测值汇总，通过内部总线，上送给主 CPU。

1. 改动影响分析

1）时钟装置

（1）时钟设备更改电口 B 码板，将差分单工输出更改为半双工。
（2）时钟设备增加 FPGA 芯片，用于监测输入 B 码的精度偏差。
（3）时钟设备的 CPU 需要增加代码，对接入的多个 B 码测量值进行管理。
（4）小型 FPGA 功耗 0.2 W/片，时钟设备的功耗上升 2 W 以上。

2）被授时装置

（1）所有的被授时设备更改对时接口电路，将单工输入更改为半双工。
（2）所有的被授时设备需要更改电路和软件，具备本地时钟，并且通过自己的本地时钟产生 B 码，在特定时间反馈给时钟装置。

2. 优劣势分析

1）优　　点

（1）在现场原有接线上完成授时和监测，不需单独跨网或组网。
（2）完成全部时钟装置和被授时装置的钟差及状态监测，各装置钟差监测精度提升为微秒级。

2）缺　　点

（1）时钟装置和被授时装置需更改硬件对时接口。
（2）时钟装置需更换硬件输出板卡，各板卡增加小型 FPGA。
（3）时钟装置和被授时装置均需软件升级调试。
（4）成本上升。
（5）授时与监测不能同时进行，在进行监测工作的时候，被授时设备依靠守时维持时间精度，精度的漂移和监测工作进行的时间长短有关。

7 智能变电站测试技术

电网的安全、稳定运行是电网运行的关键指标。一些新技术、新设备将其应用于变电站自动化中,其实时性、可靠性、稳定性和安全性都必须特别关注。因此,对整个智能变电站自动化系统的各项指标进行测试,验证其是否满足实际运行的需求,各项指标是否达到相关的标准是十分必要的。本章主要介绍智能变电站测试技术,内容包含智能变电站监控系统检测、设备检测、通信规约检测以及同步检测。

7.1 智能变电站检测概述

智能变电站是建设坚强智能电网的重要组成部分。智能变电站中设备类型多样,包括智能变电站监控系统、测控装置、故障录波装置、保护测控集成装置、合并单元、智能终端、网络报文分析装置、工业以太网交换机、时间同步系统、相量测量装置、数字电能量表计、电能量远方终端、智能辅助综合监控系统、数据通信网关机等。通过对各种设备进行专业质量检测,可以及时发现设备的质量缺陷,防止有质量问题的设备用于智能变电站建设,更好地保障智能变电站运行。

7.1.1 检测分类

变电站设备的检测分为型式试验、出厂检测、质量抽检和监督检测。

1. **型式试验**

下列情况应进行型式试验:
(1)新产品定型时。
(2)技术、工艺或使用材料有重大改变时。
(3)出厂检测结果与上次型式试验有较大差异时。
(4)上次型式试验有效期满时。
(5)停产后再生产时。

型式试验的样品数量为 1 台,型式试验周期为 4 年。型式试验中出现故障或有一项及以上测试项目不合格时,应在查明故障原因并排除故障后,另送样品检测。再次检测中如又出现故障或有一项及以上不合格,本次型式试验判断产品为不合格。

2. **出厂检测**

对每台产品应进行出厂检测。出厂检测全部项目检测合格则该产品合格。

3. 质量抽检

检测机构对型式试验合格，并形成批量生产的产品进行质量抽检。抽样地点为制造厂仓库或用户仓库。抽检样本 10 台，随机抽取两台进行检测。

4. 监督检测

根据在技术监督中发现的问题，对批量生产的产品进行专项检测。检测项目根据监督检测计划或任务书进行，检测样品为运行中发现问题的产品或制造厂仓库同一批次或同一型号产品。

7.1.2 基本功能性能检测要求

变电站中基本遥测、遥信、遥控量的检验测试系统如图 7-1 所示。

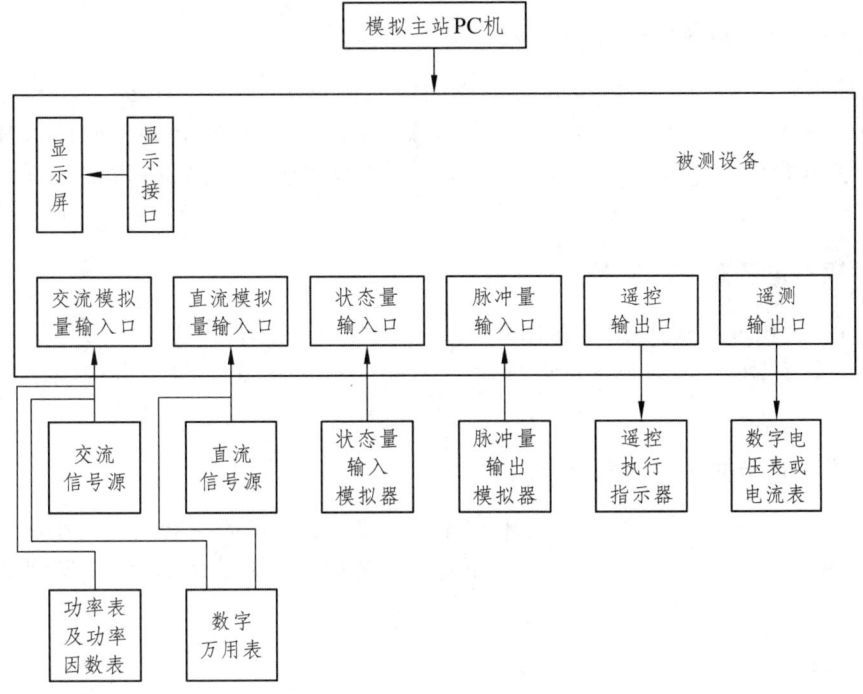

图 7-1 基本遥测、遥信、遥控量的检验测试系统

1. 状态量遥信测试

将状态输入模拟器接入被测设备状态输入回路，加电运行，将状态输入模拟器某一位开关置于合（ON）位置，光电耦合通入电流，在 PC 机显示器上显示该位状态为 0，如将开关置于开（OFF）位置，光电耦合器内电流为 0，在 PC 机显示器上显示该位状态为 1。

2. 模拟量遥测误差测试

1）直流遥测 A/D 误差测试

模拟量输入模拟器接入某一模拟量输入，将数字电压表接在模拟量的输入端，调节模拟量模拟器输出不同电压值，记下数字电压表的读数 V_{in}，并记录 PC 机显示的数值 S_i。A/D 总误差按下式计算：

$$A/D 总误差 = \pm [|S_i/K*2n*(2n-1) - V_{in}/刻度值| 100\%]$$

其中：K 为标度系数，n 为 A/D 转换二进制位数。

当 A/D 转换范围为 $-5 \sim +5$ V 时，满刻度值应为 5 V – (– 5 V) = 10 V。

2）交流工频电量的基本误差测试

保持输入量的频率为 50 Hz，谐波分量为零，依次施加入不同的电压值和不同的电流值。读出标准表计中输入值，记为 V_i、I_i，同时读出主 PC 机显示器上的显示值，记为 V_x、I_x。交流工频电量的基本误差按下式计算：

$$E_x = (X_i - X_x)/AF \times 100\%$$

其中：AF 为额定值。

3. 事件顺序记录站内分辨率

将事件顺序记录模拟器的模拟开关动作间隔时间调整为小于 10 ms，将模拟器的输出和遥信的两个输入相连，主 PC 机上显示出开关量的名称、状态及动作时间，开关动作所显示和记录的时间应符合此模拟开关信号的跳开和合闸顺序正确，分辨率符合小于 10 ms 的要求。

4. 事件顺序记录雪崩处理能力

将至少 16 个开关量接至状态变化模拟器，操作开关，在主 PC 机上显示开关量的名称、状态及动作时间。16 个开关动作时间的状态和顺序正确，即为事件顺序记录的雪崩处理能力。

5. 两次事件记录的处理能力

将事件顺序记录模拟器的输出接至开关量输入端，依次将模拟器调整为小于 100 ms（即开、关的时间间隔），记录主 PC 机记录的开关量的名称、状态及动作时间，即为两次事件记录处理能力。

6. 遥控测试

在主 PC 机上对被测设备进行遥控操作，选择遥控点，并下发遥控命令，被测设备应返回校验信号。

7.2 智能变电站监控系统检测概述

智能变电站站控系统组件主要包括监控主机、操作员工作站、工程师工作站、图形通信网关机、数据通信网关机、综合应用服务器、计划管理终端、智能接口设备等。系统应用功能结构分为三个层次，即数据采集和统一存储、数据消息总线和统一访问接口、五类应用功能。其中，五类应用功能包括运行监视、操作与控制、信息综合分析与智能告警、运行管理、辅助应用。其主要性能要求及指标如表 7-1 所示。

表 7-1 监控系统技术参数表

序号	项目		单位	标准参考值
1	控制执行命令从生成到输出的时间		秒（s）	≤1
2	双机系统可用率		百分比（%）	≥99.9
3	控制操作正确率		百分比（%）	100
4	平均无故障间隔时间		小时（h）	≥20 000
5	各工作站的 CPU 平均负荷率	正常时（任意 30 min 内）	百分比（%）	≤30
5	各工作站的 CPU 平均负荷率	电力系统故障（10 s 内）	百分比（%）	≤50
6	网络平均负荷率	正常时（任意 30 min 内）	百分比（%）	≤20
6	网络平均负荷率	电力系统故障（10 s 内）	百分比（%）	≤40
7	双机自动切换至功能恢复时间		秒（s）	≤30
8	监控主机实时数据库容量	模拟量	点	≥5000
8	监控主机实时数据库容量	状态量	点	≥10 000
8	监控主机实时数据库容量	遥控	点	≥3000
8	监控主机实时数据库容量	计算量	点	≥2000
9	数据服务器数据库容量	模拟量	点	≥5000
9	数据服务器数据库容量	状态量	点	≥15 000
9	数据服务器数据库容量	计算量	点	≥2000
10	历史数据库存储容量	历史曲线采样间隔	分钟（min）	1～30（可调）
10	历史数据库存储容量	历史趋势曲线、日报、月报、年报存储时间	年	≥2
10	历史数据库存储容量	历史趋势曲线数量	条	≥300
11	画面整幅调用响应时间	实时画面	秒（s）	≤1
11	画面整幅调用响应时间	其他画面	秒（s）	≤2
12	画面实时数据刷新周期		秒（s）	≤3

变电站监控系统的检测包括：基本数据检验、二次系统安全防护测试、系统应用功能测试、系统保信子站功能检验、DL/T860 与 DL/T634.5104 规约转换测试、系统基本性能检验、综合应用服务器检验、主机检验、网关机功能测试等。

7.2.1 检测系统环境

变电站设备的检测系统框图如图 7-2 所示，主要由以下设备构成：
（1）网络测试仪 1 台。
（2）电力系统以太网交换机 1 台。
（3）数据通信网关机 1 台。
（4）图形网关机 1 台。

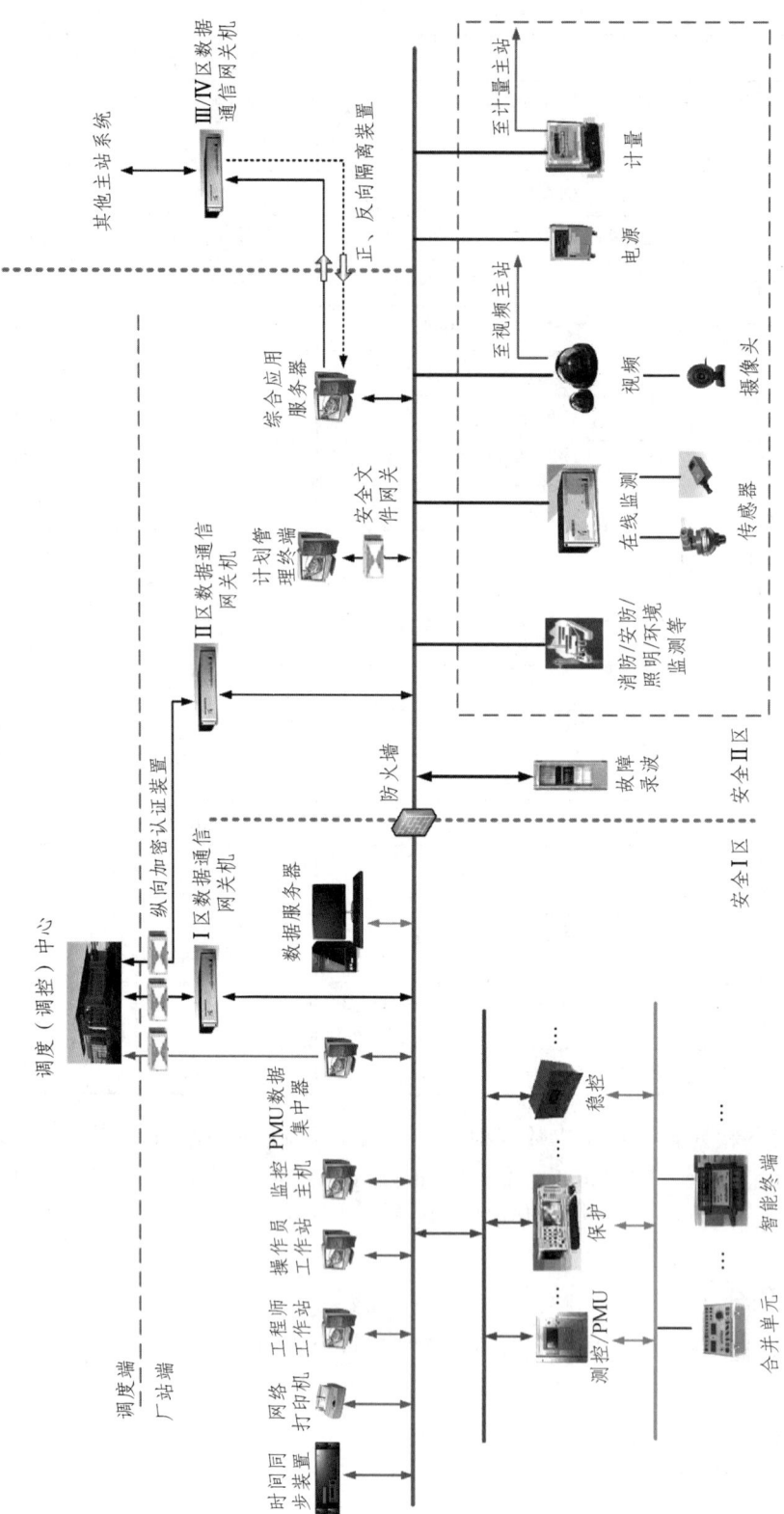

图 7-2 检验测试系统框图

（5）后台主机（包含监控主机、操作员站、工程师站）2台。

（6）综合应用服务器 1 台。

（7）PMU 数据集中器 1 台。

（8）时间同步装置 1 台。

（9）数据服务器 2 台。

（10）测控装置 3 台。

（11）智能组件 4 台。

7.2.2 检测方法

变电站设备的检测方法主要有如下几种：

1. 样品检验

样品检查包括：检查组成系统的各装置外观是否完好无损，出厂检验合格证和说明书是否齐备，产品铭牌和设备装置指示符号是否齐备。

2. 基本数据检验

基本数据检验包括：系统设备检查，阅读设备使用说明、按说明检查对照实物。检查内容如下：

1）系统设备检查

检查项目包括：监控主机、数据服务器、综合应用服务器、网关机、网络、系统配置工具、模型校核工具等装置的产品型号、制造厂名、CPU 速率、内存（MB）、外存（GB）。

2）系统软件配置检查

检查项目包括：系统软件、历史数据库、实时数据库、配置工具的产品名称、产品型号、版本号、宿主机型号。

3. 二次系统安全防护测试

完成样品检查后，按照系统结构描述图搭建系统，检查内容如下：

1）配置清单

检查项目包括：监控主机、数据服务器、综合应用服务器、I 区远动网关机、II 区远动网关机、操作员站、工程师站等设备的数量、型号、宿主机型号、操作系统、历史数据库版本和名称、实时数据库版本和名称、配置工具版本和型号。

2）配置要求

检查项目包括：安全 I 区设备的配置要求、安全 II 区设备的配置要求。

3）功能测试

检查项目包括：安全 I 区与安全 II 区设备之间的通信隔离、智能变电站一体化监控系统与其他主站的信息传输、智能变电站一体化监控系统与远方调度的数据通信。

4. **系统应用功能测试（运行监视）**

1）数据采集

检查项目包括：系统的召唤历史数据，遥信变位优先主动上报，遥测量越过死区上报，SOE分辨率检验，通信信道监视，二次设备工况的监视、统计、报警和管理，故障录波数据的采集，PMU动态数据的实时采集数据，间隔层设备接入。

2）数据处理

检查项目包括：数据计算、历史数据存储、数据服务器主备一致性、实施信息显示。

3）操作与控制

检查项目包括：站内及远方遥控、防误闭锁、顺序控制、智能操作票、无功优化。

4）运行管理

检查项目包括：设备管理、检修管理。

5）信息综合分析与智能告警应用

检查项目包括：数据辨识、智能告警。

6）辅助应用

检查项目包括：辅助应用、设备的接入联动控制。

5. **系统保信子站功能的检验**

1）开关量及软压板信号测试

检查项目包括：子站显示的开关量与软压板状态保护装置事件开关量是否一致，子站能否正确即时的接收开关量变位报告。

2）保护模拟量测试

检查项目包括：子站显示的模拟量与保护装置实际采集值是否一致，自检报告及异常告警事件测试，子站的响应情况。

3）定值读/写测试

检查项目包括：召唤装置定值检验，召唤定值所需时间，装置定值修改是否遵循规则，定值是否修改成功。

4）软压板投退测试

检查项目包括：操作流程是否遵循规则，操作完成后是否与监控系统设置值一致。

5）定值区切换测试

检查项目包括：操作流程是否遵循规则，操作完成后是否与监控系统设置值一致。

6）保护动作测试

检查项目包括：子站能否正确及时显示动作报告、故障报告，保护动作报文上送时间，保护动作报文是否有遗漏，子站能否正确及时接收保护装置主动上送的录波文件。

7）故障录波器的召唤测试

检查项目包括：召唤故障录波器定值，比对子站召唤定值与录波器时间定值是否一致，对一段时间内的录波列表信息进行召唤，测试子站是否正确显示录波文件列表。

6. DL/T860 与 DL/T634.5104 规约转换测试

1）应用功能测试

测试项目包括：遥信、SOE（单点信息 SPS，双点信息 DPS）；遥测量（测量值 MV，向量值 CMV）；遥控（单点控制 SPC，双点控制 DPC）；设点（整数设点 ING；模拟量设点 ASG）。

2）品质描述测试

测试项目包括：遥信、SOE（Quality 中的数据属性测试）；遥测量（Quality 中的数据属性测试）。

7. 系统基本性能检验

1）性能指标检验

检验项目包括：系统响应时间、系统负荷率指标检验、雪崩试验、时间同步精度。
测试设备：标准秒表、SOE 发生器、时间同步测试仪。

2）可靠性检验

检验项目包括：双网切换检验、双机切换检验。

8. 综合应用服务器检验

1）综合应用服务器间隔层二区辅助设备接入检测

检验项目包括：综合服务器人机界面展示，数据处理、运算和存储，图形功能检验，运行参数及状态人工设置功能检验，通道质量监视功能检验，通信规约负测试，控制功能测试。

2）网络负荷测试

测试项目包括：智能 IED 设备与站控层通信端口处理能力，智能 IED 设备与过程层通信端口处理能力，72 h 连续稳定性运行。

9. 主机检验

1）主机与 PMU 集中器接口测试

测试项目包括：通信状态测试，基本性能测试，数据召唤及扰动信息告警功能测试，报文格式测试，连续稳定运行测试。

2）主机保护信息子站功能测试

测试项目包括：开关及软压板信号测试，保护模拟量测试，召唤定值测试，保护动作测试，保护录波数据的自动上送，故障录波器数据的召唤测试，主机顺控功能测试。

10. 网关机功能测试

1）网关机基本通信能力测试

测试项目包括：逻辑运算功能测试，算术运算功能测试。

2）远动信息传输

测试项目包括：I 区网关机传输能力，II 区网关机传输能力。

3）远方操作

测试网关机能否正确接收模拟主站的操作与控制命令。

4）远程浏览服务

测试项目包括：是否采用安全的 WEB 方式实现、是否显示电网潮流、设备状态、历史记录、操作记录、故障综合分析结果。

5）告警信息文本传输测试

测试项目包括：被测网关机是否支持主动上送传输故障分析报告等告警信息文本给主站，被测网关机是否能够正确上送传输故障分析报告等告警信息文本给主站。

6）报文格式测试

测试项目包括：网关机信息传输是否遵循 DL/T634.5104（上行）、DL/T860（下行）。

7）II 区数据通信网关机与综合应用服务器功能测试

测试项目包括：能否正确接收模拟主站控制指令下方的功能检验，状态监测数据信息上送功能检验，辅助应用数据上送功能检验，图形文件等数据信息上送功能检验，历史记录的数据上送功能检验，日志数据上送功能检验。

7.3 智能变电站设备检测概述

智能变电站里的设备类型众多，各种设备的功能和性能指标要求不尽相同，但绝缘性能检验、环境条件影响检验和电磁兼容性能检验在各种设备检测中必不可少。绝缘性能检验检测设备的电气安全性，环境条件影响检验检测设备的工作环境适应性。变电站里有各种高压强流设备，此类设备会对周围环境产生电辐射磁场干扰和电传导干扰，变电站里的设备需要有强抗电磁干扰能力。

7.3.1 绝缘性能检验

对设备的电源输入端和通信接口进行绝缘测试，技术指标如表 7-2 所示。

（1）测试电源输入端、通信接口和告警节点对地的绝缘电阻，要求使用直流 250 V 和 500 V 绝缘电阻表，绝缘电阻大于 20 MΩ。

（2）测试电源输入端、通信接口和告警节点对地的绝缘强度，绝缘强度等级按上表所示。

表 7-2 绝缘性能技术指标

试验项目	电源接口	通信接口	告警接口
绝缘电阻	≥20 MΩ	≥20 MΩ	≥20 MΩ
介质试验	0.5 kV（U<60 V） 2.0 kV（300 V>U>60 V）	0.5 kV	0.5 kV（U<60 V） 2.0 kV（300 V>U>60 V）
冲击电压试验	1.0 kV（U<60 V） 5.0 kV（300 V>U>60 V）	1.0 kV	1.0 kV（U<60 V） 5.0 kV（300 V>U>60 V）

（3）在设备电源输入端对地施加正负极性的冲击电压，重复 3 次。要求冲击后装置能正常工作，无绝缘击穿。冲击电压等级按表 7-3 所示。

（4）将设备置于恒定温度+40 ℃±2 ℃，相对湿度 93%±3% 的环境条件下，测试电源输入端、通信接口和告警节点对地的绝缘电阻，绝缘电阻大于 1.5 MΩ。

7.3.2 环境条件影响检验

对设备的检查受环境条件的影响，主要有以下几个方面。

（1）工作温度高温影响：将设备通电置于高低温湿热箱内，达到高温后，保持 2 h，测试被测设备的性能指标是否仍然满足要求。

（2）工作温度低温影响：将设备通电置于高低温湿热箱内，达到低温后，保持 2 h，测试被测设备的性能指标是否仍然满足要求。

（3）存储温度高温影响：将设备不加电置于高低温湿热箱内，达到高温后，保持 16 h 后取出，在常温下 2 h 后，测试被测设备的性能指标是否仍然满足要求。

（4）存储温度低温影响：将设备不加电置于高低温湿热箱内，达到低温后，保持 16 h 后取出，在常温下 2 h 后，测试被测设备的性能指标是否仍然满足要求。

7.3.3 电磁兼容性能检验

1. 静电放电抗扰度试验

静电放电试验模拟的是人体静电对设备的干扰，如果人体静电施加于变电站设备，可能产生如下后果：直接通过能量交换引起设备内部半导体器件的损坏；放电所引起的电场与磁场变化造成变电站设备的误动作。

通过静电放电抗扰度试验，可以检测被测设备是否会受到静电放电的影响，试验部位和试验等级分别如表 7-3 和表 7-4 所示。

表 7-3 静电试验级别表

试验级别	接触放电	空气放电
1 级	±2.0 kV	±2.0 kV
2 级	±4.0 kV	±4.0 kV
3 级	±6.0 kV	±8.0 kV
4 级	±8.0 kV	±15.0 kV
×	特殊	特殊

注："×"是开放等级，该等级必须在专用设备的规范中加以规定，如果规定了高于表格中的电压，则可能需要专用的试验设备。

表 7-4 静电试验部位

放电方式		施加部位
接触放电	直接放电	操作人员正常使用时接触的点和表面上 准许用户维修时可触及的点和表面上
	间接放电	耦合板上
空气放电	直接放电	操作人员正常使用时接触的点和表面上 准许用户维修时可触及的点和表面上

实验方法：如图 7-3 所示，对受试设备所选放电部位至少施加 10 次正、负极性的单次放电，测试被测设备的性能指标是否仍然满足要求。

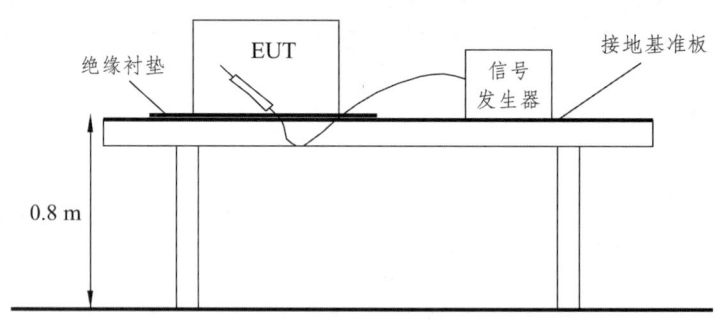

图 7-3 静电试验图

检验结果判断如表 7-5 所示。

表 7-5 电磁兼容试验检验结果

评价等级	评价依据
A	在技术要求限值的性能正常
B	功能或性能暂时降低或丧失，但能自行恢复
C	功能或性能暂时降低或丧失，但要求操作人员干预或系统复位
D	因设备（元件）或软件的损坏或数据的丢失而造成不能自行恢复至正常状态、功能降低或丧失

2. 电快速瞬变脉冲群抗扰度试验

变电站中机械开关对电感性负载的切换会产生线路上的暂态骚扰，以脉冲群形式出现，如果电感性负载多次重复开关，则脉冲群会以相应的时间间隔多次重复出现。这种暂态骚扰能量较小，一般不会引起设备的损坏，但由于其频谱分布宽，所以仍会对变电站电子设备的可靠性产生影响。脉冲群的特点：脉冲成群出现、脉冲的重复频率较高、脉冲波形的上升时间短暂、单个脉冲的能量较低。

电快速瞬变脉冲群抗扰度试验可以检测被测设备性能是否会受到电快速瞬变脉冲群的影响，试验等级如表 7-6 所示。

表 7-6　电快速瞬变脉冲群试验级别

试验级别	在供电电源端口，保护接地（PE）		在 I/O（输入/输出）信号、数据和控制端口	
	电压峰值	重复频率	电压峰值	重复频率
1 级	±0.5 kV	5 kHz	±0.25 kV	5 kHz
2 级	±1.0 kV	5 kHz	±0.5 kV	5 kHz
3 级	±2.0 kV	5 kHz	±1.0 kV	5 kHz
4 级	±4.0 kV	2.5 kHz	±2.0 kV	5 kHz
×	特定	特定	特定	特定

注：（1）开路输出试验电压波动范围为 ±10%，脉冲的重复频率波动范围为 ±20%。
　　（2）"×"是开放等级，在专用设备技术规范中必须对这个级别加以规定。

试验方法如图 7-4 所示。在被测设备测试端口和参考地之间施加电快速瞬变脉冲群干扰信号，测试被测设备的性能指标是否仍然满足要求。

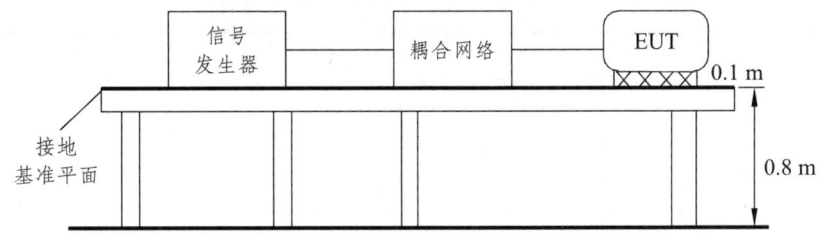

图 7-4　电快速瞬变脉冲群试验图

检验结果判断与静电放电抗扰度试验相同。

3. 浪涌（冲击）抗扰度试验

浪涌抗扰度试验是模拟变电站中浪涌带来的干扰影响。浪涌产生的原因主要有：变电站中操作开关瞬间引起的过电压，变电站被雷电击中产生的过电压。其特点是：作用时间极短，但电压幅度高、瞬态能量大。因为其瞬间能量大，很可能会造成设备内部半导体器件的损坏；放电所引起的电场与磁场变化，也会造成变电站设备的误动作。

通过浪涌抗扰度试验，可以检测被测设备是否会受到浪涌的影响，试验等级如下表所示：

表 7-7　浪涌试验级别

试验级别	共模电压	差模电压
1	±0.5 kV	±0.25 kV
2	±1.0 kV	±0.5 kV
3	±2.0 kV	±1.0 kV
4	±4.0 kV	±2.0 kV

试验方法如图 7-5 所示，在被测设备的输入端口分别施加共模电压和差模电压，测试被测设备的性能指标是否仍然满足要求。

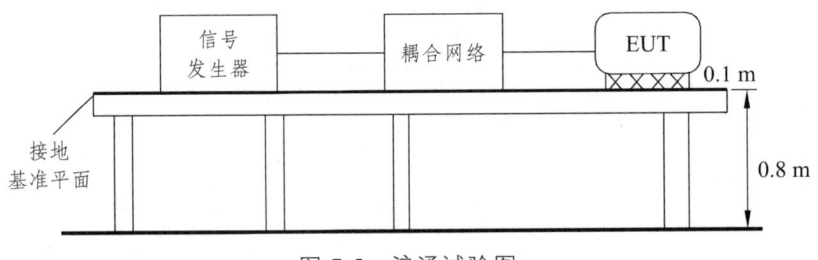

图 7-5 浪涌试验图

检验结果判断与静电放电抗扰度试验相同。

4. 电压暂降、短时中断和电压变化的抗扰度试验

电压暂降、短时中断和电压变化的抗扰度试验模拟的是设备供电电源发生变化带来的影响，要求被测设备有一定的储能能力，在供电电源波动或暂时失能时，仍能正常工作，试验等级如表 7-8 所示。

表 7-8 电压暂降、短时中断试验级别

试验等级（%U_T）	电压暂降和短时中断（%U_T）	持续时间（周期）
0	100	0.5 1 5
40	60	10 25
70	30	50 ×

注：（1）U_T 代表被测设备的额定供电电压。
　　（2）"×"表示一个未定的持续时间，这个时间可以由产品的规范给出。

试验方法如图 7-6 所示，对被测设备的供电电源进行电压暂降或短时中断，测试被测设备的性能指标是否仍然满足要求。

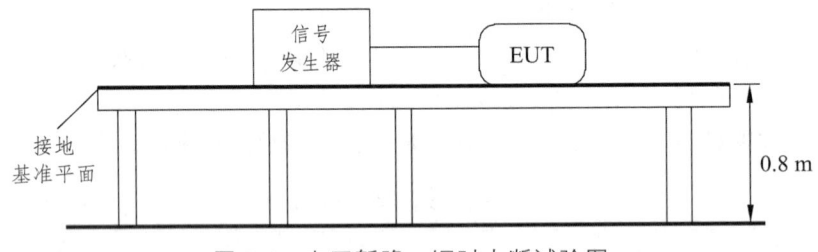

图 7-6 电压暂降、短时中断试验图

检验结果判断与静电放电抗扰度试验相同。

5. 磁场抗扰度试验

变电站内存在多种电磁场，主要包括：工频磁场、射频电磁场、脉冲磁场、阻尼振荡磁场。变电站内的电子设备处于这样的电磁环境内，要求必须具有磁场抗干扰能力，在有电磁干扰的环境中，设备的性能不受影响，工作正常。

磁场抗扰度的试验级别如表 7-9 所示。

表 7-9 工频稳定持续磁场试验级别表

试验级别	磁场强度/（A/m）
1	1
2	3
3	10
4	30
5	100
×	特定

注："×"是开放等级，可在产品规范中给出。

表 7-10 工频短时磁场试验级别表

试验级别	磁场强度/（A/m）
1	—
2	—
3	—
4	300
5	1000
×	特定

注："×"是开放等级，可在产品规范中给出。

表 7-11 80 MHz～1000 MHz 射频电磁场试验级别

试验级别	磁场强度/（V/m）
1	1
2	3
3	10
×	特定

注："×"是开放等级，可在产品规范中给出。

表 7-12 脉冲磁场试验级别表

试验级别	磁场强度/（A/m）（峰值）
1	—
2	—
3	100
4	300
5	1000
×	特定

注："×"是开放等级，可在产品规范中给出。

表 7-13 阻尼振荡磁场试验级别

试验级别	磁场强度 /（A/m）（峰值）
1	—
2	—
3	10
4	30
5	100
×	特定

注："×"是开放等级，可在产品规范中给出。

磁场抗扰度试验的方法是将被测设备放置在模拟电磁环境中，同时检测被测设备的性能指标，检验结果的判定与静电放电抗扰度试验相同。

7.4 智能变电站通信规约检测概述

智能变电站设备之间的通信一般采用 860 规约通信方式，变电站与上级调度站的通信一般采用 104 规约通信。对不同设备的通信规约一致性进行测试，可以保证智能变电站内数据传输的正确性和可靠性。

7.4.1 IEC61850（DL/T860）规约一致性检测方法

1. 文件和版本控制

检查被测设备通信软件、配置文件版本号是否与被测厂家提供的一致性声明文件相符。

2. 配置文件

通过模型检查工具导入被测设备提供的 ICD 文件，检查该 ICD 文件是否符合语法规则，通过 860 测试软件对 ICD 文件进行模型动态对比检查，检验是否与被测设备实际数据、数据类型和服务相符。

3. 特定通信服务映射 SCSM

检查被测厂家提供的协议一致性声明，根据所声明的内容进行相应测试。

4. 数据模型 MICS

通过模型检查工具导入被测设备提供的 ICD 文件，检查该 ICD 文件是否符合语法规则，通过 860 测试软件对 ICD 文件进行模型动态对比检查，检验是否与被测设备实际数据、数据类型和服务相符。

5. 应用关联

通过 860 测试软件客户端软件与被测设备进行互联，考察关联及释放、异常终止、最多链接的客户端等情况。

6. 服务器/逻辑设备/逻辑节点/数据模型

通过 860 测试软件客户端软件与被测设备进行互联后，通过 860 测试软件客户端软件读写被测设备有关服务器/逻辑设备/逻辑节点/数据模型服务的相关数据值。

7. 数据集模型

通过 860 测试软件客户端软件与被测设备进行互联后，通过 860 测试软件客户端软件读写被测设备有关数据集模型的相关数据值，并进行创建、删除有关于永久性和非永久性的数据集的服务。

8. 取代模型

通过 860 测试软件客户端软件与被测设备进行互联后，通过 860 测试软件客户端软件对被测设备进行取代操作。

9. 定值组控制模型

通过 860 测试软件客户端软件与被测设备进行互联后，通过 860 测试软件客户端软件对被测设备进行定值组控制操作。

10. 报告模型

通过 860 测试软件客户端软件与被测设备进行互联后，通过 860 测试软件客户端软件对被测设备进行报告服务操作，其中包括报告有关的使能、触发选项等操作。

11. 日志类模型

通过 860 测试软件客户端软件与被测设备进行互联后，通过 860 测试软件客户端软件对被测设备进行日志类服务操作，其中包括日志有关的使能、触发选项、查询等操作。

12. 通用变电站事件模型

通过 860 测试软件客户端软件与被测设备进行互联后，通过 860 测试软件客户端软件对被测设备进行 GOOSE 控制块的触发，或通过被测设备的自发 GOOSE 报文检测该报文的完整性、连续性。

13. 采样值模型的传输

通过 860 测试软件客户端软件与被测设备（其已接入三相标准交流源）进行互联后，通过 860 测试软件客户端软件对被测设备进行采样值控制块的触发，或通过被测设备的自发采样值报文检测该报文的完整性、连续性、有效性。

14. 控制模型

通过 860 测试软件客户端软件与被测设备进行互联后，通过 860 测试软件客户端软件对被测设备进行遥控操作。

15. 时间和时间同步模型

通过 860 测试软件客户端软件包含的时间服务器与被测设备（其装置为网络对时机制）对时，通过标准时钟源与被测设备进行对时。

16. 文件传输模型

通过 860 测试软件客户端软件与被测设备互联，通过 860 测试软件客户端软件与被测 IED 设备进行文件传输模型读文件、写文件、文件修改等测试。

17. 组合模型

通过 860 测试软件客户端软件与被测设备互联，通过 860 测试软件客户端软件将被测设备全部通信功能开启，查看被测 IED 设备的运行情况。

7.4.2 IEC104 规约一致性检测方法

1. 物理接口正确性测试

检验被测设备的物理通信接口的构成。

2. 链路层正确性测试

在模拟主站的软件中配置好相应的链路测试模式、速率、链路地址，与被测远动设备通信，分别发送各种链路通信服务报文，检验被测远动设备通信状态及响应的数据。

3. 帧格式正确性测试

在模拟主站软件与被测远动设备通信的过程中，利用模拟主站软件的报文记录功能，将记录的报文作帧格式判断（模拟软件也可自动判断），判断帧的起始标志、控制域、地址域、数据区域、校验码等信息的格式。

4. 初始化过程测试

在模拟主站软件与被测远动设备通信过程中，分别将被测远动设备进行本地初始化和远方初始化，检验链路通信过程和应用层的报文响应。

5. 应用功能测试

对规约中所具备的系统命令进行测试，检验时钟同步、测试命令、站召唤、召唤电度等，以及相关的传送原因。

6. 遥测数据正确性测试

将模拟量模拟器与被测设备模拟输入通道连接好，在模拟器上改变模拟量输出值（稳定值），应在模拟主站计算机上显示出相应的数据，该数据应与模拟器输出端的数字表读数（经工程量换算后）相符，且所传模拟量数据类型应符合传输规约的要求。

7. 遥信数据正确性测试

将 SOE 脉冲计数测试仪与被测设备开关量输入通道连接好，在 SOE 脉冲计数测试仪上改变数字量输出值，应在模拟主站计算机上显示出相应的遥信数据（分不带时标和带时标两类），该数据应与 SOE 脉冲计数测试仪输出的数据相符，且所传开关量数据类型应符合传输规约的要求。

8. 遥控正确性测试

测试子站的遥控过程：在模拟主站计算机上，向被测设备发送遥控选择命令、遥控执行命令、遥控撤销命令，检验被测设备上的相应的遥控输出继电器是否正确动作，且所传遥控数据类型应符合传输规约的要求。

测试主站的遥控过程：在模拟子站计算机上，接收被测主站发送的遥控选择命令、遥控执行命令、遥控撤销命令，检验被测主站发送的命令报文格式是否正确，且所传遥控数据类型应符合传输规约的要求。

9. **遥调数据正确性测试**

在模拟主站计算机上，向被测设备发送遥调命令，检验被测设备上相应的遥调输出是否正确，且所传遥调数据类型应符合传输规约的要求。

10. **对时准确性测试**

在模拟主站计算机上，向被测设备发送通道延时测试命令和时钟同步命令，检验被测设备上的通道延时测试命令、时钟同步命令是否正确响应。

11. **参数设置测试**

在模拟主站计算机上，向被测设备发送参数设置命令，检验被测设备上的相应的参数区域数据是否正确，且检验参数数据类型是否符合传输规约的要求。

7.5 智能变电站时间同步检测

在智能变电站内分散在不同地点的变电站一体化监控系统及设备记录的数据带有时间标记，全站采用统一且准确的时间标记，才能准确描述电力系统的事件顺序和发展过程，才能在发生电网事故后准确分析事故原因。因此，统一精确的时间是保证电力系统安全运行、提高运行水平的一个重要措施。

对变电站内的时间同步系统进行检测，电路连接如图 7-7 所示。

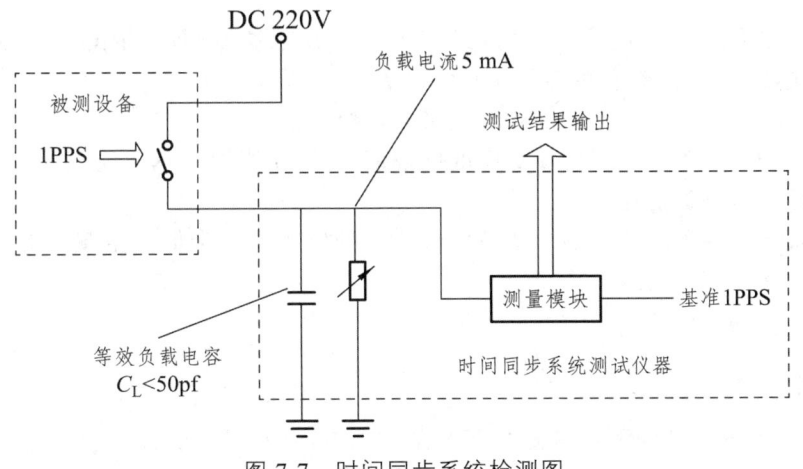

图 7-7 时间同步系统检测图

主要检测方法如下。

1. **输出信号测试**

1）上升沿时间

被测装置与天线连接，同步状态指示有效以后，用示波器测量对应的信号，记录上升沿时延测量数值。

要求：

（1）TTL 接口上升时间<0.1 μs。

（2）空接点接口上升时间<1 μs。

2）时间准确度

被测装置与天线连接（见图7-8），同步状态指示有效以后，用时钟同步系统测试仪测量对应的信号，记录时间准确度测量数值。

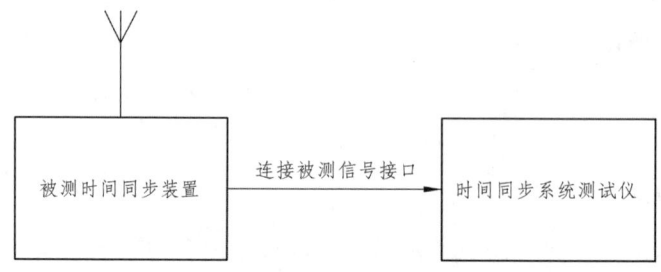

图7-8 时间准确度检测图

要求：

（1）TTL电平接口<1 μs。

（2）空接点接口<3 μs。

（3）RS485/422接口<1 μs。

（4）光纤接口<1 μs。

（5）IRIG-B（AC）<20 μs。

3）IRIG-B（AC）调制方式测试

被测装置与天线连接，同步状态指示有效以后，用示波器测量IRIG-B（AC）信号，记录波形频率测量数值。要求：频率准确度<1 kHz。

用示波器测量IRIG-B（AC）信号，记录波形峰峰值。

要求电压为3～12 V（含逻辑0对应的低幅值），推荐值为10 V。调制比应为3:1～6:1之间（高幅值与低幅值之比）。

用1000 Ω电位器连接输出端，调节电位器，使输出幅值降低到空载时的一半。断开电位器，测量电位器阻值并记录。

2. IRIG-B码测试

1）码元正确性测试

用时钟同步系统测试仪测量被测装置输出的IRIG-B信号，记录测试仪捕捉到的原始编码值和分析结果。

2）时间质量位测试

用时钟同步系统测试仪测量被测装置输出的IRIG-B信号，记录测试仪捕捉到的原始编码值和分析结果，时间质量位内容应该变为无效。

3）编码否定测试

用时钟同步系统测试仪IRIG-B输出模拟以下几种特殊状态：校验位错误、SBS秒错误、时间质量、时间偏移、闰秒、夏时制。用时钟同步系统测试仪测量被测装置输出的IRIG-B信号，记录分析结果。

要求：

校验位错误，被测时钟状态指示应该报错；

SBS 秒错误，被测时钟状态指示应该报错；

时间质量位变化，被测时钟输出应跟随；

时间偏移位变化，被测时钟输出应跟随；

模拟闰秒调整，被测时钟应正确预告，并正确跳秒；

模拟夏时制调整，被测时钟应正确预告，并正确调整。

（4）串行通讯对时报文测试

用时钟同步系统测试仪测量被测装置输出的串口报文信号，记录测试仪捕捉到的原始编码值和分析结果。要求报文起始位跳变沿时间准确度<10 ms。

3. **网络对时准确度测试**

1）NTP 服务器

用时钟同步系统测试仪连接被测装置输出的 NTP 接口，设置网络 IP 地址，启动测试，记录测试仪的分析结果。要求：NTP 对时服务有效；时标误差<10 ms。

2）PTP 服务器

用时钟同步系统测试仪测量被测装置输出的 PTP 对时信号，记录测试仪的分析结果。要求 PTP 对时服务有效。

4. **从时钟传输延时补偿准确度测试**

在被测装置整定延时补偿值后，用时钟同步系统测试仪测量对应接口的信号，记录时间准确度数据。

技术指标要求：[(测量到的时间准确度 − 基本误差) − 整定值]<1 μs。

5. **捕获时间测试**

1）冷启动

被测装置与天线连接，断电 5 min 以上再给被测装置上电，记录上电时间，用时钟同步系统测试仪测量对应接口的信号，记录装置初次输出信号的时间。

技术指标要求：冷启动捕获时间=（上电时间 − 初次输出信号时间）< 20 min；且该过程中无错误信号输出。

2）热启动

被测装置断开天线连接 1 min 后，重新连接天线，记录连接时间，用时钟同步系统测试仪测量对应接口的信号，记录装置输出信号变为有效的时间。

技术指标：冷启动捕获时间=（上电时间 − 初次输出信号时间）< 2 min；且该过程中无错误信号输出。

6. **短期守时能力测试**

被测装置与天线连接，从上电开机至达到标称守时精度的时间为预热时间，到达预热时间后立即断开外部时间源，使被测时钟装置进入守时状态，用时钟同步系统测试仪测量对应接口的信号，失步 12 h 时记录装置输出信号的时间准确度。

技术指标：预热应< 2 h，守时能力应优于 1 μs/h。

8 典型二次系统设备举例

变电站二次系统包括二次设备、二次回路以及操作电源等多个部分，涵盖范围很广。典型的变电站二次设备一般包括监控主机与后台、远动装置、测控装置、继电保护与安全自动装置、计量终端、电能量采集装置、PMU（相量测量装置）、一次设备状态监测装置、时钟、交换机设备等。智能变电站二次系统越来越向综合自动化的方向发展。

8.1 变电站二次系统体系结构

智能变电站采用 IEC61850 标准，将变电站一、二次系统设备按照功能分为过程层、间隔层、站控层 3 层。过程层包括合并单元、智能终端（操作箱）。间隔层包括保护装置、测控装置、电度表、故障录波器、网络分析仪、备自投、稳控、PMU 等，实现一个间隔的数据并且作用于该间隔的一次设备。站控层包括监控主机、操作员主机、五防主机、远动装置、保信子站等，实现面向全站设备的监视、控制、告警及信息交互功能。

变电站网络由站控层网络、间隔层网络、过程层网络组成，智能变电站在逻辑上由三层设备及站控层网络、过程层网络组成。站控层网络和过程层网络物理上相互独立。站控层网络是间隔层设备和站控层设备之间的网络，实现站控层内部以及站控层与间隔层之间的数据传输；间隔层网络用于间隔层设备之间的通信，与站控层网络相连；过程层网络是间隔层设备和过程层设备之间的网络，实现间隔层设备与过程层设备之间的数据传输。全站的通信网络应采用高速工业以太网组成，传输带宽应大于或等于 100 Mb/s，部分中心交换机之间的连接宜采用 1000 Mb/s 数据端口互联。

站控层网络采用星型结构，网络设备包括站控层交换机和间隔交换机。站控层中心交换机连接数据通信网关机、监控主机、综合应用服务器、数据服务器等设备。间隔层交换机连接间隔内的保护、测控和其他智能电子设备，用于间隔内信息交换。站控层和间隔层之间的网络通信协议采用 MMS，网络可通过划分虚拟局域网（VLAN）分隔成不同的逻辑网段。

过程层网络包括用于间隔层和过程层设备之间的状态与控制数据交换的 GOOSE 网和用于采样值传输的 SV 网。GOOSE 网一般按电压等级配置，采用星形结构，220 kV 以上电压等级应采用双网，采用 100 Mb/s 或更高速度的工业以太网。保护装置与本间隔的智能终端设备之间采用 GOOSE 点对点通信方式。SV 网按电压等级配置，采用星形结构，100 Mb/s 或更高速度的工业以太网，保护装置以点对点方式接入 SV 数据网。

8.2 智能变电站监控系统

8.2.1 系统结构

智能变电站的监控系统通过系统集成和信息共享，实现电网和设备运行信息、状态监测信息、辅助设备监测信息、计量信息等变电站信息的统一接入、统一存储和统一管理，实现智能变电站运行监视、操作与控制，综合信息分析与智能告警、运行管理和辅助应用等功能，并为调度、生产等主站系统提供统一的变电站操作和访问服务。智能变电站监控系统广义上可理解为智能变电站自动化系统，狭义上理解为智能变电站自动化系统的站控层。

220 kV 及以上电压等级智能变电站一体化监控系统结构如图 8-3 所示，110 kV（66 kV）智能变电站一体化监控系统结构如图 8-4 所示。

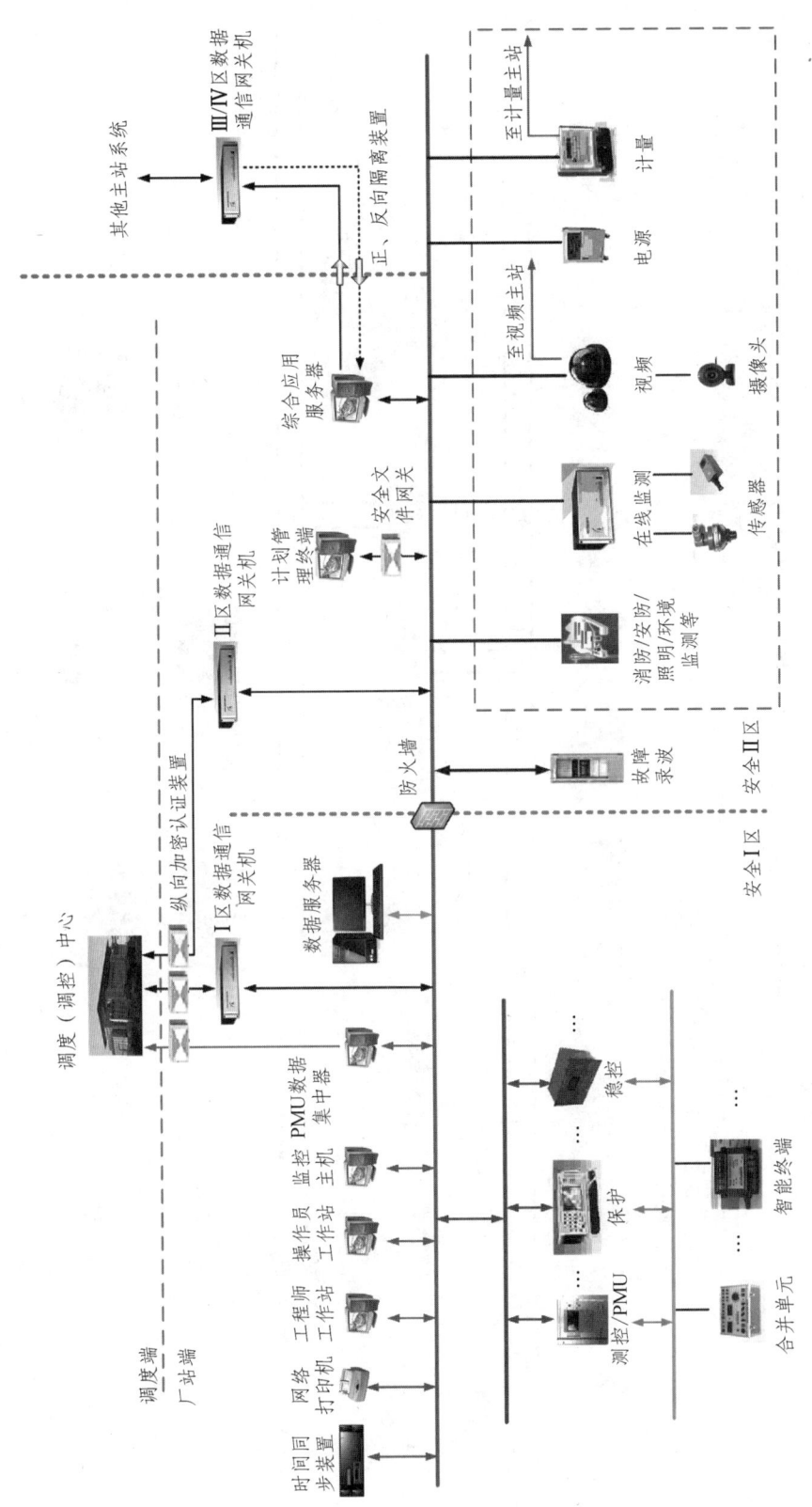

图 8-1 智能变电站二次系统架构示意图

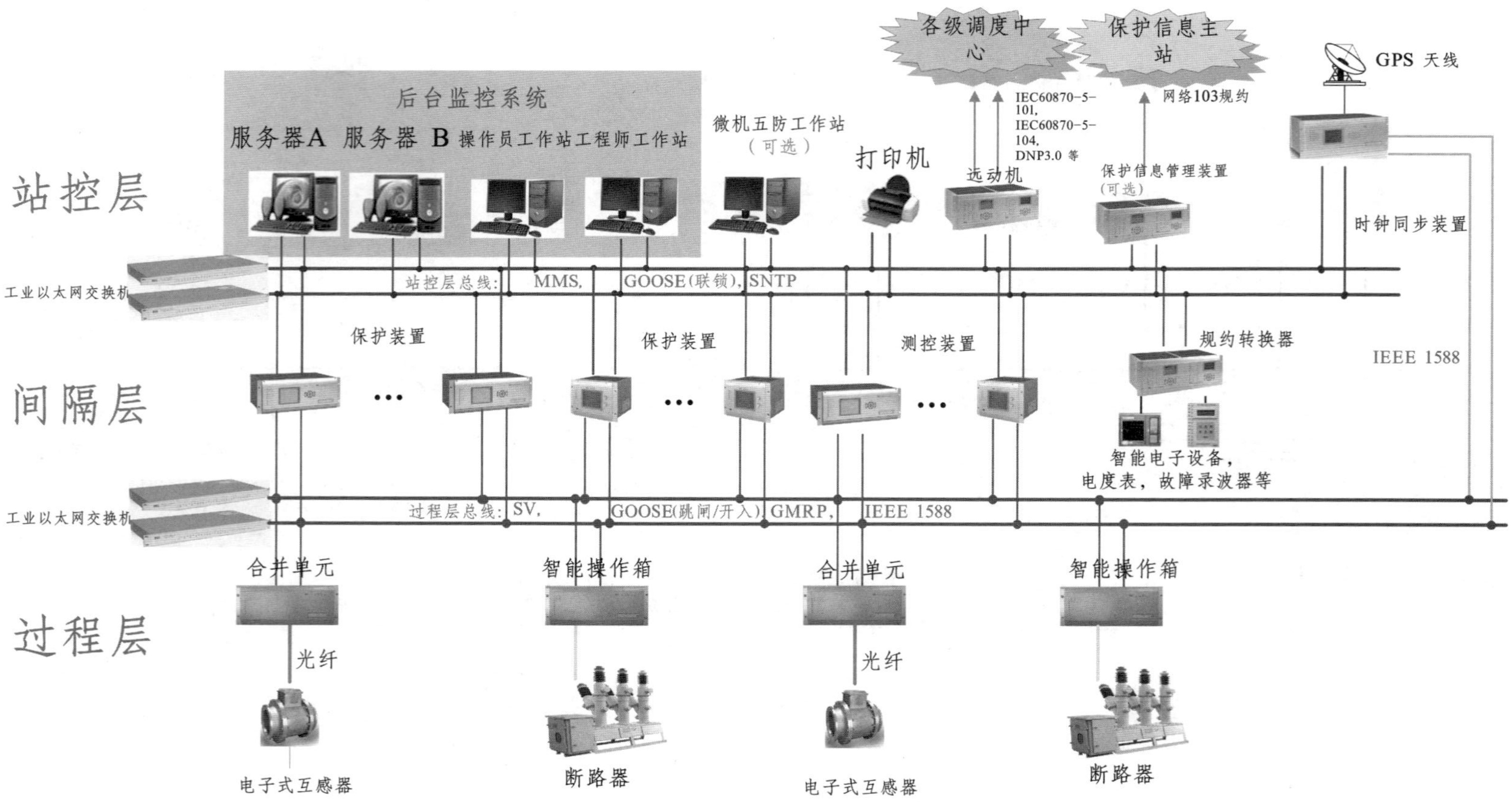

图 8-2 智能变电站的典型配置图

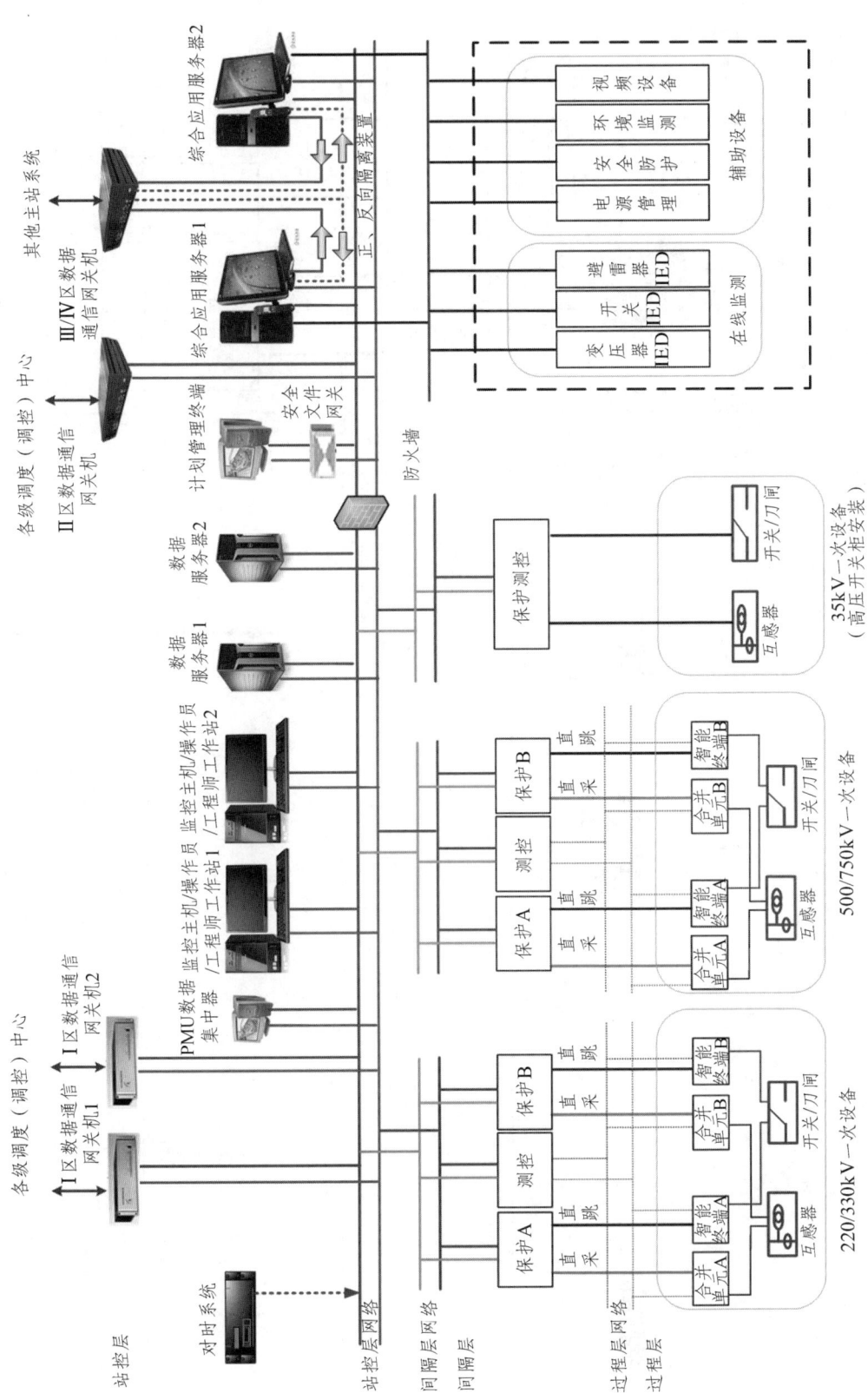

图 8-3 220kV 及以上电压等级智能变电站一体化监控系统结构示意图

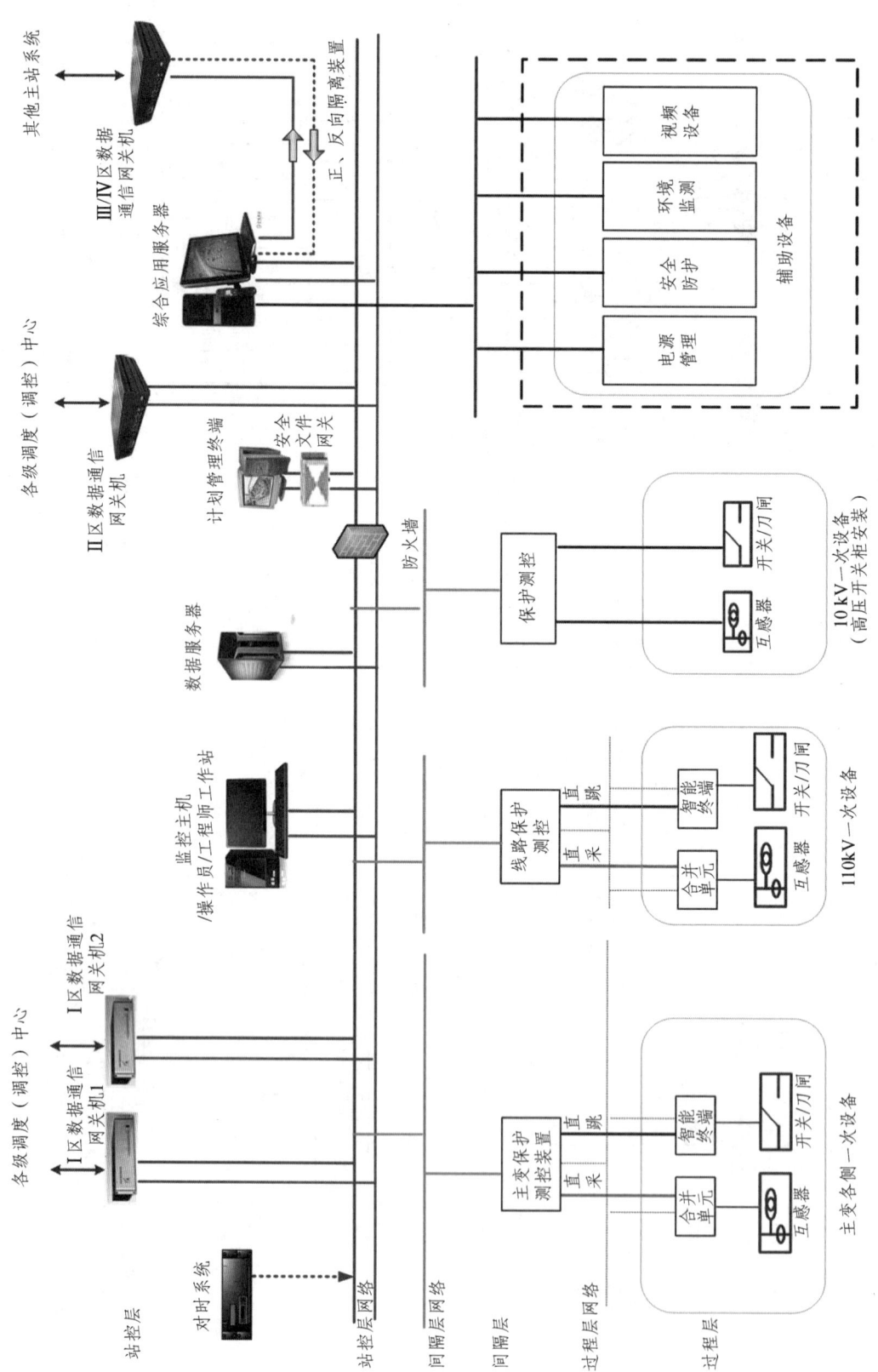

图 8-4 110 kV（66 kV）电压等级智能变电站一体化监控系统结构示意图

8.2.2 功能结构

智能变电站一体化监控系统的应用功能结构如图 8-5 所示，分为三个层次：数据采集和统一存储、数据消息总线和统一访问接口、五类应用功能。

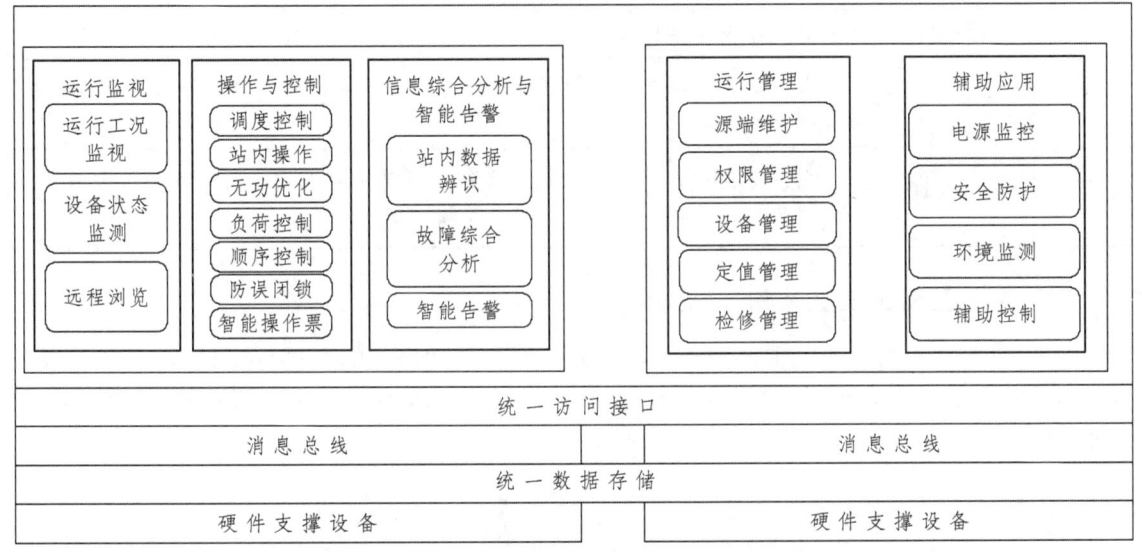

图 8-5 智能变电站一体化监控系统应用功能结构示意图

五类应用功能包括：运行监视、操作与控制、信息综合分析与智能告警、运行管理、辅助应用。

8.3 测控装置

测控装置是变电站的核心设备，主要完成变电站一次系统电压、电流、功率、频率等各种电气参数测量（遥测），一、二次设备状态信号采集（遥信）；接受调度主站或变电站监控系统操作员工作站下发的断路器、隔离开关、变电站分接头等设备的遥控命令（遥控、遥调），并通过联闭锁等逻辑控制手段保障操作的安全性，同时还要完成数据处理分析、生成事件记录功能。

测控装置位于二次系统三层结构的间隔层，一般用在 110 kV 以上间隔，这类间隔包括：主变（高、中、低压）间隔、110 kV 出线间隔、220 kV 出线间隔、500 kV 出线间隔、母联间隔、旁路间隔、小间间隔、整个变电站间隔（指一个站内公共部分）等，和保护装置一起完成具体间隔的信号采集、测量、控制功能。

目前，智能变电站的测控装置均采用按一次设备间隔配置的方式。根据监测对象的不同，测控装置主要分为线路或断路器测控、母线测控、主变测控、公用测控等类型，不同类型的测控装置功能配置如表 8-1 所示。

表 8-1 测控装置功能分配

序号	类型	功能配置
1	线路测控	主要用于变电站线路或断路器单元的测量与控制，采集线路电压、电流、频率、功率等电气量，实现间隔内的断路器、刀闸等一次设备的控制
2	母线测控	主要用于变电站内母线电压的采集和母线刀闸设备的控制
3	主变测控	主要用于变电站内变压器间隔的电气参量采集，实现变压器档位调节控制，并实现变压器温度等非电气量的监测
4	公用测控	主要用于集中采集站内的辅助系统状态量信号以及二次设备的告警信号，有时也兼顾站内所用变的运行状态监测和控制

8.3.1 典型测控装置举例

PCS-9705 系列测控装置主要用于变电站间隔层数据和信号的测量与控制。该系列装置采用了面向对象的设计思想，具有统一的软件和硬件平台。其前面板和后面板示图如图 8-6 和图 8-7 所示。

图 8-6 装置前面板图

1. 前面板

面板左侧共有 20 个 LED 指示灯，分为两列（从上到下编号依次为 LED01～LED20）。

1）LED01

颜色：绿色；标签：运行。

装置上电启动后，处于正常运行状态，"运行"灯应始终处于点亮状态。只有发生严重故障时（如芯片损坏，定值校验错误等），"运行"指示灯才会熄灭，装置被闭锁。

2）LED02

颜色：黄色；标签：报警。

装置上电启动后，正常运行状态，"报警"指示灯应不亮。当装置发出报警信号时，该信号指示灯被点亮，当异常情况消失后，该信号灯自动熄灭。

3）LED03

颜色：黄色；标签：检修。

装置"置检修"投入时，"检修"指示灯亮，表明装置目前处于检修状态。"置检修"退出后，该信号灯熄灭。

4）LED04~LED20

颜色：绿色/黄色/红色；标签：自定义。

5）LED04~LED20

这一组 LED 为备用信号指示灯，可以由用户自定义灯的颜色，并选择需要关联的信号。

2. 后面板

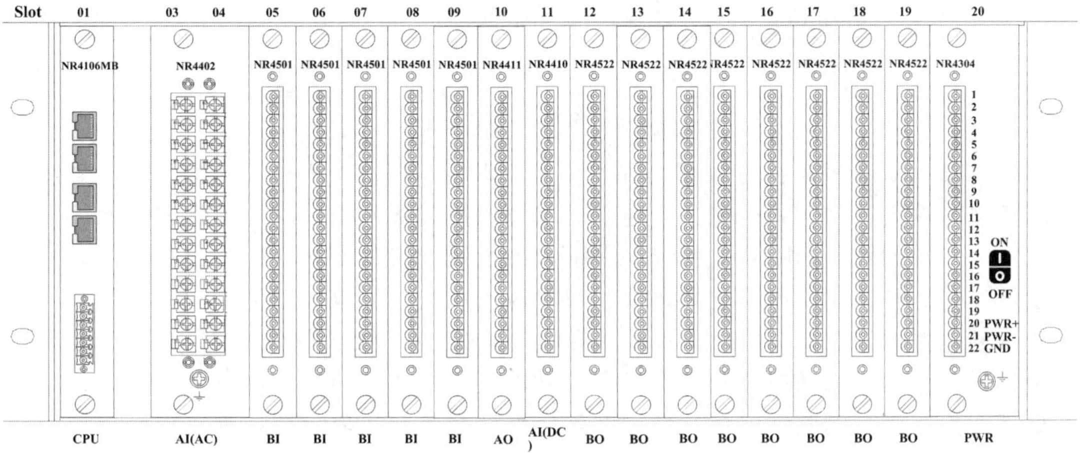

图 8-7 装置后面板图

装置由电源模块、CPU 模块、交流模拟量模块、光耦开入模块和跳闸输出模块组成。

目前智能变电站用途最广的是多功能测控装置（Multi-functional Measurement and Control Device）。它是厂站计算机监控系统信息采集、数据处理及控制单元，遵循 DL/T 860 标准，支持模拟量采集、数字量采集、模型导入、模型导出，具备遥测、遥信、遥控、遥调、电能质量在线监测与分析、设备状态监测等功能的 IED 设备。

8.3.2 保护测控集成装置

保护测控集成装置是将保护、测量控制等功能集于一体的装置。装置在为应用对象提供继电保护功能的同时，还能为正常运行提供必要的测量、监控和控制功能。集成后的装置保护模块和测控模块应按功能配置单独板卡，独立运行。图 8-8 所示为一典型的保测一体的装置。

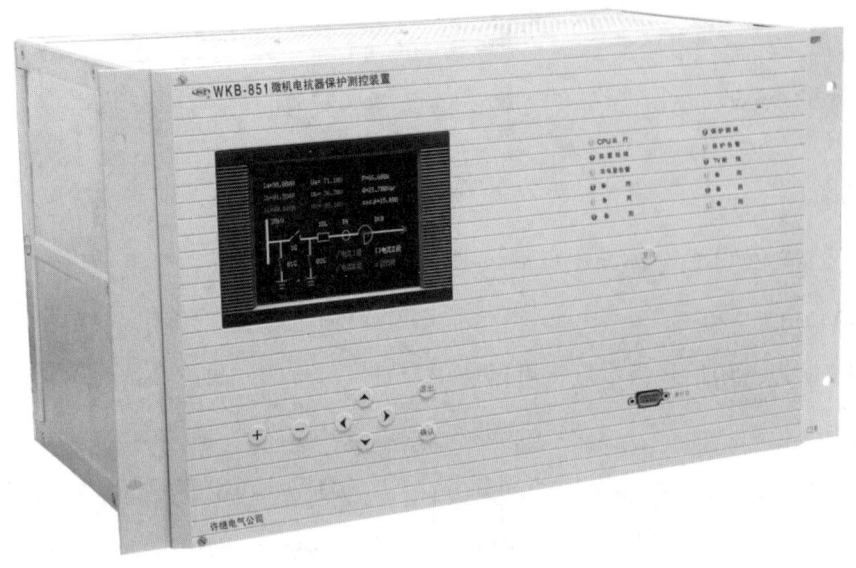

图 8-8 保测一体化装置

2009 年 5 月，国家电网有限公司提出了建设以特高压电网为骨干网架、各级电网协调发展的坚强电网为基础，利用先进的通信、信息和控制技术构建以信息化、自动化、互动化为特征的自主创新、国际领先的统一坚强智能电网的战略发展目标。这对变电站的发展提出了信息化、自动化、互动化的要求，对相应的测控装置也提出了新的发展要求。测控可以充分利用资源高度共享的优势往集成化的方向发展，测控装置必须达到以下要求：具有多个不同用途的以太网通信接口；具备与光电互感器和智能开关设备数字接口和大流量数据处理能力；统一的硬件平台；良好的互操作性；具有间隔录波和事故简报功能；具有功能强大、方便易用的配套工具，以此来适应现代技术水平的通信体系，实现完全的互操作、体系向下兼容；基于现代技术水平的标准信息和通信技术平台，通过标准化数据交换接口实现开放式系统。

8.4 继电保护装置

智能变电站继电保护应具有可靠性、选择性、灵敏性、迅速性等，在设计时主要遵循以下原则：

（1）直采直跳原则。

（2）220 kV 以上电压等级双重化原则：相互独立、一一对应。

（3）非电量就地电缆支架跳闸。

（4）接入不同网络的数据接口独立原则。

（5）简化压板设置原则。

（6）优化集成及取消功能重复元件原则。

（7）一体化设计原则。

智能变电站继电保护装置分为过程层继电保护与间隔层继电保护。

8.4.1 过程层继电保护

1. 线路保护

智能变电站继电保护需要与整个变电站运行状态监测联系在一起，然后以间隔来确定单套配置。其中，智能变电站过程层线路保护一般选择用线路纵联保护装置进行保护，包括纵联差动保护与纵联距离保护两种方式。线路纵联保护为线路主保护部分，过程层线路后备保护部分设置在变电站层集中式保护装置中。

● 典型设备举例

WXH-802A 系列是全面支持新一代智能变电站的继电保护装置，依据《线路保护及辅助装置标准化设计规范》（Q/GDW 1161—2014），遵循功能配置、回路设计、端子排布置、接口标准、屏柜压板、保护定值（报告格式）的六部分统一原则。同时满足国网公司《智能变电站继电保护技术规范》（Q/GDW 441—2013）等标准的技术规范要求。所有保护装置按照《工程继电保护应用模型》（Q/GDW 1396—2013 IEC61850）进行保护逻辑建模。

WXH-802A 线路保护装置主保护为纵联距离保护和纵联零序方向保护，后备保护为三段式相间距离及接地距离保护、两段式零序过流保护、自动重合闸功能，适用于 220 kV 及以上电压等级线路。

表 8-2 WXH-802A 系列保护具体配置

产品型号	保护类型	功能配置		功能说明
WXH-802A	主保护	纵联距离保护 纵联零序保护		2M 双光纤通道
	后备保护	快速距离保护 三段式相间距离保护 三段式接地距离保护 两段式零序过流保护 重合闸		选配功能 K（3/2 接线）时，取消重合闸功能
	选配功能	零序反时限过流保护	R	选配功能可按选配功能的代码组合 选配功能 K（3/2 接线）时，取消三相不一致功能
		三相不一致保护	P	
		过流过负荷功能	L	
		电铁、钢厂等冲击性负荷	D	
		过电压及远方跳闸保护	Y	
		3/2 接线	K	

装置的前面板布置如图 8-9 所示。

保护装置前面板上包含 7 个信号灯。正常运行时 CPU 运行灯亮，重合允许灯亮，其他灯灭。具体灯的颜色、含义及点亮条件如表 8-3 所示。

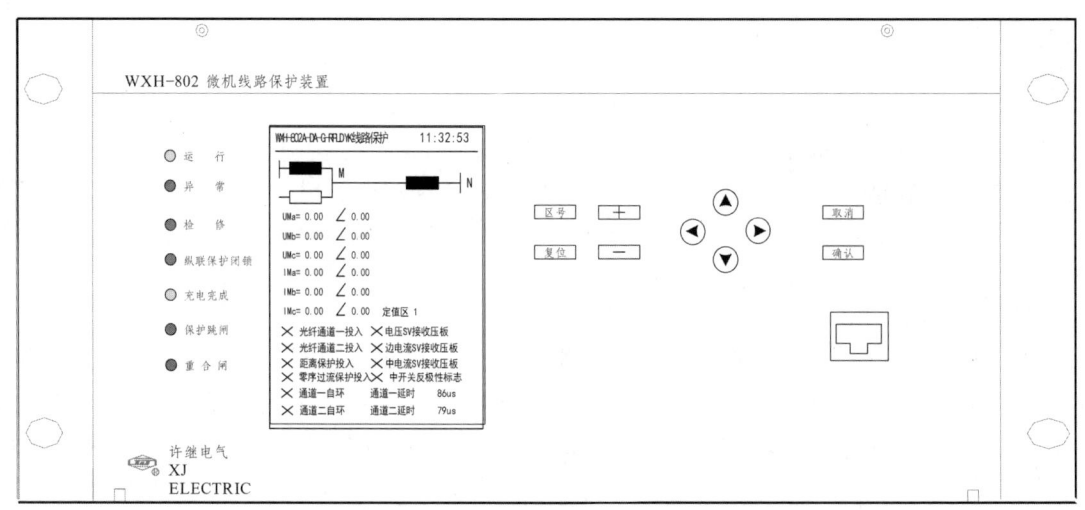

图 8-9 WXH-802A 系列装置的前面板布置图

表 8-3 WXH-802A 系列装置面板信号灯定义

名　称	颜色	含　义	点亮条件	对保护影响
运　行	绿	监视保护 CPU 的运行情况	正常运行时点亮,装置故障后熄灭;装置故障信息如程序自检错,FLASH 出错,定值自检错等	常亮:正常运行 熄灭:装置故障
异　常	红	指示装置有异常情况发生	装置软硬件告警信息,如程序自检错、FLASH 出错、定值自检错等;装置逻辑自检告警信息,如 CT 异常、CT 反序、PT 反序等	熄灭:正常运行; 点亮:部分闭锁保护
检　修	红	指示装置工作状态	投入检修压板后点亮	熄灭:正常运行; 点亮:保护处于检修状态
纵联保护闭锁	红	指示纵联保护工作状态	本侧纵联保护整定投入情况下被闭锁	熄灭:正常运行; 点亮:纵联保护被闭锁
充电完成	绿	指示重合闸充电状态	重合闸充电完成后点亮	熄灭:重合闸放电; 点亮:重合闸充满电
保护跳闸	红	指示保护装置跳闸出口	当保护装置跳闸出口时点亮	熄灭:正常运行; 点亮:线路发生故障
重合闸	红	指示保护装置重合出口	当保护重合闸动作时点亮	熄灭:正常运行; 点亮:重合闸动作

保护装置的后面板如图 8-10 所示。其中:6# 为过程层接口 NPI 插件、7# 为光 B 码对时插件(可选)、8# 为保护 CPU 插件(含光纤接口模块)、9# 为开关量插件、A# 为站控层及人机 MMI 接口插件、B# 为稳压电源插件,其余为备用插件。

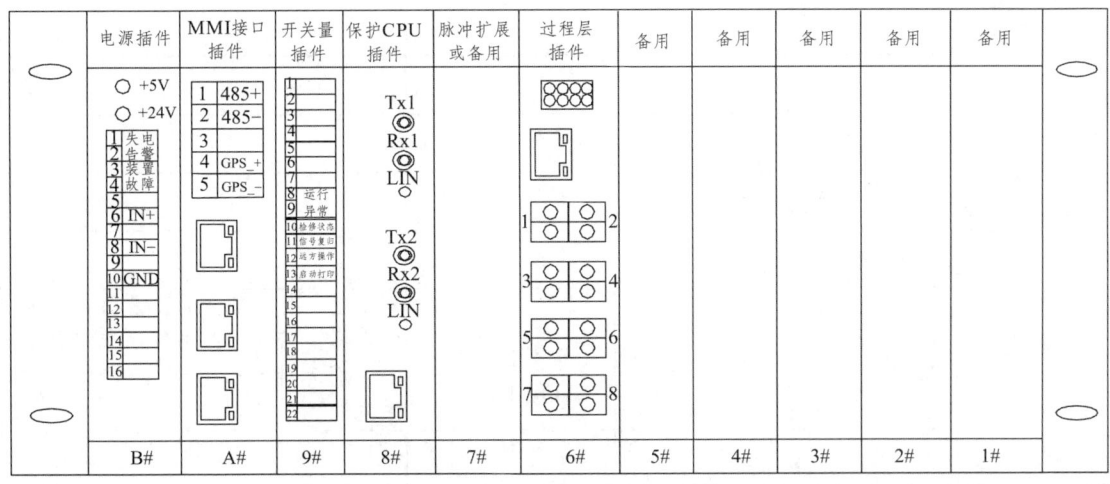

图 8-10 WXH-802A 系列装置后面反接线端子图

2. 变压器保护

智能变压器保护装置一般选择分布式过程层配置,在运行时先实现差动保护,然后通过集中式安装后备保护。其中,在变压器进行差动保护时,非电量保护部分需要单独安装,并通过电缆将其直接与变电站断路器连接,这样断路器跳闸命令就可以通过光纤传输到全站式网络线路中,完成对整个变压器的差动保护。对于 110 kV 变压器,则在进行配置时,要求将主后备保护集成在一起,作为一体化双套配置。

- 典型设备举例

WBH-801 系列保护装置为微机实现的数字式超高压变压器保护装置,用作 220 kV 及以上电压等级变压器的主保护及后备保护。保护装置用于智能变电站,满足常规采样 GOOSE 跳闸要求,模拟量采用常规互感器直接接入,开关量采用 GOOSE 接入。装置遵循《变压器、高压并联电抗器和母线保护及辅助装置标准化设计规范》(Q/GDW 1175—2013)、《变电站继电保护信息规范》(DL/T 1782—2017),功能配置接口以及保护定值(报告格式)均按照此标准进行设计。

其中 WBH-801 适用于 500 kV 自耦变压器保护。

保护配置:WBH-801 装置中可提供一台变压器所需要的全部电量保护,主保护和后备保护可共用同一 CT。保护配置情况如表 8-4 所示。

表 8-4 WBH-801 保护配置

类别	序号	保护功能	段数及时限	备注
主保护	1	差动速断	—	
	2	纵差保护	—	
	3	分相差动保护	—	
	4	低压侧小区差动保护	—	
	5	分侧差动		
	6	增量差动保护	—	自定义

续表

类别	序号	保护功能	段数及时限	备 注
高后备	7	相间阻抗	Ⅰ段2时限	
	8	接地阻抗	Ⅰ段2时限	
	9	复压过流	Ⅰ段1时限	
	10	零序过流	Ⅰ段2时限 Ⅱ段2时限 Ⅲ段1时限	Ⅰ段、Ⅱ段带方向，方向可投退，方向指向可选择；Ⅲ段不带方向；方向元件和过流元件均取自产零序电流
	11	定时限过励磁告警	Ⅰ段1时限	
	12	反时限过励磁	—	可选择跳闸或告警
	13	失灵联跳	Ⅰ段1时限	
	14	过负荷保护	Ⅰ段1时限	固定投入
中后备	15	相间阻抗	Ⅰ段4时限	
	16	接地阻抗	Ⅰ段4时限	
	17	复压过流保护	Ⅰ段1时限	
	18	零序过流	Ⅰ段3时限 Ⅱ段3时限 Ⅲ段1时限	Ⅰ段、Ⅱ段带方向，方向可投退，方向指向可选择；Ⅲ段不带方向；方向元件和过流元件均取自产零序电流
	19	失灵联跳	Ⅰ段1时限	
	20	过负荷保护	Ⅰ段1时限	固定投入
低压绕组	21	过流保护	Ⅰ段2时限	
	22	复压过流保护	Ⅰ段2时限	
	23	过负荷保护	Ⅰ段1时限	固定投入
低后备	24	过流保护	Ⅰ段2时限	
	25	复压过流保护	Ⅰ段2时限	
	26	零序过压告警	Ⅰ段1时限	固定采用自产零序电压
	27	过负荷保护	Ⅰ段1时限	固定投入
公共绕组	28	零序过流	Ⅰ段1时限	自产零流和外接零流"或"门判别
	29	过负荷	Ⅰ段1时限	固定投入

装置的前面板布置如图 8-11 所示。

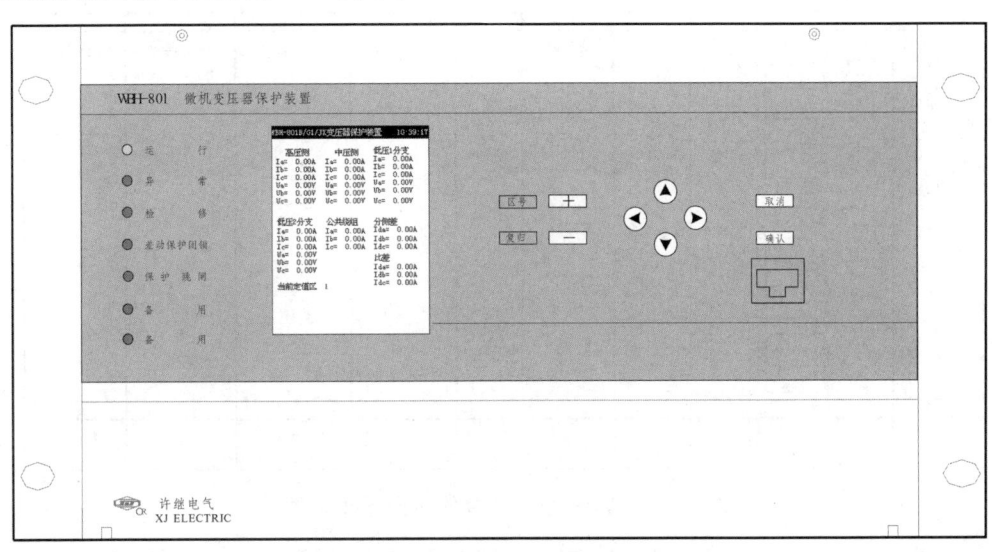

图 8-11　WBH-801 装置前面板布置图

保护装置面板上包含 7 个信号灯。正常运行时 CPU 运行灯亮，其他灯灭。具体灯的颜色、含义及点亮条件如表 8-5 所示。

表 8-5　装置面板信号灯定义

名　称	颜色	含　义	点亮条件	对保护影响
运　行	绿	监视保护 CPU 的运行情况	正常运行时点亮	—
异　常	红	指示装置有异常情况发生	装置软硬件告警信息，如程序自检错、FLASH 出错、定值自检错等；装置逻辑自检告警信息，如 CT 断线、PT 断线、过负荷等	熄灭：正常运行；点亮：部分闭锁保护
检　修	红	指示装置工作状态	投入检修压板后点亮	熄灭：正常运行；点亮：保护处于检修状态
差动保护闭锁	红	指示差动保护功能状态	任一差动保护功能被闭锁	亮：差动保护闭锁；灭：差动保护正常
保护跳闸	红	指示保护装置跳闸出口	当保护装置跳闸出口时点亮。	熄灭：正常运行；点亮：跳闸保护动作
备　用	红			
备　用	红			

装置的后面板如图 8-12 所示。其中：1#、2#、3#、4# 为交流变换插件；5# 为采集插件；6# 为过程层接口插件；7# 为脉冲扩展插件（用于光 B 码对时接入）、8# 为保护 CPU 插件、9# 为开入开出插件、A# 为接口 CPU 插件，B# 为电源插件。

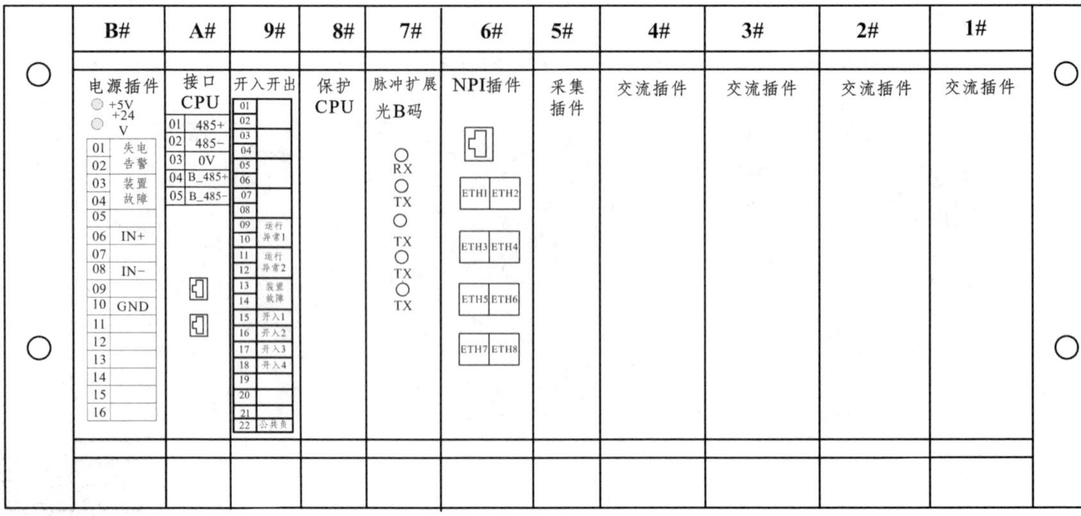

图 8-12　WBH-801 装置的后面板布置图

若对时方式为光 B 码对时，则对时信号接到 7#脉冲扩展插件上；若对时方式为 485B 码对时，则将对时信号接到 A#接口 CPU 插件上。

3. 母线保护

对于智能变电站母线保护，可以选择用分布式设计相应装置，在进行设计时，每个间隔之间可以选择用独立母线保护方式。110 kV 智能变电站母线可以选择用分段保护方式，保护单元与合并单元连接，并且与智能终端连接，这样无须网络来进行系统信息以及数据的交换，而是直接完成对数据信息的采样与分析，最终实现跳闸动作。

- 典型设备举例

WMH-801 系列是全面支持新一代智能变电站的继电保护装置。满足国家电网有限公司《智能变电站继电保护技术规范》（Q/GDW 441—2010）、《变压器、高压并联电抗器和母线保护及辅助装置标准化设计规范》（Q/GDW 1175—2013）等标准的规范要求。所有保护装置按照《IEC61850 工程继电保护应用模型》（Q/GDW 1396—2012）、《变电站继电保护信息规范》（DL/T 1782—2017）的规范要求进行建模。保护装置在满足"可靠性、选择性、灵敏性、速动性"的基础上，利用电子式互感器的特性进行了新原理、新特性方面的提升工作。

WMH-801 系列装置包含主机箱和子单元。主机箱完成保护功能、通信功能、SV（常规）采样和 GOOSE 跳闸；子单元为主机箱的扩展，完成 SV 和 GOOSE 的数据接收及转发功能。

装置的主要保护功能：

（1）分相式常规比率制动差动保护。

（2）分相式突变量比率制动差动保护。

（3）失灵经母差跳闸保护。

（4）CT 断线告警。

（5）CT 断线闭锁。

（6）SV 信号及通道状态检测（链路中断、接收不匹配）。

（7）GOOSE 信号及通道状态检测（链路中断、接收不匹配）。

（8）过程层接口状态监测（接收功率、发送功率、光口温度）。

WMH-801 的前面板布置如图 8-13 所示。

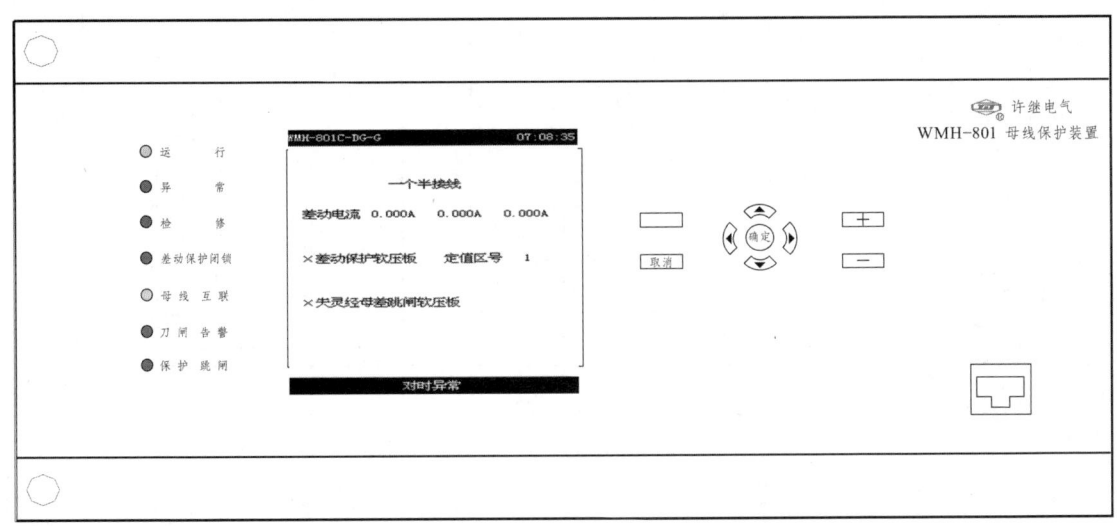

图 8-13　WMH-801 装置前面板布置图

保护装置前面板上包含 7 个信号灯。正常运行时 CPU 运行灯亮，其他灯灭。灯的颜色、含义及点亮条件如表 8-6 所示。

表 8-6　装置前面板信号灯

名　称	颜色	状　态	含　义
运　行	绿	非自保持	亮：装置运行； 灭：装置故障导致失去所有保护
异　常	红	非自保持	亮：任意告警信号动作； 灭：运行正常
检　修	红	非自保持	亮：检修状态； 灭：运行状态
差动保护闭锁	红	非自保持	亮：差动保护闭锁； 灭：差动保护正常
母线互联	绿	非自保持	常灭，3/2 接线母线保护装置不需要该指示灯
刀闸告警	红	非自保持	
保护跳闸	红	自保持	本信号只是保护装置跳闸出口。 亮：保护跳闸； 灭：保护没有跳闸

主机箱后面板示意图如图 8-14 所示。

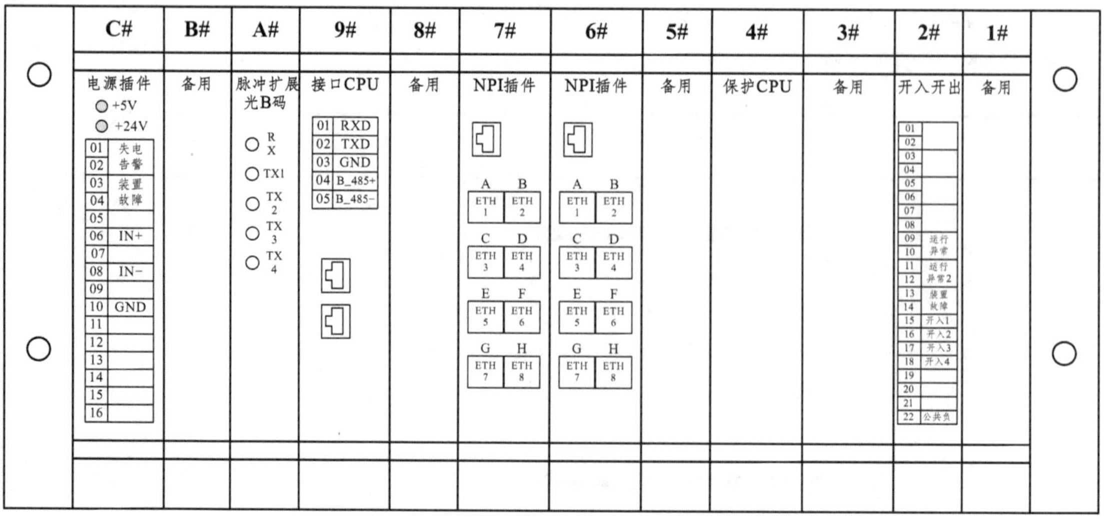

C#	B#	A#	9#	8#	7#	6#	5#	4#	3#	2#	1#
电源插件 ○ +5V ○ +24V 01 失电告警 02 03 装置故障 04 05 06 IN+ 07 08 IN- 09 10 GND 11 12 13 14 15 16	备用	脉冲扩展光B码 ○ RX ○ TX1 ○ TX2 ○ TX3 ○ TX4	接口CPU 01 RXD 02 TXD 03 GND 04 B_485+ 05 B_485-	备用	NPI插件 A B ETH1 ETH2 C D ETH3 ETH4 E F ETH5 ETH6 G H ETH7 ETH8	NPI插件 A B ETH1 ETH2 C D ETH3 ETH4 E F ETH5 ETH6 G H ETH7 ETH8	备用	保护CPU	备用	开入开出 01 02 03 04 05 06 07 08 09 运行 10 异常1 11 异常2 12 13 14 装置故障 15 开入1 16 开入2 17 开入3 18 开入4 19 20 21 22 公共负	备用

图 8-14 WMH-801 装置后面板布置图

其中：2# 为开入开出插件，4# 为保护 CPU 插件，6#、7# 为过程层接口插件，9# 为接口 CPU 插件，A# 为脉冲扩展插件（用于光 B 码对时接入及主机箱和子单元之间的同步信号的输入输出），C# 为电源插件，其余为备用插件。

若对时方式为光 B 码对时，则对时信号接到 A# 脉冲扩展插件上；若对时方式为 485B 码对时，则将对时信号接到 9# 接口 CPU 插件上。

8.4.2 间隔层继电保护

间隔层继电保护基本上都采用集中式后备保护进行配置，这样既能提高变电站系统运行的实用性，还可以实现在线实时自整定等，继电保护效果更好。其中，后备保护系统可以分为两个部分，即为本变电站实现后备保护功能，实现开关失灵保护；对相邻变电站实现保护功能，并对开关失灵进行保护。

- 典型设备举例

WXH-803A 保护装置为微机实现的数字式超高压线路快速保护装置，用作 220 kV 及以上电压等级输电线路的主保护及后备保护。保护装置用于智能变电站，满足"直采、直跳"接口要求，模拟量采用 IEC 61850-9-2 点对点接入，开关量采用 GOOSE 接入。装置遵循《线路保护及辅助装置标准化设计规范》（Q/GDW 1161—2014）标准，功能配置接口以及保护定值（报告格式）均按照此标准进行设计。保护装置提供状态监测信息，支持状态检修功能。

WXH-803A 线路保护装置主保护为纵联电流差动保护，后备保护为三段式相间距离及接地距离保护、两段式零序定时限过流保护。

WXH-803A 系列线路保护装置还提供可选配的零序反时限保护、三相不一致保护、过流过负荷、过电压及远方跳闸保护等功能，还可根据实际需要选择用于电铁、钢厂等冲击性负荷线路。

当用于双母线接线方式时，可以选配重合闸功能，也可通过选配实现支持 3/2 断路器接线方式。

WXH-803A 具体功能配置如表 8-7 所示。

表 8-7 WXH-803A 功能配置

产品型号	保护类型	功能配置		功能说明
WXH-803A		WXH-803A-DA-G		2M 双光纤通道	适用于普通线路
		WXH-803C-DA-G		2M 双光纤串补线路	适用于串补线路
	主保护	纵联电流差动保护		2 Mb/s 接口 双光纤通道
	后备保护	快速距离保护 三段式相间距离保护 三段式接地距离保护 两段式零序过流保护 重合闸		选配功能 K（3/2 接线）时，无重合闸功能
	选配功能	零序反时限过流保护	R	选配功能可按选配功能代码组合；选配功能 K（3/2 接线）时，取消三相不一致功能
		三相不一致保护	P	
		过流过负荷功能	L	
		电铁、钢厂等冲击性负荷	D	
		过电压及远方跳闸保护	Y	
		3/2 接线	K	

装置的前面板布置如图 8-15 所示。

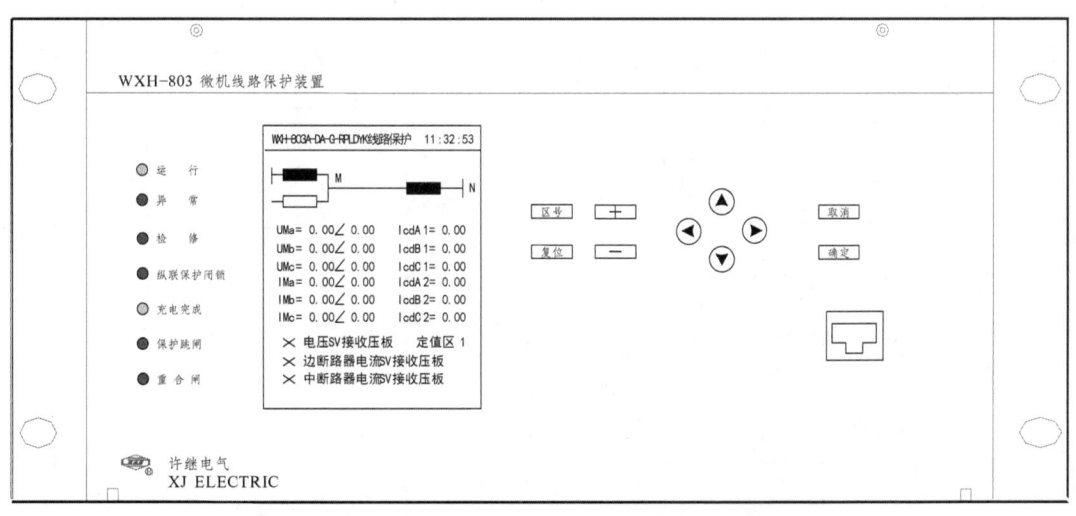

图 8-15 WXH-803A 装置的前面板布置图

保护装置面板上包含 7 个信号灯。正常运行时 CPU 运行灯亮，重合允许灯亮，其他灯灭。具体灯的颜色、含义及点亮条件如表 8-8 所示。

表 8-8 WXH-803A 装置面板信号灯定义

名 称	颜色	含 义	点亮条件	对保护影响
运 行	绿	监视保护CPU的运行情况	正常运行时点亮，装置故障后熄灭；装置故障信息，如程序自检错、FLASH出错、定值自检错等	常亮：正常运行；熄灭：装置故障
异 常	红	指示装置有异常情况发生	装置软硬件告警信息，如程序自检错、FLASH出错、定值自检错等 装置逻辑自检告警信息，如CT异常、CT反序、PT反序等	熄灭：正常运行；点亮：部分闭锁保护
检 修	红	指示装置工作状态	投入检修压板后点亮	熄灭：正常运行；点亮：保护处于检修状态
纵联保护闭锁	红	指示纵联保护工作状态	本侧纵联保护整定投入情况下被闭锁	熄灭：正常运行；点亮：纵联保护被闭锁
充电完成	绿	指示重合闸充电状态	重合闸充电完成后点亮	熄灭：重合闸放电；点亮：重合闸充满电
保护跳闸	红	指示保护装置跳闸出口	当保护装置跳闸出口时点亮	熄灭：正常运行；点亮：线路发生故障
重合闸	红	指示保护装置重合出口	当保护重合闸动作时点亮	熄灭：正常运行；点亮：重合闸动作

装置后面板如图 8-16 所示。

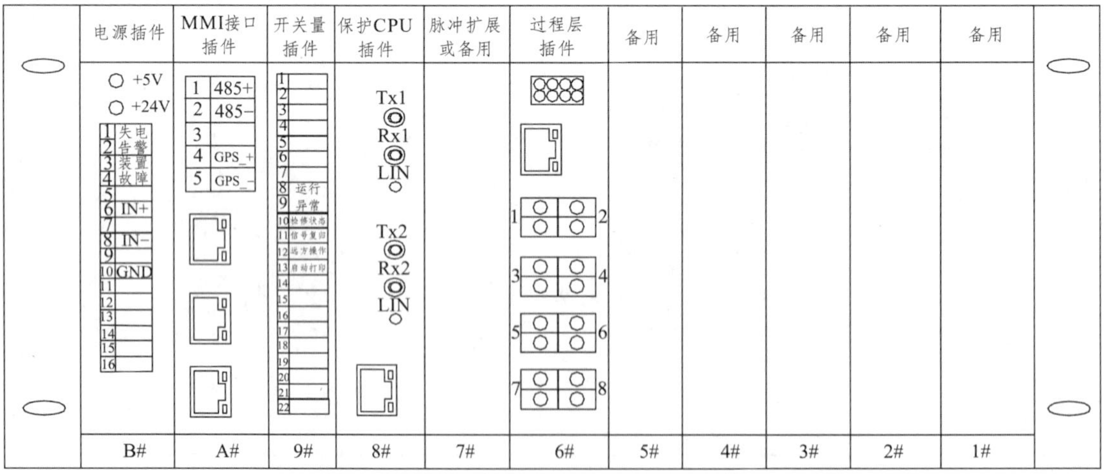

图 8-16 WXH-803A 装置的后面板布置图

其中：6# 为过程层接口 NPI 插件、7# 为光 B 码对时插件（可选）、8# 为保护 CPU 插件（含光纤接口模块）、9# 为开关量插件、A# 为站控层及人机 MMI 接口插件、B# 为稳压电源插件，其余为备用插件。

8.5 PMU 同步相量测量装置

基于 GPS 技术的 PMU（同步相量测量装置）在电力系统中主要用于数据测量，以提高电力系统状态估计的精度及进行相关的保护、监测和控制研究。在实际监测活动中，经 PMU 测得的电压幅值和相角精确系数大大提高。此装置可广泛应用于电力系统的状态估计、电力试验、动态监测、潮流计算、区域稳定控制、暂态稳定分析和预测、系统保护等专业领域。

图 8-17 为电力系统同步相量测量系统体系。

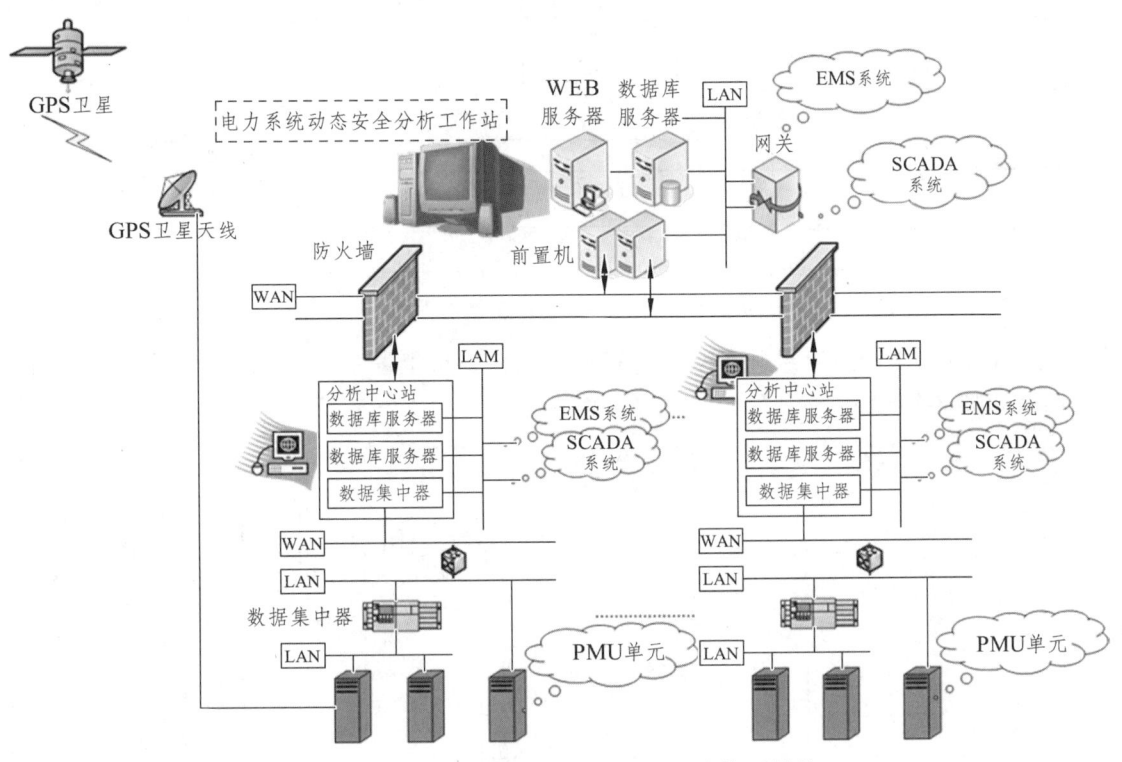

图 8-17 电力系统同步相量测量系统体系结构

PMU 的基本功能：

（1）通过 GPS 信号同步测量和分析电流、电压数据，提供相位、幅值和频率信息。

（2）通过从 GPS 系统中获取的高精度授时信号进行电流、电压的采样，然后通过采样数据确定相量。

（3）通过离散傅立叶变换求得基频分量，继而实现对电力系统各个节点数据的同步采集。

在电力系统的实际运行过程中，若将 PMU 同步安装在各个节点上，即可实时检测整个系统的运行情况。相量、相角、幅值应同步测量，测量相角时可借助 GPS 的时间传递功能获取精确的时间，以规避时间误差。GPS 接收器以秒为计时单位，可提供间隔为 1 s 的脉冲信号，通过 GPS 获取的时间信号可精确到 1 μs。对于 50 Hz 的工频量来说，其相位最大误差为 0.018%，基本能满足功角测量的要求。

● 典型装置举例

NSR-3710 同步相量测量装置为标准 19 英寸宽、4U 高机箱，其前面板如图 8-18 所示。

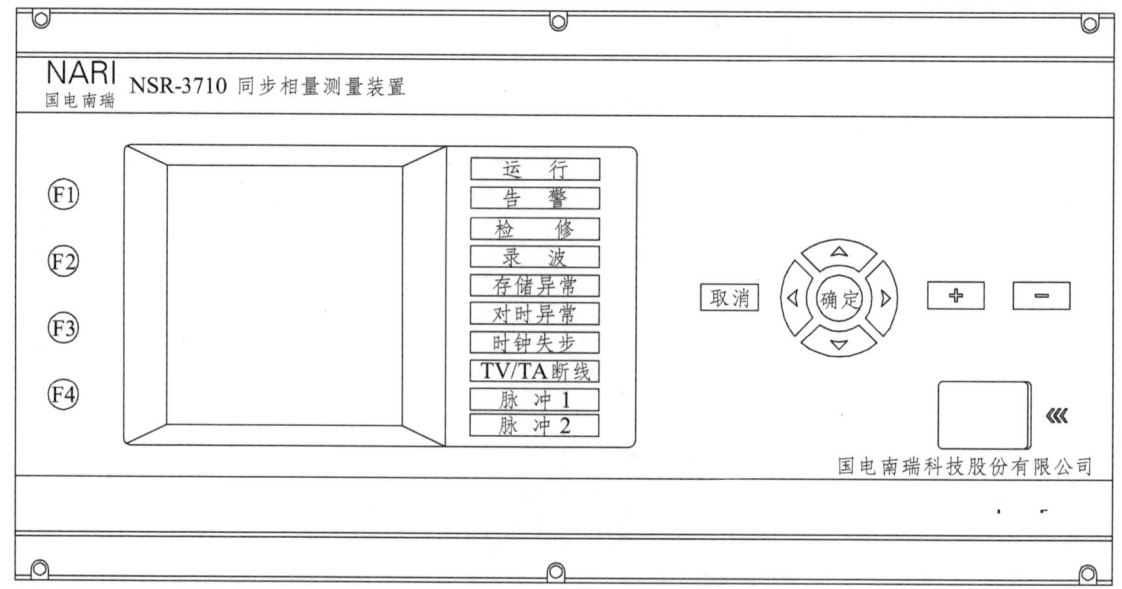

图 8-18　NSR-3710 装置前面板

NSR-3710 同步相量测量装置采用背板插件结构，可根据不同工程现场需求灵活配置，其后面板如图 8-19 所示。

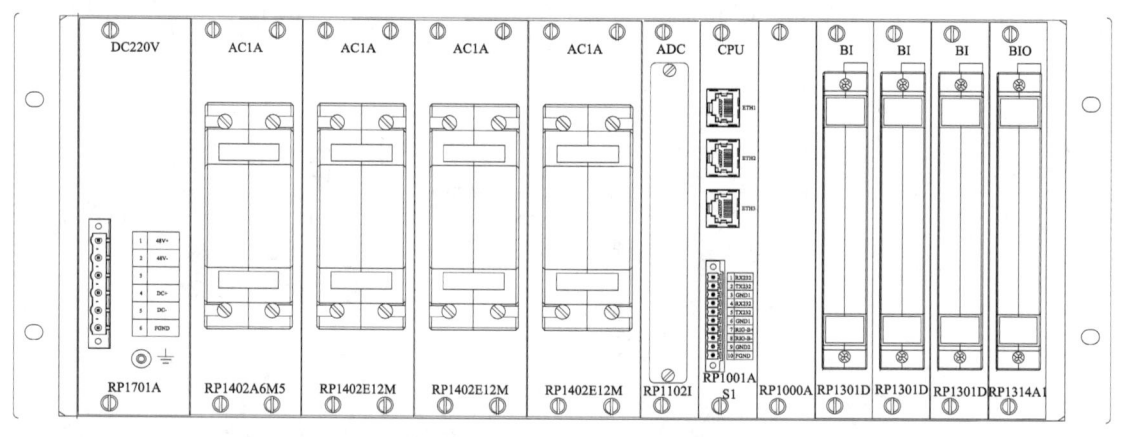

图 8-19　NSR-3710 装置后面板

8.6　合并单元

合并单元（Merging Unit）是针对与数字化输出的电子式互感器连接而在 IEC 60044-8 中首次定义的，其主要功能是同步采集多路（最多 12 路）ECT/EVT 输出的数字信号，按照规定的格式发送给保护、测控设备。在智能变电站设备中，合并单元作为过程层设备，对下与互感器接口，对上与保护、测控等设备接口，是一个中间数据处理设备。它采集接收到的电压、电流，再进行重采样处理，并将同步后的数据发送给上层设备。图 8-20 所示为合并单元的定义。

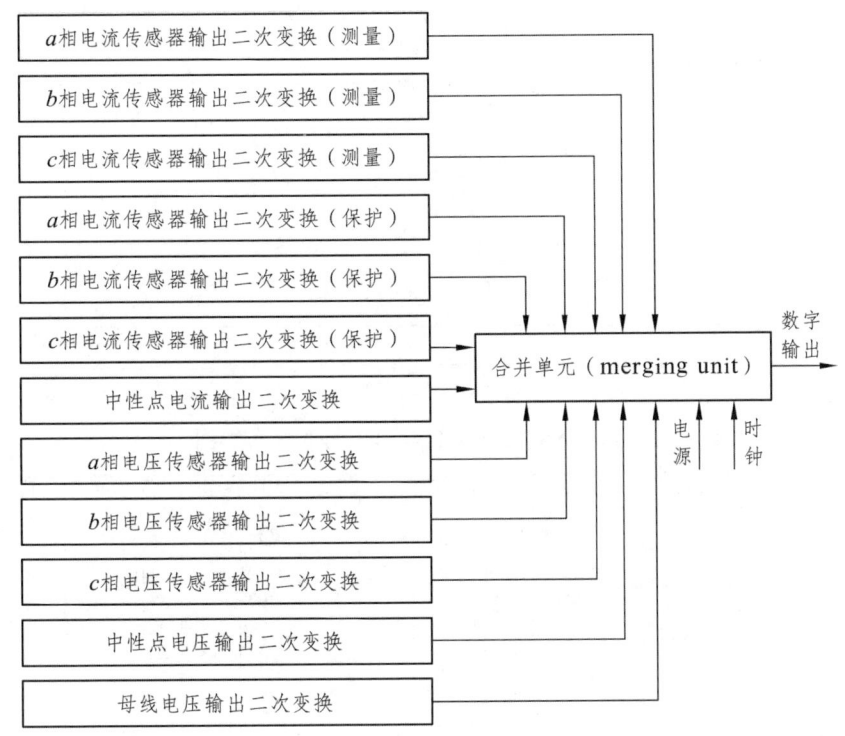

图 8-20 合并单元定义

合并单元按照功能可分为间隔合并单元和母线合并单元。

间隔合并单元用于线路或变压器的间隔合并单元，发送一个间隔的电气量数据。母线合并单元一般采集母线电压或者同期电压，在需要电压并列时可实现各段母线电压的并列。并将处理后的数据发送至所需装置使用。

1. 典型装置举例一

间隔合并单元（NSR-386A）：主要针对线路间隔、主变间隔、电容器间隔、所用变间隔、母联等间隔。通过 RP1285/RP1286 或 RP1296 板件上的 FT3 接口或 SMV9-2 接口接收来自母线合并单元的数据，并完成切换功能。根据实际情况灵活配置 RP1802（IEC60044-8）输出板或 RP1218（SMV9-2）输出板件。

NSR-386A 间隔合并单元的前面板如图 8-21 所示。面板第一列指示灯从上到下依次为：运行、告警、采样异常、时钟异常、GOOSE 异常、光耦异常、检修、备用（切换异常）、备用、备用（装置失步）。第二列指示灯从上到下依次为：Ⅰ母电压、Ⅱ母电压、Ⅰ母刀闸、Ⅱ母刀闸、备用、备用、备用、备用、备用、备用。

1）传统采样

传统互感器由后面板接入（见图 8-22），信号通过 IEC60044-8 或 IEC 61850-9-2 输出。合并单元通过 RP1285/RP1286 采集传统互感器输入电压电流。

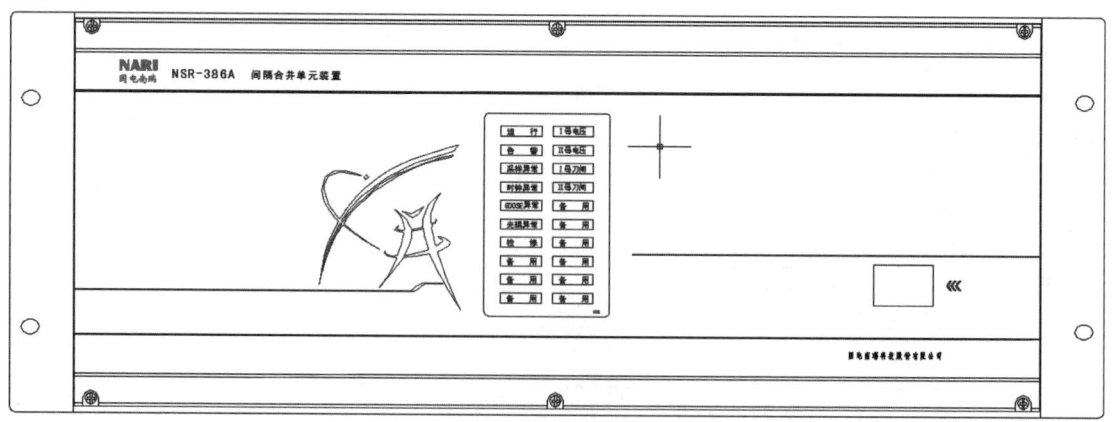

图 8-21 NSR-386A 装置的正面面板布置图

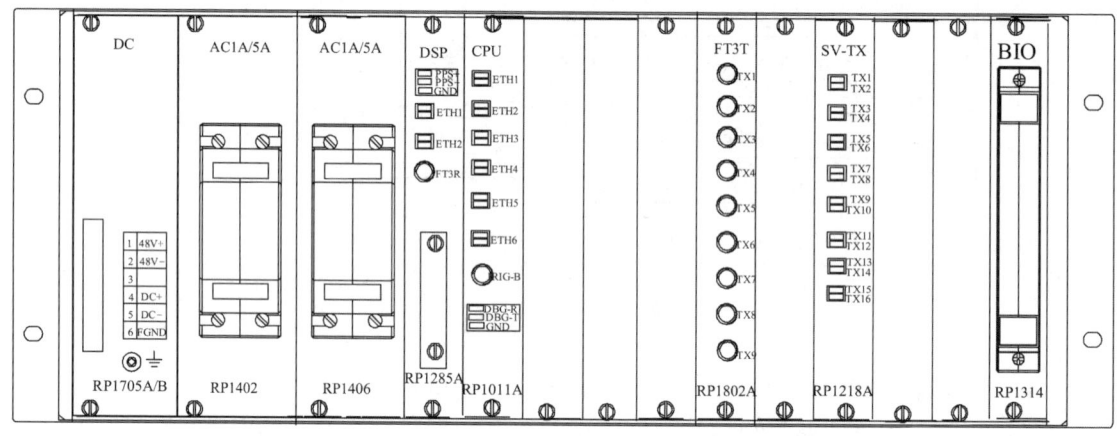

图 8-22 NSR-386A 装置的后面面板布置图

NSR-386A 大信号交流插件有 RP1402B3M2、RP1402C3M2、RP1402D3M5、RP1402A3M5、RP1406E5、RP1407A5 和 RP1408A2 可选。

NSR-386A 小信号交流插件 RP1482A1 和 RP1482A7 为电压输入型。RP1482A1 和 RP1482A7 拼起来占一块大信号 AC 插件位置，RP1482A1 在后面板左边，RP1482A7 在后面板右边，RP1482A1 采集模拟量 1~6，RP1482A7 采集模拟量 7~12。

RP1482A1 和 RP1482A7 合在一起，可以当作 RP1402B3M2、RP1402C3M2、RP1402D3M5、RP1402A3M5、RP1406E5、RP1407A5 和 RP1408A2 使用。此时端子定义同对应的大信号交流输入插件。

2）电子互感器接入

接入遵循《南瑞科技 NSR-386 装置与电子式互感器 FT3 通讯规约》的电子式互感器，通过 IEC60044-8 或 IEC 61850-9-2 输出。合并单元通过 RP1296 采集电子式互感器输入电压电流。

若 FT3 发送端口不够可添加 RP802A；若 SMV9-2 发送端口不够可添加 RP1218（见图 8-23）。

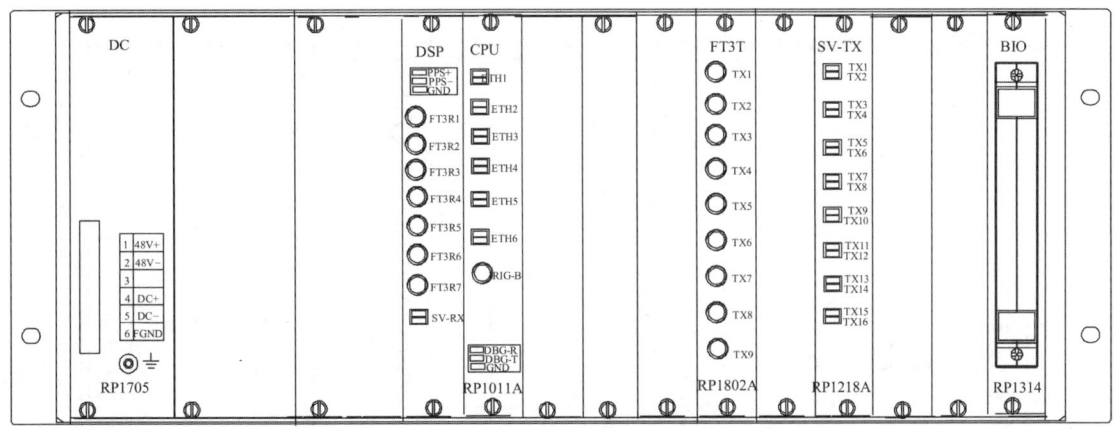

图 8-23　NSR-386A 光互感器接入装置背板图

2. 典型装置举例二

电压合并单元（NSR-386B）：双母线和单母分段，接入两段母线的 U_a、U_b、U_c、U_0 等电压量，并完成 PT 并列功能；双母单分段和单母三分段，接入三段母线的 U_a、U_b、U_c、U_0 等电压量，并完成 PT 并列功能。输出根据实际情况灵活配置 RP1802（IEC60044-8）输出板或 RP1218（SMV9-2）输出板件。

NSR-386B 的前面板如图 8-24 所示，其母线合并单元第一列指示灯从上到下依次为：运行、告警、采样异常、时钟异常、GOOSE 异常、光耦异常、检修、并列异常、备用、备用（装置失步），第二列指示灯从上到下依次为：远方、Ⅰ母取Ⅱ母、Ⅱ母取Ⅰ母、备用（Ⅱ母取Ⅲ母）、备用（Ⅲ母取Ⅱ母）、母联Ⅰ位置、备用（母联Ⅱ位置）、备用（Ⅰ母取Ⅲ母）、备用（Ⅲ母取Ⅰ母）、备用。

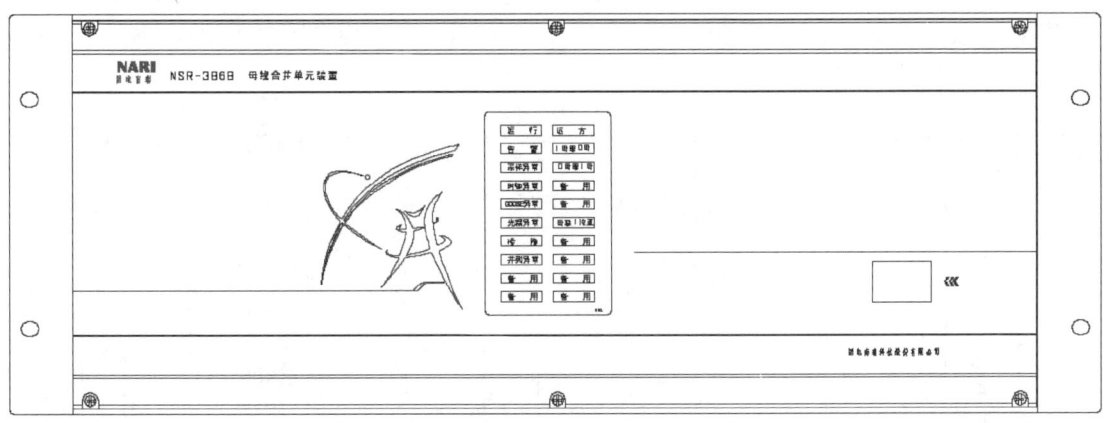

图 8-24　NSR-386B 装置的正面面板布置图

1）传统采样

传统互感器由后面板接入（见图 8-25），信号通过 IEC60044-8 或 IEC 61850-9-2 输出。合并单元通过 RP1285/RP1286 采集传统互感器输入电压。

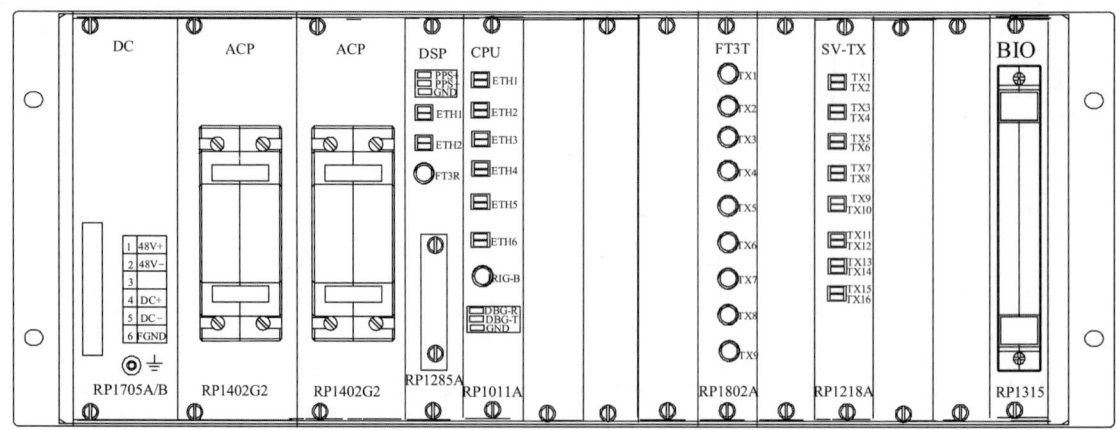

图 8-25　NSR-386B 传统互感器接入后面板（两段母线）

NSR-386B 大信号交流插件为 RP1402G2、RP1402G5。

NSR-386B 小信号交流插件 RP1482A1 和 RP1482A7 为电压输入型。RP1482A1 和 RP1482A7 合在一起占一块大信号 AC 插件位置，RP1482A1 在后面板左边，RP1482A7 在后面板右边，RP1482A1 采集模拟量 1～6，RP1482A7 采集模拟量 7～12。

RP1482A1 和 RP1482A7 拼起来后，可以当作 RP1402G2、RP1402G5 使用。此时端子定义同对应大信号交流输入插件。

2）电子互感器接入

接入遵循《南瑞科技 NSR-386 装置与电子式互感器 FT3 通讯规约》的电子式互感器，通过 IEC60044-8 或 IEC 61850-9-2 输出。合并单元通过 RP1296 采集电子式互感器输入电压。

若 FT3 发送端口不够可添加 RP1802；若 SMV9-2 发送端口不够可添加 RP1218（见图 8-26）。

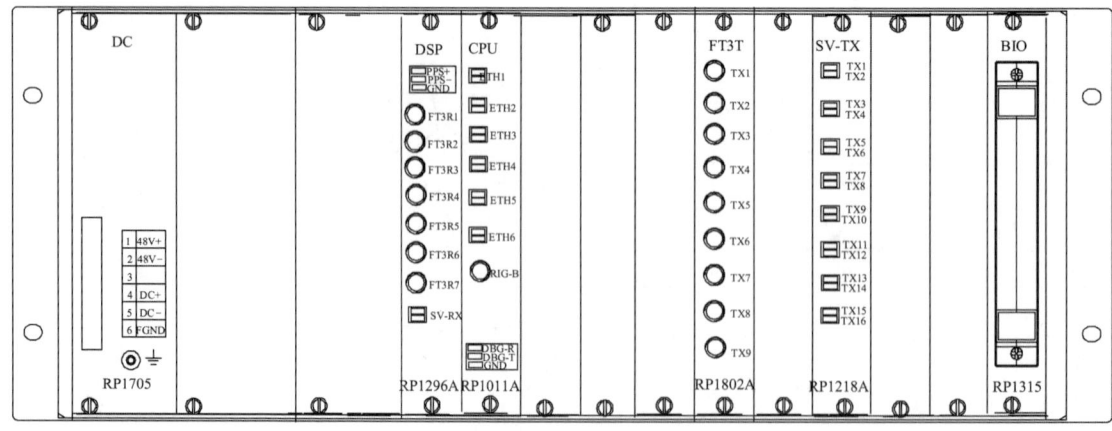

图 8-26　NSR-386B 光互感器接入后面板（两段母线）

8.7 智能终端

智能变电站中保护装置和测控装置先通过光缆连接智能终端，再由智能终端通过电缆连接一次设备，保护装置通过 GOOSE 通信向智能终端发送合闸命令，再由智能终端对一次设备进行操作。智能终端与一次设备采用电缆连接，与保护、测控等二次设备采用光纤连接，实现对一次设备的测控、控制等功能。根据功能不同，智能终端分为断路器智能终端、本体智能终端和合并单元智能终端（合智一体）三种类型。

1. **典型智能终端举例一**

DBU-806 开关智能单元（以下简称装置）电力系统 220 kV 及以上电压等级多种分相开关间隔包含敞开式断路器和组合高压电器，主要完成该间隔内断路器以及与其相关的隔离刀闸、接地刀闸和快速接地刀闸的操作控制和状态监视，直接或通过过程层网络基于 GOOSE 服务发布采集信息、接收指令，驱动执行器完成控制功能，并具有防误操作功能。

装置属于智能变电站中过程层设备，完全满足变电站数字化的要求。

DBU-806 配置有分相断路器控制输出触点、三相刀闸控制输出触点，以及多路开关量输入，常用于线路间隔。

220 kV 及以上电压等级断路器间隔对过程层设备双配置要求：由 2 台开关智能单元构成，如图 8-27 所示。

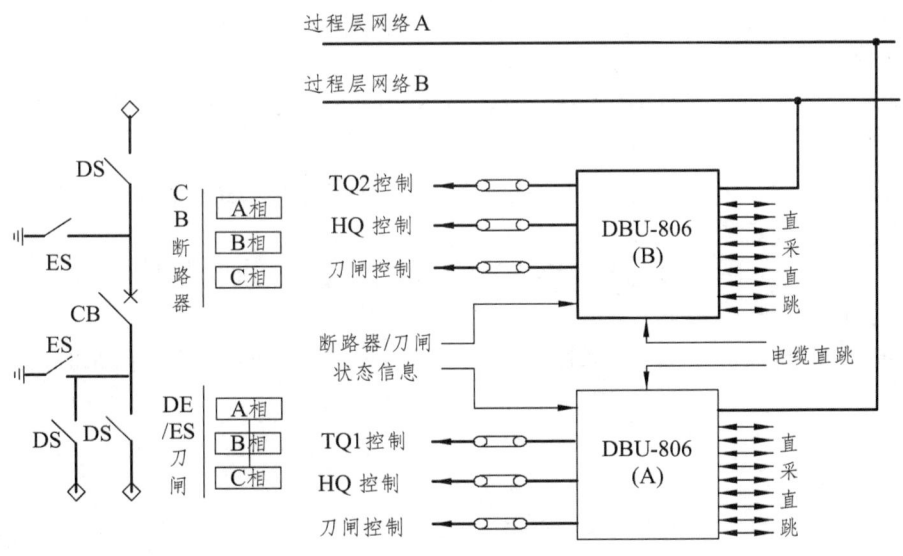

图 8-27　过程层智能单元双配置示意图

装置的前面板如图 8-28 所示。

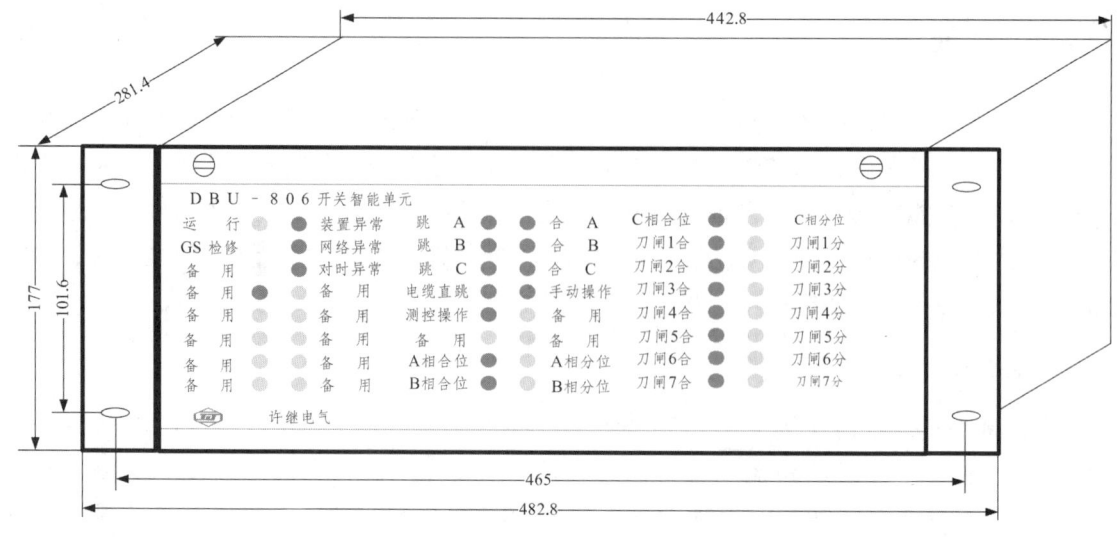

图 8-28　DBU-806 装置的前面板

告警灯示意：

"运行"灯为绿灯，装置正常运行时常亮；

"装置异常"灯为红灯，正常运行时熄灭，当装置异常或告警（硬件或软件自检或内部通信异常）时点亮；

"网络异常"灯为红灯，正常运行时熄灭，当过程层网接收报文异常（中断或格式不正确、不对应）时点亮；

"GS 检修"灯为黄灯，正常运行时熄灭，当检修压板投入时点亮，退出时熄灭；

"对时异常"灯为红灯，正常运行时熄灭，当对时信号中断时点亮，正常后熄灭；

"跳 A""跳 B""跳 C""合 A""合 B""合 C"灯为红灯，正常运行时熄灭，一一对应继电器接点，当装置接收到保护 GOOSE 命令断路器出口时点亮并保持，通过复归命令或按键熄灭；

"测控操作"为红灯，正常运行时熄灭，当装置接收到测控 GOOSE 命令断路器或刀闸出口时点亮，命令消失后自动熄灭；

"电缆直跳"为红灯，正常运行时熄灭，当有需要通过传统电缆方式进行跳闸时点亮并保持，通过复归命令或按键熄灭；

"手动操作"为红灯，正常运行时熄灭，当手动分合断路器时点亮，手动操作终止后自动熄灭；

"断路器合（A/B/C 相合位）"灯为红灯，当开入插件上对应的开入投入时点亮，退出时熄灭；

"断路器分（A/B/C 相分位）"灯为绿灯，当开入插件上对应的开入投入时点亮，退出时熄灭；

"刀闸 1~7 合"灯为红灯，当各相刀闸合位时点亮，任一相为低电平时熄灭；

"刀闸 1~7 分"灯为绿灯，当各相刀闸跳位时点亮，任一相为低电平时熄灭。

装置的后面板布置图如图 8-29 所示。

15#	14#	13#	12#	11#	10#	9#	8#	7#	6#	5#	4#	3#	2#	1#
操作插件3	操作插件2	操作插件1	扩展插件	开入插件	开入插件	出口插件	扩展插件	开入插件	开入插件	空面板	CPU插件	GS插件	空面板	电源插件
NCZ 8107	NCZ 8108	NCZ 8105	NRC 8103	NKR 8103	NKR 8103	NCK 8100	NRC 8105	NKR 8103	NKR 8103		PPB 802-28	NTX 8103		NDY 8102

图 8-29 DBU-806 装置的后面板布置图

2. 典型智能终端举例二

DTU-803 适用于电力系统 110 kV 及以上电压等级变压器间隔，主要完成该间隔变压器本体（有载开关系统、冷却系统、油温系统、中性点刀闸和本体非电量保护）的操作控制和状态监视，直接或通过过程层网络基于 GOOSE 服务发布采集信息、接收指令，驱动执行器完成控制功能。

变压器间隔本体配置 DTU-803 变压器智能单元示意如图 8-30 所示。

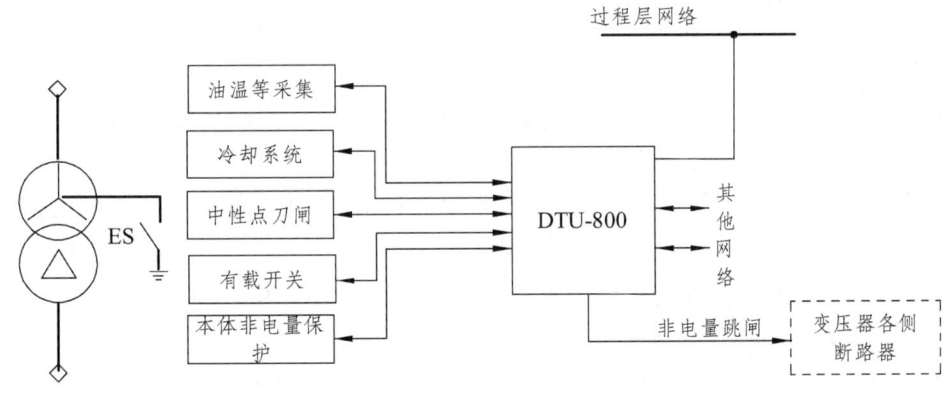

图 8-30 过程层变压器本体智能单元配置示意图

装置的前面板如图 8-31 所示。
告警灯示意：
"运行"灯为绿灯，装置正常运行时常亮；
"装置异常"灯为红灯，正常运行时熄灭，当装置异常时点亮；
"网络异常"灯为红灯，正常运行时熄灭，当过程层网或直采直跳网口报文出现异常时点亮；

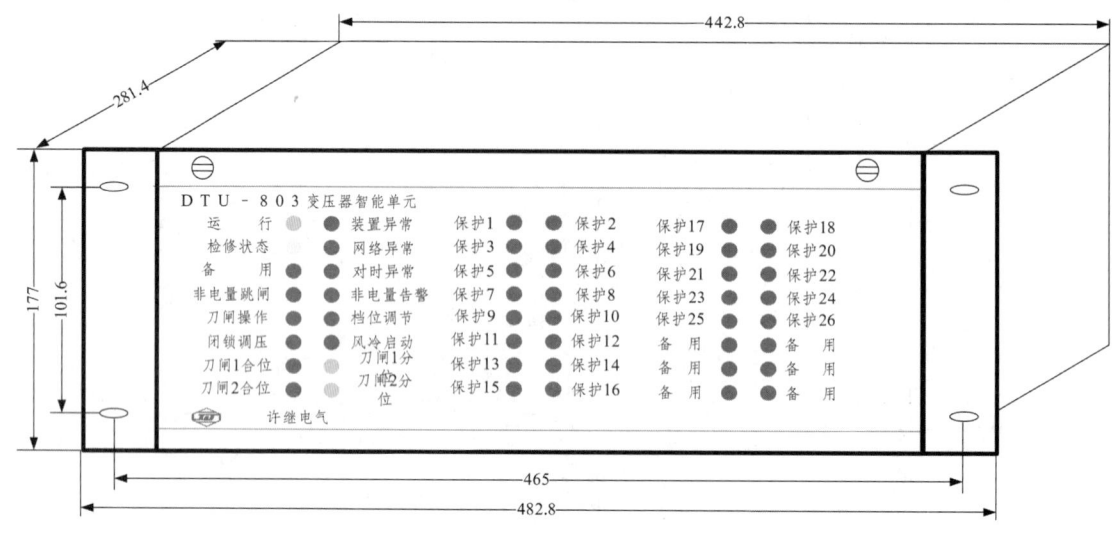

图 8-31 DTU-803 装置的正面面板布置图

"对时异常"灯为红灯，正常运行时熄灭，当对时出现异常时点亮；

"非电量跳闸"灯为红灯，正常运行时熄灭，当装置非电量保护跳闸发生时点亮，告警灯保持，需要通过复归硬开入或 GOOSE 复归命令进行复归；

"非电量告警"灯为红灯，正常运行时熄灭，当装置非电量保护告警发生时点亮，告警灯保持，需要通过复归硬开入或 GOOSE 复归命令进行复归；

"档位调节"为红灯，正常运行时熄灭，当装置接收到 GOOSE 控制命令进行档位升降或急停闭锁时点亮，命令消失后自动熄灭；

"闭锁调压"为红灯，正常运行时熄灭，当装置接收到 GOOSE 控制命令进行有载分接开关闭锁时点亮，命令消失后自动熄灭；

"刀闸操作"为红灯，正常运行时熄灭，当装置接收到 GOOSE 控制命令刀闸出口时点亮，命令消失后自动熄灭；

"风冷启动"为红灯，正常运行时熄灭，当装置接收到 GOOSE 控制命令冷却器启动时点亮，命令消失后自动熄灭；

"刀闸 1~2 合"灯为红灯，当对应刀闸合位时点亮，低电平时熄灭；

"刀闸 1~2 分"灯为绿灯，当对应刀闸分位时点亮，低电平时熄灭；

各个"保护"灯为红灯，正常运行时熄灭，当装置非电量保护*跳闸发生时点亮，告警灯保持，通过复归硬开入或 GOOSE 开入进行复归；

"检修状态"为黄灯，正常运行时熄灭，当检修压板投入时点亮，退出时熄灭。

装置的后面板布置图如图 8-32 所示。

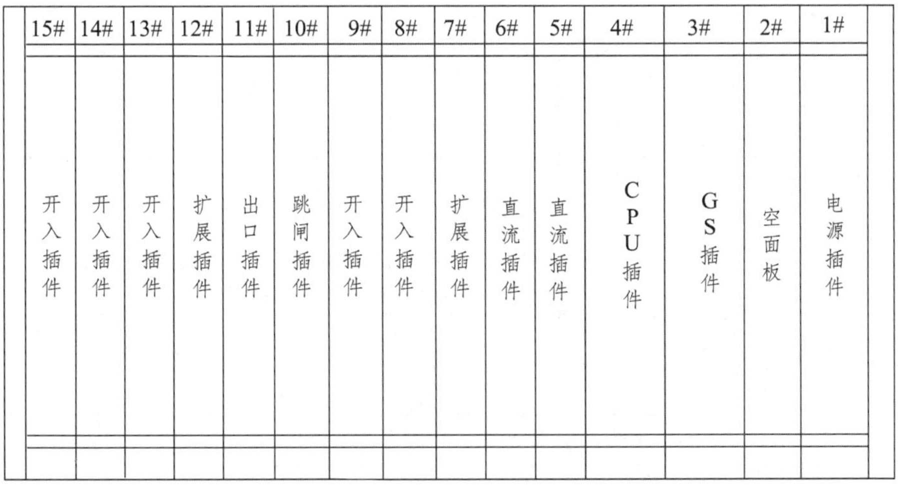

15#	14#	13#	12#	11#	10#	9#	8#	7#	6#	5#	4#	3#	2#	1#
开入插件	开入插件	开入插件	扩展插件	出口插件	跳闸插件	开入插件	开入插件	扩展插件	直流插件	直流插件	CPU插件	GS插件	空面板	电源插件

图 8-32 DTU-803 装置的后面板布置图

3. 典型智能终端装置举例三

iPACS-5997 合并单元智能终端装置集成（以下简称合智集成装置或装置）属于智能变电站过程层设备，通过与传统电磁式电压/电流互感器配合实现一次信号量的数字化，完成间隔内断路器、隔离刀闸以及接地刀闸的操作控制和状态监测，同时还可完成温度及湿度等直流量的采集和其他遥信信号的采集。最终为间隔层的测量装置和继电保护装置提供准确可靠的数据。

装置的前面板如图 8-33 所示。面板指示灯说明如表 8-10 所示。

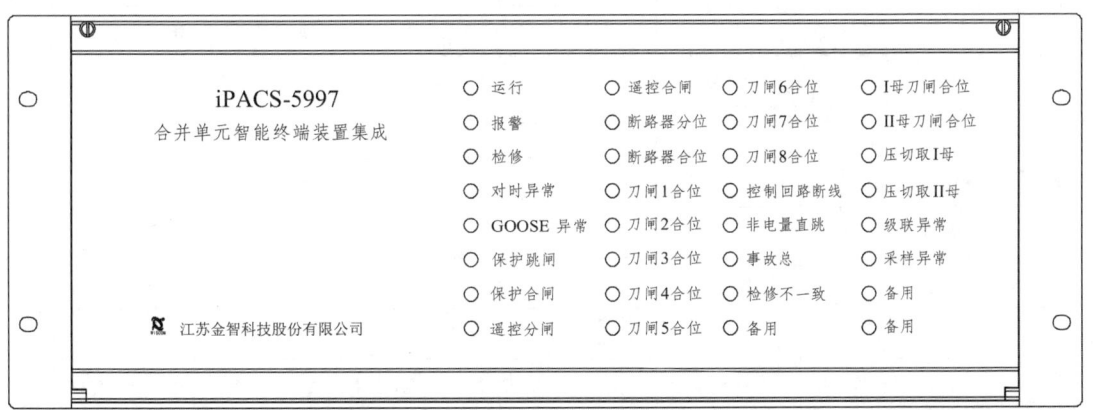

图 8-33 iPACS-5997 装置的前面板布置图

表 8-10 iPACS-5997 装置面板指示灯说明

序号	名 称	颜 色	说 明
1	运行	绿色	1. 装置正常运行时点亮 2. 装置未上电或运行时检测到严重故障时熄灭 3. 该灯行为同闭锁出口，详见 5.6 节
2	告警	红色	1. 装置正常运行时熄灭 2. 装置检测到运行异常状态时点亮（装置告警总） 3. 该灯行为同告警出口，详见 5.6 节

续表

序号	名称	颜色	说明
3	检修	红色	本装置检修投入时点亮，否则熄灭
4	对时异常	红色	采样不同步时点亮，否则熄灭
5	GOOSE异常	红色	1. 装置正常运行时熄灭 2. 接收到的GOOSE数据与配置不一致、CRC错误、版本号不一致及链路中断等情况时点亮
6	保护跳闸	红色	自保持，需复归才熄灭
7	保护合闸	红色	自保持，需复归才熄灭
8	遥控分闸	红色	遥控分闸时点亮
9	遥控合闸	红色	遥控合闸时点亮
10	断路器分位	绿色	对应遥信为1即点亮，合位遥信无须为0
11	断路器合位	红色	对应遥信为1即点亮，分位遥信无须为0
12	刀闸1合位	红色	对应遥信为1即点亮，分位遥信无须为0
13	刀闸2合位	红色	对应遥信为1即点亮，分位遥信无须为0
14	刀闸3合位	红色	对应遥信为1即点亮，分位遥信无须为0
15	刀闸4合位	红色	对应遥信为1即点亮，分位遥信无须为0
16	刀闸5合位	红色	对应遥信为1即点亮，分位遥信无须为0
17	刀闸6合位	红色	对应遥信为1即点亮，分位遥信无须为0
18	刀闸7合位	红色	对应遥信为1即点亮，分位遥信无须为0
19	刀闸8合位	红色	对应遥信为1即点亮，分位遥信无须为0
20	控制回路断线	红色	
21	非电量直跳	红色	
22	事故总	红色	
23	检修不一致	红色	接收报文的检修状态与本装置的检修状态不一致点亮
24	I母刀闸合位	红色	必须合位为1分位为0方可点亮
25	II母刀闸合位	红色	必须合位为1分位为0方可点亮
26	压切取I母	红色	
27	压切取II母	红色	
28	级联异常	红色	级联SV的品质、抖动、丢包等任何异常均点亮
29	采样异常	红色	AD采样异常时点亮
30	检修不一致	红色	级联SV与本装置的检修不一致点亮
31	备用	红色	

装置的后面板布置图如图 8-34 所示。

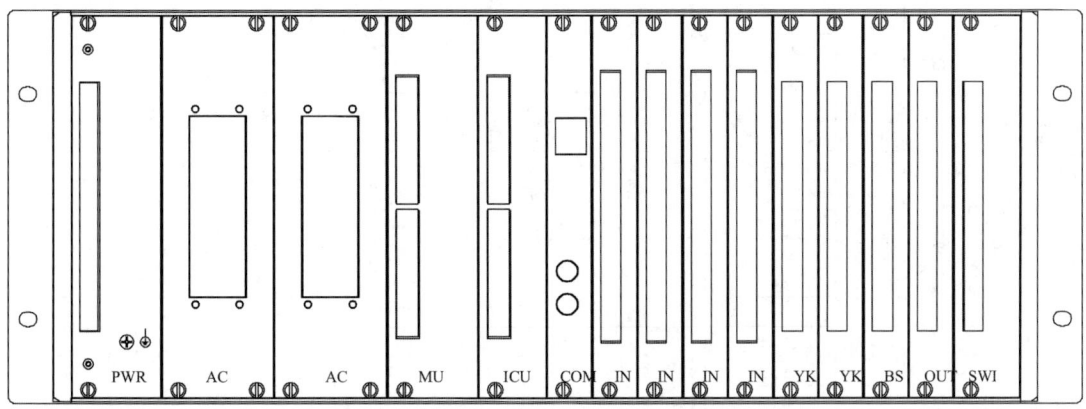

图 8-34　iPACS-5997 装置后面板布置图

装置背板的接线如图 8-35～图 8-37 所示。

1			2				3				4			5		
1			1	Ux+	Ux−	线路电压	1	Ima+	Ima−	计量电流	1	T R	光口1（组网）	1	T R	光口1（共口、组网）
2			2	Ua+	Ua−	保护电压	2	Imb+	Imb−	计量电流	2	T R	光口2（组网）	2	T R	光口2（共口、组网）
3																
4			3	Ub+	Ub−	保护电压	3	Imc+	Imc−	计量电流	3	T R	光口3（级联）	3	T R	光口3（点对点、共口）
5																
6			4	Uc+	Uc−	保护电压	4				4	T R	光口4（点对点）	4	T R	光口4（点对点、共口）
7																
8			5	Ia+	Ia−	保护电流	5	Uma+	Uma−	测量电压	5	T R	光口5（点对点）	5	T R	光口5（点对点、共口）
9																
10			6	Ib+	Ib−	保护电流	6	Umb+	Umb−	测量电压	6	T R	光口6（点对点）	6	T R	光口6（点对点、共口）
11																
12			7	Ic+	Ic−	保护电流	7	Umc+	Umc−	测量电压	7	T R	光口7（点对点）	7	T R	光口7（单GOOSE口）
13																
14																
15																
16	电源+		8				8				8	T R	光口8（点对点）	8	T R	光口8（单GOOSE口）
17																
18	电源−															
19																
20	GND															
PWR			AC				AC				MU			ICU		

图 8-35　iPACS-5997 装置背板接线端子图 1

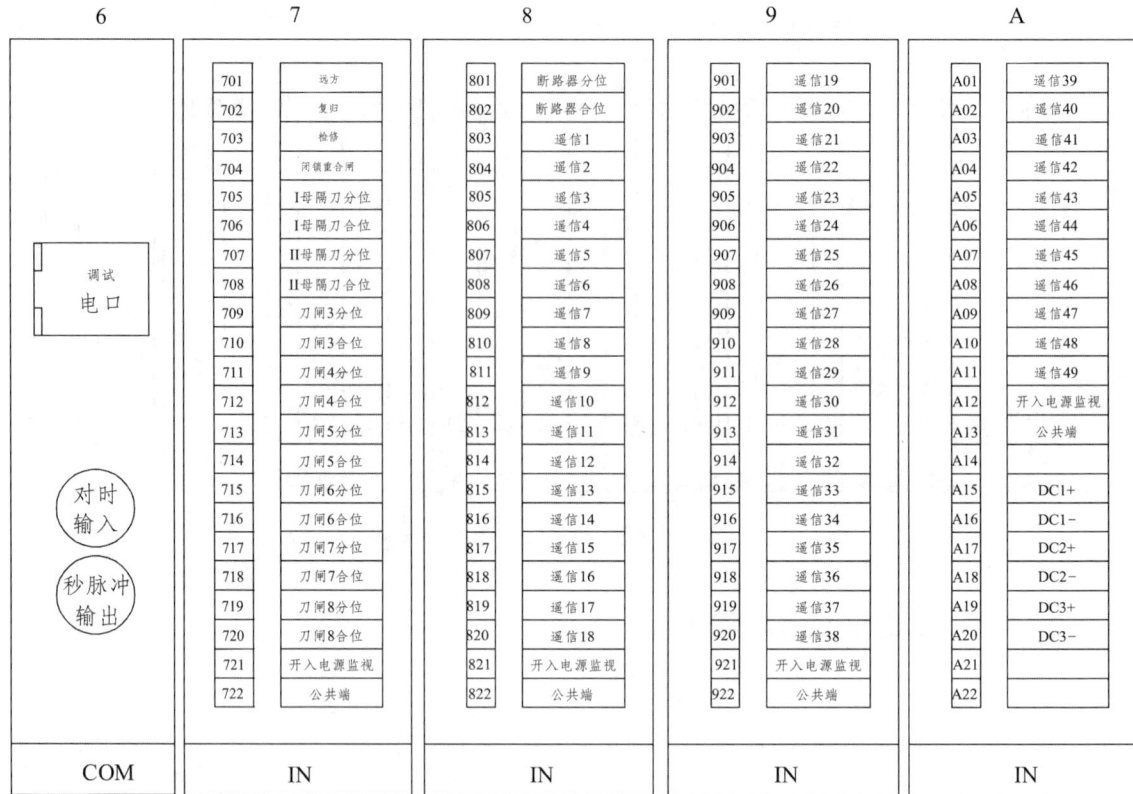

图 8-36　iPACS-5997 装置背板接线端子图 2

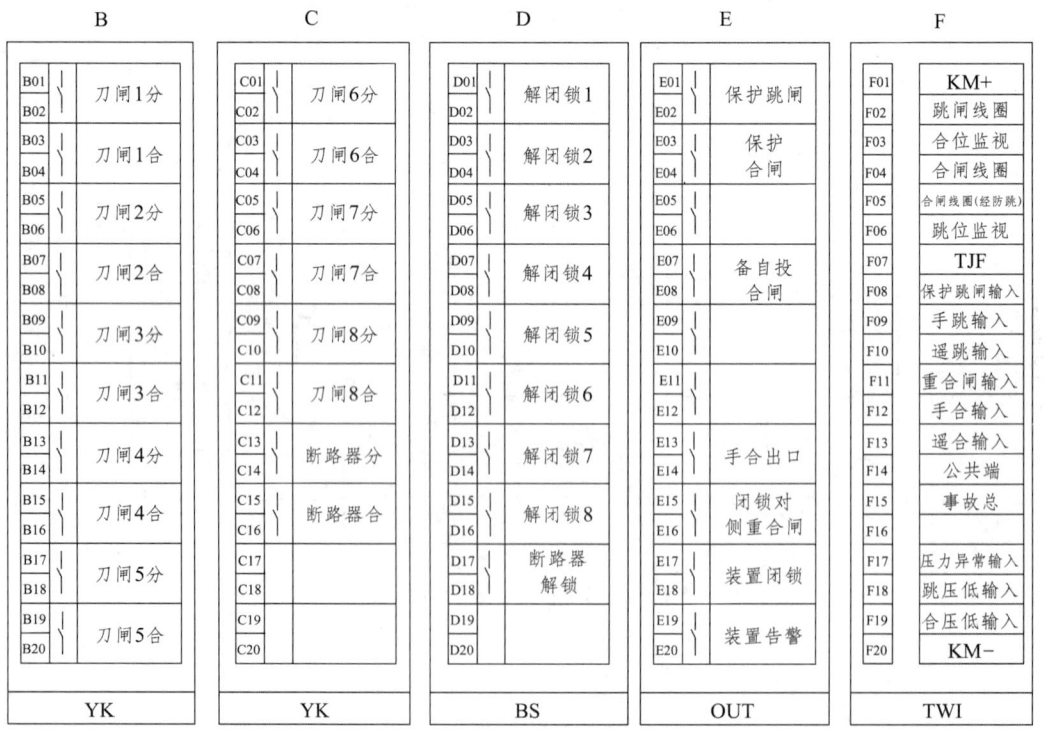

图 8-37　iPACS-5997 装置背板接线端子图 3

8.8 计量设备

智能变电站中的计量装置主要是由电流、电压互感器和数字式电能表组成。

电子式电流、电压互感器采用新型传感原理,利用光电子、光通信及电子技术,以光数字信号输出实现电力系统电流、电压的测量,从根本上解决了互感器电流、电压信号传输中产生的附加误差。电子式互感器的传感头部件与电力设备的高压部分等电位,传感器变换后的电压和电流模拟量由采集器就地转换成数字信号。

8.8.1 电容分压或电阻分压

电容分压或电阻分压与传统式的电压互感器原理类似,但一次与二次之间的联系不是通过铁磁线圈实现的,而是通过电容或电阻分压器接于高压与地之间(见图8-38、8-39)。

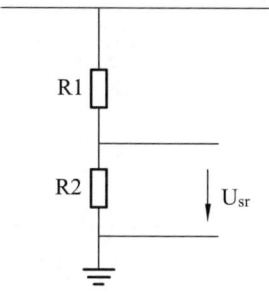

图 8-38 电阻分压示意图

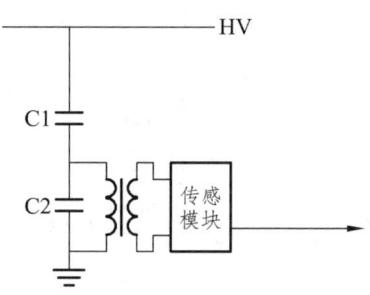

图 8-39 电容分压示意图

8.8.2 无源式U型电子互感器(见图8-40)

(1)采用小功耗铁心线圈。
(2)测量、保护圈共用。
(3)采用本身固有的电容获取电压。
(4)工作于大地电位,不需激光供电,采用交流隔离供电。

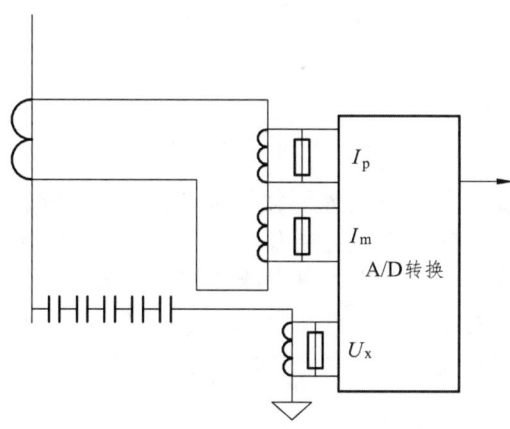

图 8-40 无源式U型电子互感器示意图

8.8.3 光学互感器

(1)法拉第效应的OCT(光电电流互感器):利用线性偏振光通过磁场时,偏振的方向会发生旋转的效应来实现电流的测量。

（2）普克尔效应的 OVT（光电电压互感器）：利用晶体的折射率随外加电压呈线性变化的现象来实现电压的测量。

8.8.4　小信号输出的电流互感器、电压互感器

保护电流：150 mV 对应 5 A；测量电流：1.5 V 对应 5 A；电压量：3.25 V 对应 100 V（相电压）。再由保护装置将电压、电流转换为光信号送给电度表。

智能变电站内电能计量设备体系是基于 IEC61850 标准而建立的，电能采样采用了低功率输出的电子式互感器，并将模拟量采样值实现数字量化，通过光纤线路传输，为整个智能变电站高度集成化奠定了基础，同时也确保了计量数量的准确度与可靠性。

其计量体系拓扑功能如图 8-41 所示。

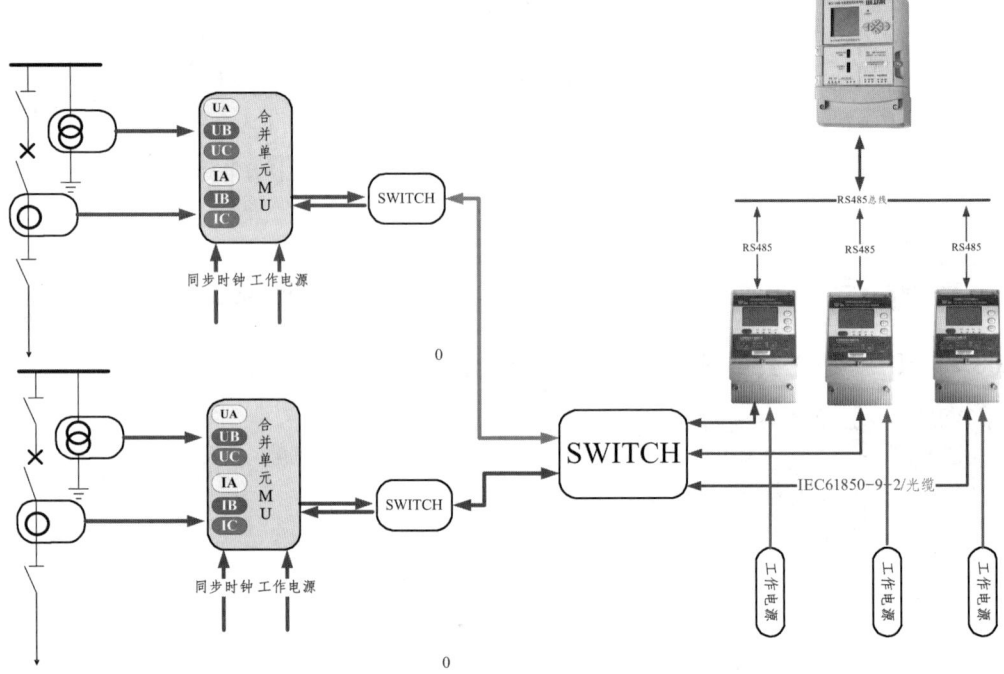

图 8-41　计量设备拓扑功能图

智能变电站内电能计量设备体系是光纤信号接入，与传统模拟信号接入相比，接入的是数字化信号，误差小、计量准确度高；支持多协议多方式计量：支持采样协议 IEC61850-9-1 和 IEC61850-9-2，支持点对点计量方式或组网计量方式。辅助电源只供表计工作不纳入计量，操作简单，安全可靠。以太网抄表，且遵循 IEC61850-8-1 协议，可以实现电量的主动上传功能，可实现智能变电站内智能电子设备（IED）间的无缝通信。

8.9　典型变电站二次设备配置举例

8.9.1　变电站一次接线

变电站一次接线图如图 8-42 所示。

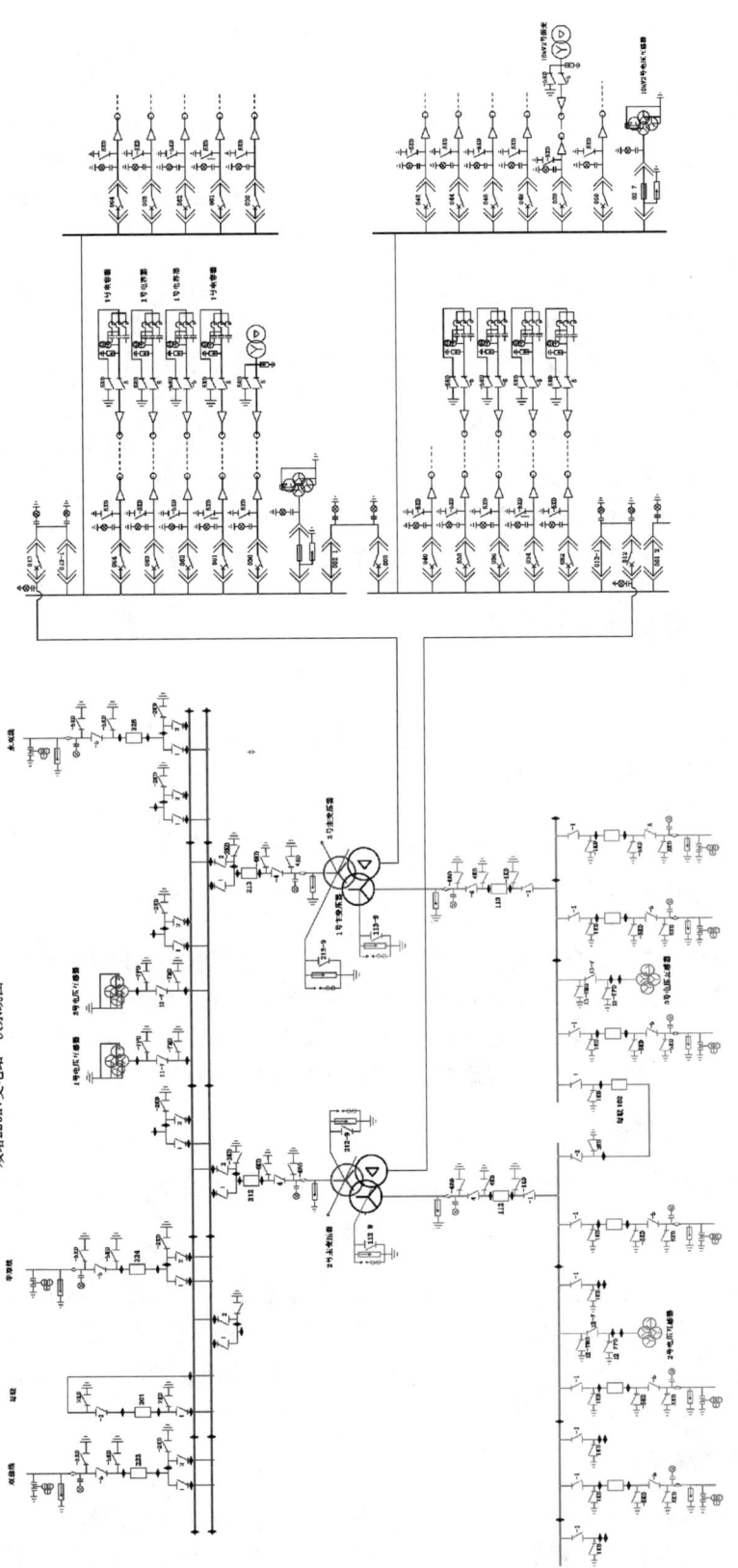

图 8-42 220 kV 双塔变一次接线图

8.9.2 变电站简要情况

双塔 220 kV 变电站工程是邯郸供电公司 220 kV 智能变电站，采用计算机监控系统。双塔 220 kV 变电站有 2 台 180 MV·A 主变，220 kV、110 kV 设备为 GIS 布置，10 kV 设备为小车柜式设备。双塔智能变电站具有电气一次设备智能化、二次系统基于 IEC61850 通信标准等特点。整站采用 DL/T 860（IEC 61850）协议，主要网络采用双重化配置。

8.9.3 变电站规模

220 kV 双塔变电站有 220 kV、110 kV、10 kV 三个电压等级。

220 kV 系统接线方式为双母线。220 kV 进出线有 3 条，分别是双曲线 223、辛双线 224、永双线 228。

110 kV 系统接线方式为单母线分段，110 kV 出线有 7 条。10 kV 系统接线方式为单母线分段，10 kV 系统出线有 6 条。

本站有主变压器两台，2 号主变压器为 SSZ-180000/220 三相油浸自冷有载调压变压器。3 号主变压器为 SSZ11-180000/220 型三相油浸自冷有载变压器。

8.9.4 继电保护及自动装置

1. 变压器保护

2 号主变压器高、中、低三侧采用两套南京南自有限公司生产的 PST-1200U 型变压器保护，及深瑞公司生产的 PRS-7741 型测控装置。

3 号主变压器高、中、低三侧采用两套北京四方公司生产的 CSC-326 型变压器保护，及深瑞公司生产的 PRS-7741 型测控装置。

2. 220 kV 母联保护

本站 220 kV 母联保护采用北京四方公司生产的 CSC-122B 型微机母联保护装置。CSC-122B 适用于 220 kV 及以上电压等级的断路器辅助保护装置（以下简称装置或产品）。装置具有充电过流保护功能，包括两段充电过流保护、一段充电零序过流保护，主要适用于母线接线形式下的母联（分段）断路器，作为充电过流保护及启动母联（分段）失灵保护。

3. 110 kV 母线保护

110 kV 母线保护由南瑞继电保护有限公司生产的 RCS-915 型微机母线保护装置。

4. 110 kV 母联保护

本站 110 kV 分段保护采用 CSC-122M 型母联保护装置，适用于数字化变电站 110 kV/66 kV 三相跳闸母联保护，具备完善的保护、测量、控制等功能。装置的功能配置：两段过流保护、两段零序过流保护、测控（可选）等。测控功能包括：遥测、遥控、遥信、同期合闸、五防逻辑闭锁、间隔主接线图显示等功能。

5. 10 kV 母线保护

本站 10 kV 母线部分采用南瑞继电保护公司生产的 RCS-915 母线保护装置，具有母线差动保护、分段死区保护、分段充电保护、分段过流保护、分段失灵保护功能。

6. 线路保护

（1）220 kV 线路（223、224）保护采用国电南自公司生产的 PSL-603U 型微机线路保护装置，南瑞继电保护有限公司生产的 RCS-931GM-D 型超高压输电线路成套保护装置构成。组屏方式：220 kV 线路保护屏（223、224），PSL-603U+RCS-931GM-D+过程层交换机（PRS-7961）。220 kV 线路（228）保护采用国电南自公司生产的 PSL-603U 型微机线路保护装置，北京四方公司生产的 CSC-103B 型超高压输电线路成套保护装置构成。组屏方式：220 kV 线路保护屏（228），PSL-603U+CSC-103B+过程层交换机（PRS-7961）。220 kV 线路测控屏：PRS-7741。

（2）110 kV 线路采用北京四方公司生产的 CSC-161A 微机线路保护装置。

（3）10 kV 部分线路保护采用深圳长园南瑞公司生产的 ISA-351G 线路保护测控装置，具有三段式过流保护，相电流加速保护，三相自动重合闸，零序过流保护，过负荷功能，两轮低周减载功能。

7. 电容器保护

电容器保护采用深圳长园南瑞公司生产的 ISA-359G 电容器保护测控装置。具有二段式过流保护、定时限过电压保护、有流闭锁失压保护、零序过流保护、不平衡电压或零序差压保护、不平衡电流或零序差流保护功能。

8. 故障录波器

共有三台录波器：220 kV 故障录波器 A 接 220 kV 线路 A 网、220 kV 故障录波器 B 接 220 kV 线路 B 网、110 kV 录波器一台。录波器型号为中元华电生产的 ZH-3D 型。

9. 保护管理机、保护信息子站

网络分析屏（通信监听屏）由国电南思生产，型号为 BSAR-512。网络报文分析装置由中元华电生产，型号为 ZH-5N。配备有工程师站。

10. 备自投

10 kV 备自投装置采用深圳长园南瑞公司生产的 PRS7358 备自投保护测控装置，该装置具有 002 备自投和充电功能，集成测控装置。110 kV 备自投装置采用国电南自公司生产的 PSP643U 备自投保护测控装置。

11. 站端自动化系统

站端自动化系统主要由各类测控装置、通信装置和后台监控软件组成，包括公用测控屏，220 kV 线路、220 kV 侧路测控，220 kV 线路、220 kV 母联测控屏，2 号变压器测控屏，3 号变压器测控屏，电量采集屏，调度数据网屏，远动通信屏，后台监控系统。

其中，公用测控屏，220 kV 线路、220 kV 侧路测控，220 kV 线路、220 kV 母联测控屏，2 号变压器测控屏，3 号变压器测控屏由深瑞公司生产的 PRS-7741 型测控装置组成；电量采集采用石家庄科林生产的 KE-6400 电能量远方终端，调度数据网屏是由两台纵向加密装置、两台路由器、两台交换机、两台 Internet 网关组成，远动通信屏由两台远动机、双机切换通道装置和一台显示器组成，后台由两套监控系统组成。

PRS-7741 测控装置适用于超高压数字化变电站自动化系统中的间隔层测控单元。该系列装置具有测量、控制、监视、记录、同期、间隔层逻辑自锁互锁等功能。该测控装置可以采集 U_a、U_b、U_c、$3U_0$，测量 I_a、I_b、I_c，线路同期电压 U_s 和零序电流，即具有遥测功能。变电站测控装置采集的开关量信号即远动所称的遥信量，反应的是变电站一次设备的运行状态、控制设备的动作信号，以及报警信号等。调度员以此为依据确定设备工况并决定是否进行操作。装置具有多路 GOOSE 遥控输出，每路遥控可以分别进行合闸或分闸。每一路遥控操作必须经过遥控选择、返校、执行等几个步骤，确保遥控操作的正确。装置具有"检修"功能，对应的一次设备或继电保护设备进行检修时可以使用。当装置处于检修状态时，会屏蔽远方遥控命令，将遥测量、遥信量置相应品质位。装置具有完善的同期合闸功能，以母线 A 相电压 U_a 与线路同期电压 U_{sa} 为例作同期判别。另外，装置还具有幅值补偿功能和相角补偿功能，现场适应能力强。

12. 监控系统

本站监控系统采用 PRS-7000 厂站一体化监控系统，该系统由统一应用支撑平台和基于该平台一体化设计开发的厂站监控应用组成。系统采用了分布式、可扩展、可异构的体系架构。按照全站信息数字化、通信平台网络化、信息共享标准化的基本要求，通过系统集成优化，实现全站信息的统一接入、统一存储和统一展示，实现运行监视、操作与控制、信息综合分析与智能告警、运行管理和辅助应用等功能。本站配置 8 台系统主机，监控主机 1、监控主机 2 配备运行监控、操作与站域控制功能及信息综合分析与智能告警等，集成防误闭锁、操作工作站和保护信息子站等功能，采取 1 主 2 备运行方式。图形网关服务器 1、图形网关服务器 2 配备实现调控主站的远程监控、图形上传等功能，采取 1 主 2 备运行方式。综合应用服务器 1、综合应用服务器 2 配备五防操作机等功能，接收站内一次设备在线监测数据、站内辅助应用、设备基础信息等，进行集中处理、分析和展示，采取 1 主 2 备运行方式。数据服务器 1、数据服务器 2，实现智能变电站全景数据的分类处理和集中存储，为站控层设备和应用提供数据访问服务，采取 1 主 2 备运行方式。

PRS-7000 一体化监控系统适合多种厂站端的变电站监控，系统配置按电压等级划分。220 kV 及以上等级智能变电站的典型配置模式如下。

1）站控层设备的主要配置原则

（1）监控主机配置双重化。
（2）数据服务器配置双重化。
（3）操作员站、工程师站与监控主机合并。
（4）综合应用服务器双重化配置。
（5）Ⅰ区数据网关机双重化配置。
（6）Ⅱ区数据网关机单套配置。
（7）Ⅲ\Ⅳ区网关机单套配置。

2）站控层的 MMS 网组网采用 A\B 双网冗余配置

具体的系统配置结构如图 8-43 所示。

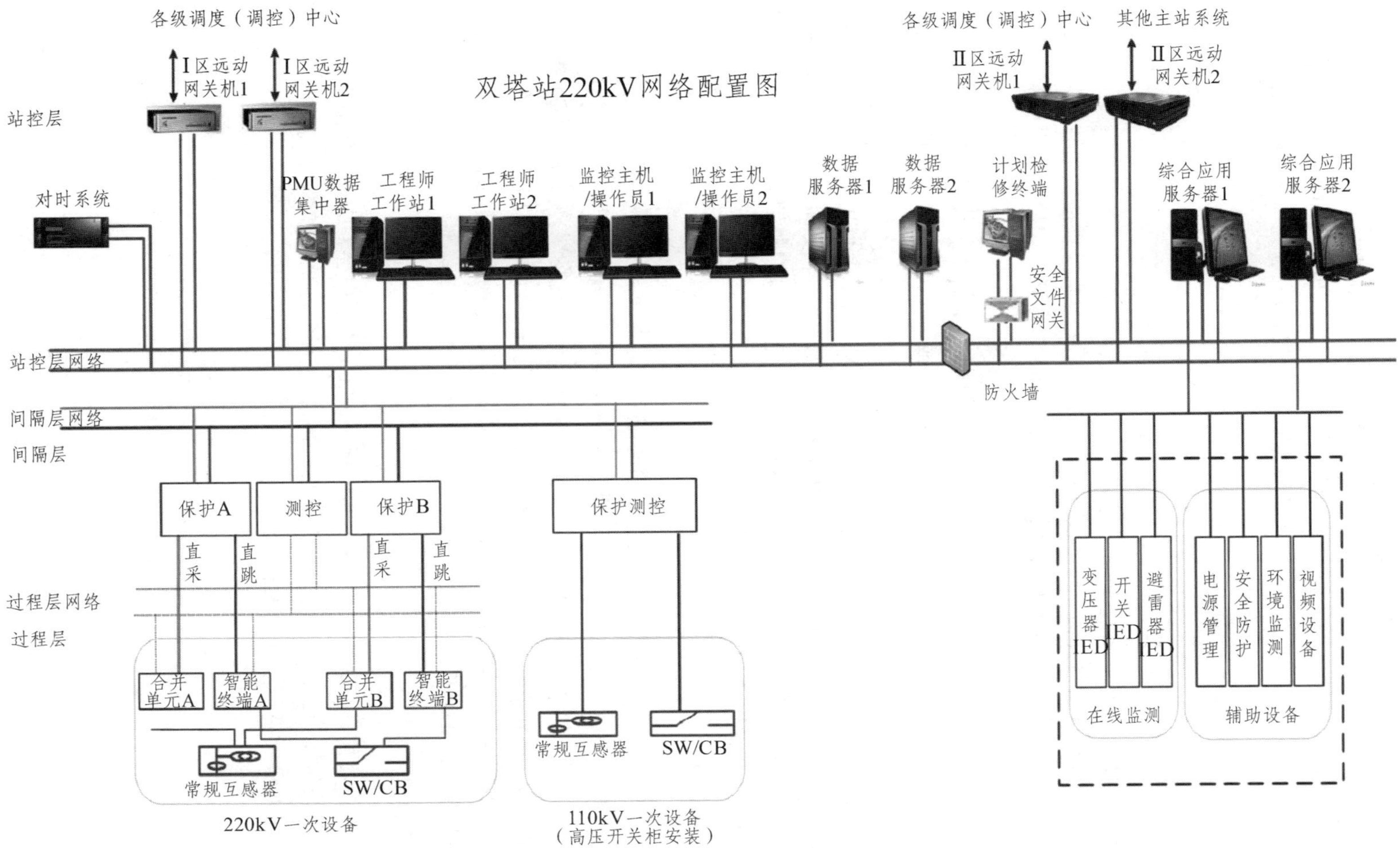

图 8-43 220 kV 双塔变网络配置图

8.9.5 同步时钟

本站配置 ZH503 卫星同步时钟系统。该系统采用 GPS 和北斗双套时钟定位。该系统可提供三路 NTP/SNTP 可选，四路 IEEE1588、脉冲信号（1PPS/M/H，空接点、差分、TTL、24 V/110 V/220 V 有源、光）、IRIG-B 信号（TTL、422、AC、光）、DCF77 信号、时间报文。

8.9.6 其他智能二次设备

1. 合并单元

本站合并单元主要包括：

（1）CSN-15BG 合并单元，主要适用于使用传统互感器采集信号的数字化变电站，作为合并单元使用。灵活选择不同的交流插件，用于母线、母联、出线侧、主变高压侧、主变低压侧处。

（2）RCS-221G 适用于变电站常规互感器的数据合并单元。装置采取就地安装的原则，通过交流头就地采样信号，然后通过 IEC61850-9-2 或者 IEC60044-8 协议发送给保护或者测控计量装置。

（3）PSMU 602 合并单元，适用于 110 kV（66 kV）及以上各电压等级智能变电站，配合传统电流、电压互感器，实现二次输出模拟量的数字采样及同步，并通过 DL/T 860.92（IEC 61850-9-2）及 GB/T 20840.8（IEC 60044-8）规定的标准规约格式，向站内保护、测控、录波、PMU 等智能电子设备输出采样值。

2. 智能终端

双塔站 220 kV 线路、母联和主变三侧各配置 2 台智能终端，分别安装在各间隔 GIS 就地智能终端柜或 10 kV 开关柜内，与双重化保护和双跳闸线圈配合（主变中低压侧为单跳圈，配置单操作回路）。110 kV 线路、母联分段各配置 1 台智能终端，分别安装在各间隔 GIS 就地智能柜，主进单元配置 2 台智能终端。每台主变配置一台本体智能终端，安装在主变智能组件柜内。电压互感器间隔：220 kV 及 110 kV 每段母线电压互感器配置 1 台智能终端，布置于各间隔电压互感器控制柜内。

3. 交换机

本站配置过程层 GOOSE-A 网交换机 5 台，220 kV 过程层 GOOSE-B 网交换机 5 台，间隔层网络交换机 11 台。交换机型号为 PRS-7961，主要用于智能变电站高性能、高可靠和高安全性的工业级网络信息交换及传输。

参考文献

[1] 刘振亚. 智能电网技术[M]. 北京：中国电力出版社，2010.

[2] 《智能变电站试验与调试实用技术》编委会编. 智能变电站试验与调试实用技术[M]. 北京：中国水利水电出版社，2017.

[3] 林冶，张孔林，唐志军. 智能变电站二次系统原理与现场实用技术[M]. 北京：中国电力出版社，2016.

[4] 焦日升，等. 智能变电站运维与监控[M]. 北京：中国电力出版社，2017.

[5] 宋福海. 智能变电站二次设备调试实用技术[M]. 北京：机械工业出版社，2016.

[6] 易永辉. 基于工标准的变电站自动化若干关键技术研究[D]. 杭州：浙江大学，2008：13-47.

[7] 吴在军，胡敏强，杜炎森. 嵌入式以太网在变电站通信系统中的应用[J]. 电网技术，2003（27）：71-72.

[8] 殷志良. 变电站自动化系统过程层与间隔层串行通信研究[J]. 中国电力，2004（7）：29-32.

[9] 方捷磊，朱杰. 在嵌入式网络应用中实现TCP/IP协议[J]. 微电子学与计算机，2002(5)：28-30.

[10] 樊陈，倪益民，申洪，等. 中欧智能变电站发展的对比分析[J]. 电力系统自动化，2015，39（16）：1-7+15.

[11] 张烈，王德林，刘亚东，等. 国家电网220 kV及以上交流保护十年运行分析[J]. 电网技术，2017，41（05）：1654-1659.

[12] 高志远，黄海峰，徐昊亮，等. IEC 61850应用剖析及其发展探讨[J]. 电力系统保护与控制，2018，46（01）：162-169.

[13] 李金，胡荣，王丽华，等. 智能变电站IEC 61850 Ed 2.0工程配置应用方案[J]. 电力系统自动化，2018，42（02）：154-159.

[14] 孙学军，盛万星，王孙安. 新一代变电站自动化网络通信系统研究[J]. 中国电机工程学报，2003，23（3）：16-19.

[15] 肖燕. 新一代智能变电站信息流架构设计[J]. 中国电机工程学报，2016，36（05）：1245-1251.

[16] 邓科，张海庭，孙振，等. 智能变电站站控层设备监测系统设计与应用[J]. 电力系统保护与控制，2018，46（19）：165-170.

[17] 王涛，张伟良，葛宁，等. 嵌入式实时系统及其在通信系统中的应用[J]. 通讯与电视，2001：46-48.

[18] 郝少华，李勇，张铁峰，等. 新一代智能变电站通信网络及管理系统方案[J]. 电力系统自动化，2017，41（17）：148-154.

[19] 史治国, 王勇, 王涛. 嵌入式 internet 中 TCP/IP 协议的实现[J]. 计算机工程与应用, 2003（6）: 148-149.

[20] 张旭泽, 郑永康, 康小宁, 等. 智能变电站继电保护系统所面临的若干问题[J]. 电力系统保护与控制, 2018, 46（06）: 90-96.

[21] 樊陈, 倪益民, 耿明志, 等. 智能变电站合并单元技术规范修订解读[J]. 电力系统自动化, 2016, 40（20）: 1-5+75.

[22] 倪益民, 杨松, 樊陈, 等. 智能变电站合并单元智能终端集成技术探讨[J]. 电力系统自动化, 2014, 38（12）: 95-99+130.

[23] 倪益民, 杨宇, 樊陈, 等. 智能变电站二次设备集成方案讨论[J]. 电力系统自动化, 2014, 38（03）: 194-199.

[24] 王文龙, 刘明慧. 智能变电站中 SMV 网和 GOOSE 网共网可能性探讨[J]. 中国电机工程学报, 2011, 31（S1）: 55-59.